爱上科学
Science

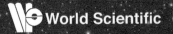

World Scientific

星河之外
宇宙真容探秘记

[美] Ethan Siegel 著 | 魏晓凡 译

苟利军 审

人民邮电出版社
北京

图书在版编目（CIP）数据

星河之外：宇宙真容探秘记 / （美）伊桑·西格尔
(Ethan Siegel) 著；魏晓凡译. -- 北京：人民邮电出
版社，2018.5（2023.4 重印）
（爱上科学）
ISBN 978-7-115-46782-9

Ⅰ. ①星… Ⅱ. ①伊… ②魏… Ⅲ. ①宇宙－普及读
物 Ⅳ. ①P159-49

中国版本图书馆CIP数据核字(2018)第019708号

版权声明

内 容 提 要

人类在一百多年前，认为银河系几乎就是整个宇宙。随着科学的发展，曾经被认为的"全部"，变成了"部分"，又变成了"很小的一部分"，宇宙的真容从未像当今这样真实，而又仍有许多悬念待解……同时，大爆炸宇宙论、暗物质和暗能量等观念，也随着这一过程被不断熟悉。科学的探索、观念的演进——这本书就是通过天文这一话题，来演示二者互动的有趣过程，同时引领读者关切我们这个世界的过去、现在和未来。本书适合天文爱好者和其他领域的科学爱好者阅读。

◆ 著 ［美］Ethan Siegel
　　译 魏晓凡
　　责任编辑 周 璇
　　责任印制 周昇亮

◆ 人民邮电出版社出版发行 北京市丰台区成寿寺路 11 号
　　邮编 100164 电子邮件 315@ptpress.com.cn
　　网址 http://www.ptpress.com.cn
　　北京虎彩文化传播有限公司印刷

◆ 开本：889×1194 1/20
　　印张：10.6 2018 年 5 月第 1 版
　　字数：342 千字 2023 年 4 月北京第 4 次印刷
　　著作权合同登记号 图字：01-2016-2945 号

定价：119.80 元

读者服务热线：(010) 81055493 印装质量热线：(010) 81055316
反盗版热线：(010) 81055315
广告经营许可证：京东市监广登字 20170147 号

译者序

这本书是一场科学盛宴，它的"食材"是宇宙，而它的营养叫"求真"。然而，求真要实践起来似乎并不容易：此间有天然的思维惯性或曰惰性作梗。出于各种原因，人纵然有了求真的志愿，也难免未晓求真之术；纵然已详其术，也未必能时刻铭记和遵行。因此，才需要读这样的书来自我教育，乃至再教育。星河之外，时空如此苍茫，最根本的"真"或许不是我们力所能及的，但追随各代先贤的步履，品味那个相对的、临时的"真"被一次次刷新的历程，品味理论与事实不断碰撞激荡中那条不变的准绳，无疑既是科学史的滋补，又是心智上的锤炼。译罢此书，我深感科学前沿的追求像一场光辉的"必败之战"：我们怀着求真的热情，向着一个无限远处的目标跋涉，并终将倒在路途中，但与夸父逐日不同，我们可以薪尽火传。科学之旅的荣耀，不只在于其能够成功，还在于其可以失败（具有"可证伪性"）——这失败本身更显示出其可贵。越是否定自己，越能坚挺屹立，这看似吊诡的说法，恰使科学卓然有别于迷信，成其为科学。

写此序时，霍金教授刚刚辞世，关于宇宙和人类命运的话题也刷爆了"朋友圈"。我想，霍金教授除去独特的外表，其实也是千万个真正科学工作者的缩影：他们对过，也错过，但不论如何总是对人类知识的开放性保持敬畏，同时又对自己身为"果壳中的宇宙之王"满怀骄傲。大概，只要还没放弃自我意识，就也还没远离这种情怀吧。或许文明终将消逝，但这求真的精神将与宇宙的"大真"永相呼应。人类求美、求善，亦很可贵，但能在更复杂的水平上不断体现这些美和善的，也许只有求真？求真有着如此摄人心魄的力量，以至于我们在这本宇宙认知的探索史中，时常能瞥见美与善的所在，乃至艺术女神的风姿。

当然，我不是科学主义者，也不认为求真是人类的唯一要务。求美、求善，同样是人类重要的追求。然而，要超越一个层面，也须先深入理解这个层面。若连如何构建和完善"真"都不清楚，就侈谈超越"真"，焉知那所得的是真美还是伪美？是真善还是伪善？求真的"正确打开方式"，是当代文明人绕不开的基础课。在我看来，这也是伊桑·西格尔老师在"星河之外"最想呈现给大家的"真容"。

魏晓凡，2018 年 3 月

译者简介

魏晓凡，北京市人，文学博士，毕业留校，编刊为生。写过技术教程，上过电视综艺，钟爱天文多年，目前翻译成瘾。

序　言

我于 2009 年成为大学教授。当我拿到自己的第一份教学任务表，看到我将负责学校的"天文学导论"这门课时，不由得大喜过望。我回想起了自己从童真岁月到读完博士学位的过程中，一点一滴地学习关于宇宙知识的往事，也忘不了人类宇宙观在历史上的每次转变是如何让我感到震撼和折服。每一次转变，都意味着人类掌握了更加丰富、详细的知识，从而发现原有的宇宙模型只是新模型的一种近似；而新的模型在越发精密的测量与各种新观点的支撑下，已比原来更趋完善，更加深刻地接近了宇宙的真实样貌。我简直迫不及待要与我的学生们分享这些令我痴迷的故事——这些故事关系到人类如何认识并且不断地重新认识自己在宇宙中的位置。

不过，到了给课程班挑选教材的时候，我惊讶地发现，我居然找不到一种能真正讲好这些故事并且适合用作教材的图书，尽管这些故事是如此重要。市面上能见到的主要的天文学教程都太宏大、太庞杂，它们广泛地涉猎天文观测与设备、行星科学、恒星与星系科学的各个方面，乃至多波段天文学的数据分析等。对想成为专业天文学家的人来说，这些教材无疑是优秀的，如果未曾努力专攻过天文学课程，那么这些书可以给你打下坚实的基础。但是，在帮助学生逐渐学会如何去深入研究和解决多种类型的天文学问题的同时，这些教材也全都令人遗憾地轻视了一些内容，那就是：天文学的知识在人类眼中曾经是哪些样子，以及人类是怎样修正它们的。

既然找不到一种既有足够强的科学严谨性又能全面涵盖这些故事的教材，我就不得不去翻阅那些适合研究生阶段的、充满各类公式和方程的资料，以便了解天文学各个分支的最新进展，再从大众科学读物里找出一些更富有基础性的材料。搞到最后，我手头拥有的，仍然是一堆差强人意的零碎材料的集合。仅仅利用它们的话，并不足以讲好一个关于我们眼中的宇宙、我们怎样认识宇宙的完整故事。

在我看来，这些书本资料全都错过了天文学入门课程最应该讲的东西！诚然，我的学生中会有很少一部分人最终踏上专业天文学家之路，但其他大多数满怀兴趣地选了这门课的人最想去了解和感悟的，只是那些应该被全人类共享的、关于宇宙观的恢宏的故事。对于学生在上完一个学期的课之后能在考试中解答出哪几类天文学考题，我是不太感兴趣：我想让学过这门课的学生不仅能领略和赞叹这个步步递进的关于宇宙观的故事，还能获得在科学道路上持续攀登一年、五年乃至十年或更久的勇气。我要带领学生们，从他们最熟悉的观天状态，即站在大地上用肉眼进行最简单的观察开始，一直飞到当代自然科学知识的疆界。

这些故事，也就是关于我们所认识的这个宇宙，以及我们如何去认识它的故事，在过去的一百年里，大量、快速地增加着新的篇章。当我于 2014 年底完成这本书的写作时，我翻阅全稿，意识到：就在短短的一百年之前，世界上顶尖的物理学家和天文学家们还认为银河系中的全部恒星就是整个宇宙的所有成员，认为宇宙无始无终，在牛顿的万有引力定律的统率下亘古如常地运行。时代的变化之快，在这一百年里是多么让人惊叹啊。现在我们认识的宇宙，宏大到了含有多达上千亿个像银河系这样的恒星系统，它诞生于 138 亿年前的一次"大爆炸"中，在爱因斯坦广义相对论的描述中不断地膨胀并且冷却下去。不止如此，"爆炸"也不是绝对意义上的瞬间开始，因为"暴胀"阶段在"爆炸"之前已经发生（严格来说，我们日常理解的"宇宙大爆炸"中的"爆炸"仅适用于宇宙年龄 10^{-30} 秒之后，此前则被定义为暴胀阶段，详见第八章——译者注）。而我们所知的构成宇宙中绝大部分事物的质子、中子、电子，其对应的能量仅占宇宙全部能量的 5%，真正统治着如今的宇宙的，是我们无法直接看到的暗物质、暗能量。在这些知识的基础上，我们更真切地了解了宇宙的命运和人类的遥远未来将是什么样的境况。

可为什么每个对天文感兴趣的人在学习关于宇宙的知识时都很少接触到这些故事呢？我们又有什么理由不去了解我们认识宇宙的方法与过程呢？在大学里专修物理或天文的人，几乎全都错过了这一课！

这本书就是为了补上这一课而写。不论你是不是第一次学习有关宇宙的知识，也不论你是在学习导论性质的课程还是想通过宇宙观的发展史及其技术史、方法史去了解最新的研究进展，都可以读读这本书。我将从人类最早的求知探索写起，一直写到那些正在构建着我们当今对万物的观念的、最为重要的科学突破。我写这本书并不是为了要解决什么前沿问题，所以书中也不会使用什么公式和方程（除了偶尔使用一下质能方程），而涉及数理关系时，我会用通俗的语言进行解释。

这将是一个关于我们眼中的宇宙的故事，也是一个宇宙向我们进行自述的故事。我们观察宇宙，向它提出一些足够正确的问题，然后我们就能有所长进。即便假设明天全人类突然忘掉了全部的知识，我们仍然可以通过这种简单的方式，一点点地把这些知识重新找到，然后再次积累起来。希望你能在这趟宇宙观的发展历程之旅中感到快乐，并能为这个无比宏伟的"大故事"由衷喝彩。

Ethan Siegel（伊桑·西尔），2014 年 12 月 23 日

目　录

第一章

很好很宏阔：20 世纪初人们心目中的宇宙

不管你是哪里人，如果要你说出天空中最明显、最重要的一样东西是什么，你很可能会说是太阳。那么，请想象一位最早从赤道地区迁出，移居到远离赤道的地方（不妨假设是向北移居到中纬度地区）的先民吧。他会发现，太阳不再像在终年温暖的赤道时那样了。赤道地区的太阳每天几乎从正东升起，经过头顶上方到几乎正西的位置落下，且全年都不会有太多变化。而中纬度地区的太阳呈现出了更为复杂的运动规律：在春季，还有夏季的前半部，白天持续得会比在赤道上更长，太阳升起和落下的方位也都比在赤道上更偏向北边，中午时分太阳依然从高处经过，但位置稍向南偏。而到了秋后和初冬，白昼就会明显变短，太阳的升落点也会越来越向南偏移，中午时候它的高度也会一天比一天略低。同时，黑夜明显变得比白昼更长了，天气也在逐渐变冷，预示着严冬的到来。这位先民此前从未见过这些现象，所以难免焦虑万分，生怕正午太阳的位置会像这样一天比一天更向南方低垂，最终有一天不再出现在地平线上。

实际上，只要你不向北进入北极圈内，这种"噩梦"就不会成真。每天现身时间越来越短、最大高度也逐次降低的太阳，会在冬天的某一天达到"极限"，此后的情况就不会"恶化"了。太阳会在这个极限水平上重复运行几天，这就是所谓的"至日"（拉丁文 solstice），意思是"太阳的驻留"。此后，太阳每天都会比前一天走得更高一点，这也预示着新的一年就要开始了。夏天还会再次来临，白昼长于黑夜的日子又会回来。（见图 1.1）

当然，上述故事不一定真的有过，你把它当成人类学家的臆想也没问题，但它确凿地昭示了天文学的起源方式。也就是说，这门宏大而严肃的学问，发端于人类的观察经验。我们通过对宇宙的精细观察与测算，可以认识其中的许多现象，而通过身处不同地点的许多观测者对这些现象的重复观测，人们就掌握了关于各种天象的日趋完备的数据。依靠这些数据，可以总结出一些规律，让人能根据已经发生的天象去推算未来将要发生的一些天象。

这只是一种雏形的、基础的知识体系，要知道，它与我们当今所认识的"科学"之间还差着很关键的一大步：创建一个能够合理容纳这些观测事实的、物理学的理论框架。

图 1.1 在中等纬度的地区，夏至这天，太阳的升起方位和落下方位是一年中相对最接近天极的，而正午时分太阳的高度也是一年中最高的，这天的白昼时间也会达到全年的最大值。此后，太阳的运动路径就会一天天向另一端的天极靠近，白昼时间逐渐缩短，直到冬至这天达到极小值。冬至过后，太阳的路径会重新向夏至时所靠近的那一端接近，白昼也再次逐日增长。这整个过程每年会重复一次。（图片版权：Wikimedia Commons 用户 Tau'olunga，CC 2.5 相同方式分享）

真正的科学不会满足于知道发生过什么、将会发生什么，它还想知道"为什么发生、如何发生"。所以，我们对观察到的现象，除了记录下来，还要寻求解释。这就要求我们建立一套物理学理论来承担这个任务。依据物理学理论，我们可以对未知现象做出预言，然后经由实验或观测去检验这些预言，进而认可、修订或否定相关的理论。对像太阳这样明显地运行在天上的单个天体来说，做太多观测上的解释或许显得多余、无用，但若将注意力转向太阳落山之后，让科学的目光射向星空，那么一个全新的宇宙即将呈现。

* * *

当黄昏结束，野外的天空黯淡下来之后，只要净朗无云，就可以用肉眼轻松看到数百颗星星。如果是无月的夜晚，这个数字甚至可以升至上千。不论你在地球表面的何处，都会看到这些星星整夜地缓慢移动：这些镶嵌在穹庐般的天幕上的小亮点，会绕着特定的位置转圈，这样的"特定位置"共有两个，即北天极和南天极。这种转动天天如此，恒星之间的相对位置，以及它们构成的图形，好像也永远不变，而它们的亮度似乎也万年不改。在北半球，这幅星空景色一直绕着北天极逆时针运动（在南半球则是绕着南天极顺时针运动）。所以，大部分星星也跟太阳似的，大致上从东方一带升起，在正南或正北的某个点达到最高，再从西边一带落下。在有月亮的夜晚，也可以看到月亮有着类似这样的运动轨迹。

这些现象到底是怎么发生的？早期大多数科学家的解答几乎都是直接基于我们看到的画面而给出的：在大地上空，笼罩着一个巨大的、无色透明的球壳，所有天体都镶嵌在这个球壳上，而这个球壳绕着固定的自转轴旋转，于是我们就能看到每天的日升月沉、星宿轮回。这种解释相当简洁，而且与对各种天体的观察经验几乎都能吻合，因此堪称科学理论的一个伟大开端。不过它称不上是严格意义上的科学理论，因为它有一个很大的缺陷：它无法被用来分析天体运行的内在机制。在观察资料的基础上，我们无法运用它去预报并检验天象，所以，尽管它相当诱人，我们还是需要新的理论。（见图 1.2）

显然，人们不难构造出另一个看起来同样易于理解和接受的理论。在地球表面的观察者看来，天上的日月群星集体旋转升落，除了可以意味着有一个旋转的球壳之外，也完全可以意味着这个球壳其实是固定不动的，而在不停旋转的应该是我们栖身的这片大地。诚然，单凭对天体运动情况的观察，没有办法辨别这两种思路究竟哪一个更正确，但是必须指出，在毕达哥拉斯及其学派存在的那个时代，不只是他们，许多科学家与哲学家都倾向于认为第二种观点是对的。不过，由于缺少一种可行的检验方法，也就是说，由于这两种理论并不能做出哪怕一点点彼此不同的预言，我们也就无法彻底判明孰是孰非。在这种情况下，我们还是确立不起一种"科学理论"。但不管怎么说，这些并不知道正确与否的假说，已经与人们观察到的天空现象一起，从这个时候开始，长期存留于一代代人的头脑之中了。这让人们关注宇宙，也关注自己在宇宙中的角色和位置。出于对构建宇宙观的渴望，人类尽己所能地把观测越做越细，收集着更多的信息。

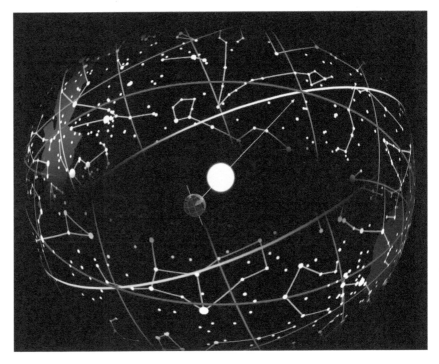

图 1.2　在地球看来，所有的恒星似乎都镶嵌在一个很高很远的球形天幕上。当然，只有与太阳相反的一侧才能被观察到（即在夜间）。不过，在地面观察者眼里，究竟是群星在绕着地球转，还是地球在自转，以及究竟是太阳绕着地球转，还是地球绕着太阳转，都并非一目了然。（图片版权：本书作者，基于 Wikimedia Commons 用户 Tau'olunga 的图片修改）

* * *

我们应该知道，太阳和月亮并不像众多星星那样呈现长期固定的位置关系。随着每天的升落轮转，太阳和月亮相对于群星背景的位置会发生明显的变化，其中，月亮的这种变化尤为明显，而且比太阳明显得多！如果你在某天晚上一个特定的时刻测定了月亮的位置，而在第二天晚上的同一时刻再次观察月亮的位置，就会发现两者相差大约 12°。这个距离是多大呢？若你向前伸直手臂，并如图 1.3 所示那样向外伸出食指与小指，则这两指的尖端此时在天空上比出的距离差不多就是 12°。与月亮类似，太阳相对于背景群星的位置每天也在偏移，只是幅度偏小，但这也足以解释为什么我们每天晚上看到的星空都比前一天偏移一点，由此显示出不同季节的不同星空图景。按平均程度说，逐日偏移幅度最大的恒星，每天在特定时刻的位置大约比 24 小时之前的位置偏移约 1°。

这样，每当季节轮回一周（365 天，近乎 360 天），晚上特定时刻的星象也轮回一周，太阳则在天球的背景群星中游走了一周。

图 1.3　对比左右两图，以恒星背景为参照，移动幅度很大且非常亮的天体是月亮，相对位置改变较小的两颗亮星分别是金星（稍左者）和木星（稍右者）。图中的手是本书作者的，伸出的两根手指的尖端比画出了大约 12° 的角距，这正是月亮每 24 小时在天幕上移动的幅度。（图片版权：ESO/Y. Beletsky）

　　不止如此，太阳、月亮之间看起来还以一种有趣的方式发生着联系，那就是月相的变化。每当太阳、月亮在天球上的位置彼此接近时，月亮总是呈现细瘦的月牙状。从农历每月的月初起，"新月"的月牙会在十余天内由西侧向东侧逐渐丰腴起来，亮度也在逐日增加。到农历月份的正中，就出现满月，月亮的轮廓呈现为充盈、完美的圆形。这半个月的过程称为"渐圆"（waxing）。当然，满月过后，月亮会立刻开始一天比一天缺亏的过程，即"渐缺"（waning），它以相反的半边，由西侧向东侧细瘦下去，这个形状变化过程也正好与"渐圆"相反。这样又用掉半个月的时间，月亮在天幕上逐渐接近太阳的位置，回到很细的"残月"月牙。最终它会消失、看不见，随后又从太阳的另一侧变成新月，开启下一个月相循环。

　　因为太阳、月亮在群星背景上移动，我们就以群星作为参照物，去记录太阳、月亮位置的变化。尽管如此，太阳、月亮的运动与众多恒星之间，其实可以说没什么实际关联。我们已经知道，月亮与我们的距离，远远小于群星与我们的距离。所以，当我们看到月球的位置在天空中与特定的恒星重合时，月亮其实并未碰到那颗星，而只是挡住了那颗星向我们发出来的光，这叫作"月掩星"（occultation）。我们也很容易做出如下的正确判断：月相变化不是月球本身的形状变化，而是月球反射太阳光给我们造成的一种视觉效果。当呈现满月时，以地球为基准，月亮只是位于太阳的反侧，所以它此时反射着阳光的那半面正好都能被地球上的人看见。相反地，在残月与新月之间的那一两天，我们之所以看不到月亮，也只是因为相对于地球而言，月亮运行到了与太阳相同的那一侧，

我们看到的正好是它此时没能反射阳光的那半面。当然，这同时也能说明月球与地球的距离小于太阳与地球的距离。（见图 1.4）

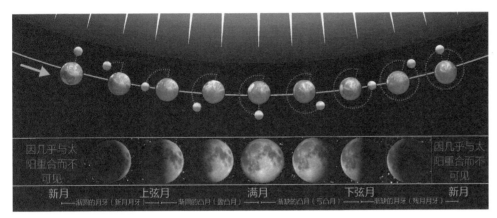

　　因几乎与太阳重合而不可见　　　　　　　　　　　　　　　　　　　　　　因几乎与太阳重合而不可见

新月　　　　　　上弦月　　　　　　满月　　　　　　下弦月　　　　　　新月

渐圆的月牙（新月月牙）　　渐圆的凸月（盈凸月）　　渐缺的凸月（亏凸月）　　渐缺的月牙（残月月牙）

图 1.4　与太阳的距离相比，月球离我们是很近的，它也是离我们最近的星球。月球朝向太阳的半边会反射阳光，这造成了我们看到的月相变化。大约每过一个月的时间，月球绕地球一圈，月相的盈亏变化也就会循环一遍。注意，月球的圆面总会挡住位于它后面的星星，即使是不发光的部分也会起到遮挡背景恒星的作用。（图片版权：本书作者，基于 Wikimedia Commons 用户 Orion 8 的原创，CC 3.0 相同方式分享）

　　你可以想象在一条走廊的一端，有一只灯泡发出极强的光。我们暂且将这灯泡比作太阳，将你的头部比作地球。此时你若朝着灯泡的方向伸出手臂，且手里拿着一个小球，则这个小球可以比作月亮。如果你调整手臂的朝向，稍向左转，让"太阳"位于手臂前方的稍右一点，你可以看到什么现象？你会看到"月亮"表面有被"太阳"照亮的区域，但你能看到的亮区只有小球右侧的一小部分而已，这部分正好形同月牙，而其余部分都未反射"阳光"，它们对应于月球的"暗面"。如果将手臂转向更靠左，即可看到"月牙"逐渐丰满起来，"暗面"则逐渐退出你可见的一面。当手臂方向与"太阳"成直角时，小球朝向你的一面中，亮、暗也正好各半（这就是月相中的"上弦月"）。而如果将小球移到与灯泡相反的方向，你回过头即可看到它的几乎全部亮面——当然，这里有个条件是，你的影子不要挡住本来可以照到小球上的灯光。假如你转身让"月亮"继续从另一侧转回出发点，就可以看到它从"满月"经过"下弦月"变成"残月"月牙的过程。这个演示过程，不仅说明月球绕地球的运转是月相变化的成因，也向我们揭示了历法中的"月"（month）这个概念的来源。月相完成整个变化轮回的周期，平均需要 29 天半的时间。（见图 1.5）

　　不难注意到，如果独自完成这个演示过程，则其中有两个时刻比较特别，它们可能导致光线的特殊遮挡。第一个是"月亮"从"地球"（你）和"太阳"之间穿过时，"阳

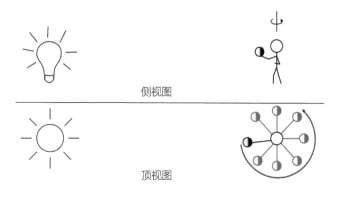

侧视图

顶视图

图1.5 如果你设置一个光源，把它放在离你较远的地方，用单手举起一个圆球然后原地转圈，就可以模拟出在地球上看到的月相变化，包括新月、上弦月、盈凸月、满月等阶段。（图片版权：本书作者）

光"可能被"月亮"挡住，无法直射到你的眼中。第二个则是刚才提到的，"月亮"在"太阳"的反侧时，你的头可能挡住"阳光"让"月亮"无法接受直接照射。在实际的宇宙中，这两类情况也可能发生，但不是每个月都会发生，而是平均每年发生大约两次——这就是日食和月食。为何不是每个月都有日食或月食呢？这缘于"地球绕太阳的轨道"与"月球绕地球的轨道"二者并不重叠——它们不在同一个平面上，两者相差最远处可以在天幕上反映为大约5°的距离（伸直手臂，将食指、中指、无名指并拢，其总宽度即大约5°），而太阳、月亮在天空中占的直径大约只有0.5°（伸直手臂后，小指宽度的一半）。农历的月份相交的时候，月亮在天幕上的位置确实看起来离太阳很近，但大多数时候都从太阳的上方或下方"飞掠"了；而农历满月时，月亮在大部分情况下也会与地球投射在太空中的影子（无法被直接看到）"擦肩而过"。这就是日食和月食数量偏少的最主要原因。但是，月亮每年至少有两次会接近上述两条轨道各自所在平面的交点，从而在地球表面投下影子，让地球上某些区域的人看不到直射过来的阳光（至少是直射阳光中的一部分），因此日食每年至少发生两次。由于地球、月球具体运行规律的一些复杂的细节，每次出现日食，月球挡住太阳的形式也可能不同，主要可分为三类，下面做一详细介绍。

（1）**日偏食**。当太阳、月亮的相对方位让人无论在地球表面的什么地方，最多只能看到月球遮挡太阳圆面的一部分，这样日食就称为日偏食。由于太阳光的照度实在太强，即便是挡住太阳圆面达90%的偏食，也不会让人察觉到天色明显变暗，此时的太阳虽然成了"日牙"，但依然光辉夺目、难以长时间直视。当然，日偏食发生时，你可能会感到来自太阳的热量明显减少。而接下来要介绍的两类，都比偏食更加有趣。

（2）**日全食**。这个名字意味着，在特定的某些地点看来，月球的圆面能完全遮住太阳的圆面。这种天象发生时，若从太空中看去，能见到一条深暗的"影锥"从月球背向太阳的那一面伸向地球，并划过地表。被暂时笼罩在影锥里的人，则能看到天空暗下来，如同平时日落之后不久的颜色，还能在太阳周围看到平时难得一见的"日冕层"，并在这个白昼时间段内轻易看到一些比较亮的星星！日全食的发生要求太阳、月球、地球三者的位置关系同时满足两个条件：一是三者正好位于同一直线上，二是月亮离地球正好足够近，以致地球上看到的月面直径要略大于日面。其实，月亮离地球最近和最远的时刻，每一个月就各有一次，所以，只要观察得足够仔细，就不难注意到月亮在相隔一段时间后，看起来的直径会略有变化。太阳离地球最近和最远的时刻则是每年各有一次，其间也会有这种变化，但不如月亮明显（译者注：无论提醒多少次也不为过——请不要去直接观看耀眼的太阳，这对眼睛的伤害非常严重！）。

（3）**日环食**。如果上述的日全食的两个条件中只有第一个能满足，则会发生日环食。这意味着太阳、月球、地球三者仍然要处在同一直线上，但月球正好离地球较远，所以地面上看到的月亮圆面直径不足以全部遮住日面。由于月球的圆面会完整地在太阳圆面的"内部"经过，太阳会在一个短小的阶段内呈现环状。若在太空中观察这种天象，就可以看到月亮的影锥虽然伸向了地面，但是长度差了一点，锥尖未能接触到地面。理论上说，若环食发生时，有宇航员从月球的影锥中飞过，则他可以观赏到日全食而非日环食。（见图 1.6）

说完日食，来说说月食。这是满月从地球的影子里经过时发生的。日食依靠的是月亮的影子，只能被地球上白昼那面中特定的一部分地区看到；而月食更容易被更多的人看到，因为它依靠地球的影子，所以地球上处于夜晚的那面都能看到（译者注：不考虑云层遮挡）。而如果太阳、地球、月球三者所成的直线并不严格，则月球可能只有一部分进入地球那深暗的影锥，结果只会使圆月的一部分变暗，这就是月偏食，也就是地球并没有完全挡住射向月球的日光。因此，如果三者更完美地呈一直线，则月面会完全浸入地球的暗影，这就是月全食了。

对于首次认真观看月食的人来说，有三件事会让他们觉得很有意思。第一，月全食持续的时间很长。日全食或日环食前后虽然也有较长的偏食阶段，但全食或环食状态最多只能分别持续 7 分 30 秒或 12 分钟。相比之下，月全食的状态最长可以持续 1 小时 46 分钟！有人可能觉得，月亮钻进地球的影子里就看不见了，没意思，但其实，即便是处于全食状态的月亮，也是能看见的：它会呈现一种黯淡的褐红色，这堪称第二件趣事。这里的褐红色微光基本仍是太阳光，但不是直射光，而是在地球上那些处于晨、昏时间段地区的高层大气中经过了折射的光。由于日光中偏蓝色的成分折射率比较高，都被大气层中的气体分子打散了（译者注：形成了天空的蓝色），所以就剩下了更多偏红色的光继续前进，这些剩下的光微微照亮了此时正被挡在地球后面的月球。正因如此，月球

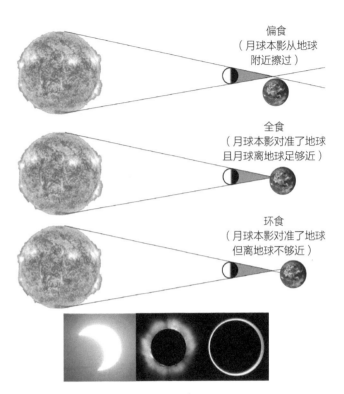

偏食
（月球本影从地球附近擦过）

全食
（月球本影对准了地球且月球离地球足够近）

环食
（月球本影对准了地球但离地球不够近）

图 1.6　从地球上看去，当月亮挡住了太阳圆面的一部分时，就是日偏食。当月球的本影直接划过地面时，在本影所划过的地带之内的观察者能够看到月亮的圆面比太阳大，所以太阳会完全被月亮挡住，即日全食。但如果月球此时离地球恰好比较远，其圆面看起来就会小于太阳，这时只能看到日环食。不论是日全食还是日环食，如果你的位置只是邻近被月球本影划过的地带却没有在这个地带之内，那么你能看到的还只是日偏食。（图片版权：本书作者）

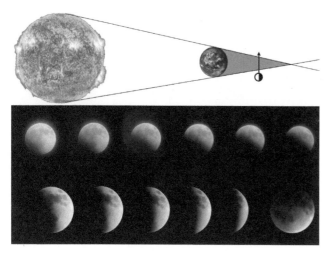

图 1.7　由于地球的影子很长，远大于月球和地球的距离，所以月食不包括"月环食"，只有月全食和月偏食。月全食时，完全浸没在地球本影中的月球，其表面会变得暗淡并显出棕红色。月偏食（或者月全食前后的偏食阶段）时，地球影子的轮廓一部分会投射在月面上，显示出一个大致的圆弧形，意味着地球是圆的。（图片版权：上半部为本书作者，下半部的月食各阶段照片为 Wikimedia Commons 用户 Zaereth 和 Javier Sanchez）

进入地影越深（即越接近全食阶段的中心时刻——"食甚"），杂散的蓝光的影响就越少，红色也就越明显。至于第三件趣事，或许会让很多人觉得比前两件更让人惊奇：古人可以利用月食来测算大地的形状！在月全食前后的偏食阶段，大地轮廓的一部分会被投影在月面上。如果能精确地描绘、记录下这个轮廓线的形态，就能仅凭观察投影而知道大地的形状。不出大家所料，如同太阳和月亮，大地的投影也是圆形的（见图 1.7）。

但是，一个圆形的影子，能表示大地有着什么样的实际形状呢？从几何理论上看，答案可以有很多种，当然其中有两种解释是最为简洁的：

第一，大地是圆形的盘状物，所以它阻挡从太阳射向月亮的光时，会在月面上投影出一个圆形；

第二，大地是球形的物体，所以它阻挡从太阳射向月亮的光时，会在月面上投影出一个圆形。

这两种思路在几何上都是正确的，所以单凭观察投影的形状无法评断出二者的正误。由于大多数人都默认星空的轮转是天空绕着大地运行所造成的，所以假设大地是个圆盘的形状，并没有太大的问题。在现存最早期的书面文献（包括古希腊和希伯来文本记录）中，大地都被描述成一个圆盘，周遭被汪洋大海围绕着。

但是，也有不少的间接证据表明，大地可能是球形的，而非圆盘形。同时，不少观察经验也倾向于表明大地的表面是个曲面，而非平面。例如，你盯着一艘离港远去的船，会发现它的船身最先消失在海平线下，然后才是桅杆。若大地和海洋都是平面的，这种现象就说不通了。又如，爬上一座高山，向四方张望，也只能看到有限远的地方（即使地表没有任何障碍遮挡），但这个限度在哪里，是与你所在位置的高度有关的，站得越高就能看得越远。再如，向南方航行，越靠南就能在夜空里看到越多的北方地区看不到的星星，其中还包括一些不见于北方夜空的"深空天体"，例如"麦哲伦星云"（见图 1.8）。所有这些，都是"大地球形说"的绝好证据。不过，即便站在高山之巅，肉眼也确实还不足以分辨出大地表面的弯曲特征，于是，依然有许多人据此认定大地是扁平的圆形，以迎合自己的成见。在上千年的历史时期里，圆盘状的大地一直是占据着主流地位的一个教条。

可是，即便早在公元前 3 世纪，也有人并不相信大地扁平掌说，并且几乎证实了大地是球形的。不仅如此，还有人实地测量了这个球有多大！当时，世上的顶级学者基本都生活在埃及的亚历山大城，那里有传说中的亚历山大图书馆，一位来自希勒尼（Cyrene）的叫埃拉托色尼的学者也在其列。希勒尼是个属于希腊文明的城市，地点在今天的利比亚境内。希勒尼的纬度与亚历山大城基本相同，所以我们估计埃拉托色尼无论是在希勒尼的时候还是在亚历山大的时候，他的观天经验应该都差不多。可是有一天，他接到的一封信却震惊了他。这封信来自象岛（Elephantine Island）的塞尼（Syene）城，此城位于埃及的南部，在今天的阿斯旺。信中描述说，每年夏至这一天，太阳的光都会径直照射进城里一口深井的底部。埃拉托色尼当然知道，太阳在天空中走过的路径会随着季节变化而改变，冬至前后相对最接近地平线，而夏至前后的中午高度会达到极大。但是，他也认为太阳从来不可能到达头顶正上方，以至于直接照进深井的底部——至少这在亚历山大城不可能。所以，他为这个描述感到震惊和难以置信。

图 1.8 大麦哲伦星云和小麦哲伦星云。由于地球是圆的，在位于北半球中纬度地区的欧洲，人们是无法看到这两个天体所在的天区升出地平线的，所以过去几乎不为欧洲人所知。现在我们知道这两个叫作"星云"的天体其实是像我们的银河系一样的星系。（图片版权：Wikimedia Commons 用户 Markrosenrosen）

不过，这封信的作者言之凿凿，在象岛的夏至前后，太阳就是会经过天顶，所以在那个时候如果你想伸头去看井底的阳光，头的影子就会把井底的阳光挡住。同时他还说，在夏至的中午时刻，如果在塞尼城的地上钉一根完全垂直于地面的桩，这根桩将不会有影子，无论从哪个方向看去，阳光都洒满在地上，这也是太阳正好位于天顶的绝佳证据。

埃拉托色尼就此制定了一个实验计划：他在第二年的夏至这天，在亚历山大城也钉下了这样一根正好垂直于地面的桩，然后在正午时分尽最大努力精确测量了桩影的长度，这等于测出了此时阳光的方向与垂线之间的夹角——这个夹角的度数，就是亚历山大城在夏至的正午时分，太阳的位置与天顶相差的度数（或说角距）。

埃拉托色尼的测量已经发挥了当时仪器设备的最高水平，他测出的结果是：夏至正午，桩影最短时，在亚历山大城，阳光的方向与桩（即垂线）的夹角等于整个圆周的 1/50。因为圆周等于 360°，所以不难算出在亚历山大城的夏至正午，太阳离天顶为 7.2°。而如果塞尼城的来信所述属实，则塞尼城的这个夹角数值应该是 0°。

那么，这种差异因何而出呢？（见图 1.9）

埃拉托色尼意识到，如果大地是个扁平的圆盘，就不应该有这样的差异。而只要

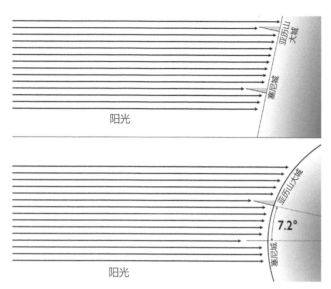

图 1.9　上半部：如果大地表面是平的，那么夏至的中午无论你在哪里，阳光投射到地面上的角度都应该是一样的。下半部：大地表面实际上是个球面，所以即便在同一时刻，不同纬度的人看到的阳光角度（即太阳在空中的位置）也会不一样，这就造成了文中所说的影子长度不一样的问题。通过测量两个经度相同、纬度不同的地点之间的距离，以及测量其同一时刻阳光角度的差异，就可以推算出地球的周长。（图片版权：本书作者）

假定太阳离地球很远，其发射到地上的光线就应该被视为近乎平行线的光束，这就意味着，大地是球形就解释得通了！或许是灵光一现，埃拉托色尼领悟到：既然亚历山大城、塞尼城两地接受的阳光角度相差 7.2°，即圆周的 1/50，那么只要能测出塞尼城比亚历山大城靠南多少，再将此数值乘以 50，就可以得出球形大地的周长了。

假如埃拉托色尼是最早的研究生导师的话，他的学生恐怕就能以此为题，漂漂亮亮地完成历史上第一篇哲学博士论文了吧（译者注：西方对天文学专业的博士生授予的通常是哲学博士学位）。但是，当时既无"导师—研究生"制度，也没有测量两地之间精确距离的很好的方法，所能使用的最佳手段只是通过骆驼从一个地方走到另一个地方要耗费多少时间去估计总的里程。亚历山大和塞尼之间的距离，当时最精确的估值是 5 000 斯塔迪亚（stadia），所以埃拉托色尼估计地球的周长是 250 000 斯塔迪亚。这又是多长呢？我们只需一个简单的换算将其转化为"千米"之类的当代长度单位。但是，斯塔迪亚和千米之间的换算率是多少，史学家们一直有所争议。前文已述，埃拉托色尼是个居住在埃及的希腊文化人，所以他既可能使用当时雅典的斯塔迪亚，也可能使用埃及的同名单位。这个长度单位的名字源自当时体育竞技场的长度，而各地竞技场的长度并不相同。如果按希腊标准，1 斯塔迪亚合今天的 185 米，那么埃拉托色尼推断的地球周长就是 46 620 千米，只比今天公认的数值 40 041 千米大 16%，可谓相去不远；而如果按埃及标准来算，这个单位更小，仅合当今的 157.5 米，那么埃拉托色尼的得数就将是 39 375 千米，只比当今的公认值小 2%！

目前已知埃拉托色尼这次伟大的测算进行于公元前 240 年。他由此成了已知最早的采用定量研究手段的地理学家。他不仅相当精确地度量了他心目中的那个地球，也建立了当今经纬度概念的雏形。他留下的资料含有当时世界上不少于 400 个城市的精确位置描述，这些描述都服从于一套自洽的、客观的地理方位概念。他甚至还划分了大地上的五个气候带：围绕两极的各一个冰冻带、南北两个中纬度地区的各一个温暖带，以及赤道地区的一个炽热带。所以，他可以称得上是地球科学与地理科学的奠基人。

＊　＊　＊

埃拉托色尼不仅在帮助人类认识地球方面功不可没，还为我们开启了一次更大的认识飞跃的先声，因为他的理论建立在这样一个假设的基础上：太阳离大地足够远，所以它所发出的光线到达地球时已经可以被近似看作平行线。通过观察日食，人们已经知道月亮到地球比太阳到地球更近，所以，求得月亮与地球的距离是多少，就成了史上第一项正式的天文测距任务。

与埃拉托色尼同时代的一个人——来自萨莫斯（Samos）的阿利斯塔克（Aristarchus）写过一部著作《论直径和距离》，专门探讨太阳、月亮的大小和它们离地球有多远（而且这本书还未失传！）。因为根据埃拉托色尼算出的地球周长可以轻易得到地球的直径（除以圆周率即可），阿利斯塔克就以地球的直径数据为基础，提出了一种利用月食来测算月球直径和地月距离的方法。他通过月食时投射在月面上的地影，求出了地影直径与月球直径的比率，由此就可以进一步推知月球直径与地球直径之比。阿利斯塔克测量月食中地影的实验得到的结论是：月球直径为地球的 35%。（见图 1.10）当今我们知道的月球直径是 3 470 千米，约合地球直径的 27%。

而一旦估算出了月球本身的直径，估算月球和地球的距离就是顺理成章的事了。不用说，阿利斯塔克测量过太阳、月亮在天上的"视直径"（以角度表示的直径），即各约半度，占天球周长的 1/720（阿基米德也佐证过这一数据），所以只要将月球的物理直径代入，就能知道月球绕地球旋转的轨道有多大，于是，得到月球和地球的距离也就易如反掌了。如果将当今的月球物理直径数值代入此法，得到的月地距离会是 397 600 千米。当然，按照当代天文学的认识，月地距离并不是一个固定值，而是在363 104 千米到 406 696 千米之间变动。但是，上述得数已然落在这个正确的范围之内。

尽管阿利斯塔克的数据测量工作谈不上精准，但他进行计算的思路和方法绝对值得肯定。在古代世界的科学领域，后来又有依巴谷（Hipparchus，译者注：也译作"喜帕恰斯"）、托勒密（Ptolemy）对数据测量的技术做了

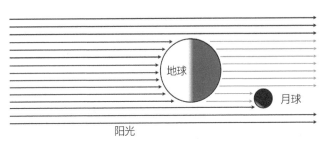

图 1.10　只要知道了地球有多大，那么就可以通过月偏食时地球投射在月面上影子的大小，结合月球与地球的可能距离去推算月球有多大。左下部分是 NASA 的伽利略号探测器拍摄的地球和月球照片，二者根据我们推测的直径比例被叠合成了一张照片。事实上，这种方法帮助人类把月地距离平均值的推算误差减少到了百分之几的水平上（即误差不超过 1 万千米）。当代，人类已改用激光测距技术来测量这一数值（利用放置在月面上的一个镜子，反射从地球发射过去的一束激光，然后用激光运行的耗时乘以光速），误差已经减少到 1 厘米之内。（图片版权：上半部分为本书作者，左下部为 Wikimedia Commons 用户 Mdekool，右下部为 NASA 的伽利略号探测器）

改进。更加确切的数据借助阿利斯塔克的计算方法，让月地距离的推算值与当今的测算值之间的偏差减少到了仅 2%。

　　阿利斯塔克在以测算月地距离和月球大小的功绩而彪炳科学史的同时，也尝试过求出太阳与地球的距离，不过其结果是十分离谱的。当然，他试图测算太阳距离的计划看上去倒是相当合理与清晰：从地球上看去，可以虚拟出分别通往太阳和月亮两条连线，我们首先要等待一个时机，在这一时刻，这两条连线的夹角要正好是一个直角。趁此时刻，尽可能精确地测量月亮的相位，即测量在地球上看到的月亮圆面有百分之多少被阳光照亮——显然此时的月相不应超过 50%。（译者注：作图可知，此时的月相应是略大于 50%，故原文说法存疑。而这也涉及原文介绍的测量方法是否易于古人操作的问题，后注详。）将测量出的月相数值通过几何计算转换为角度数值，即可求出此时这个大直角三角形的两个锐角分别是多少度。又因为月地距离是已知的，那么就很容易利用三角学的知识求出日地距离了。不幸的是，他的这个构想超出了当时仪器的能力极限。如今我们知道，地、月、日三者位置符合阿利斯塔克的要求时，月相应为 49.7%，这个数确实小于 50%，但只差很小一点，而阿利斯塔克当年的测量误差比较大，得值仅为48.3%，这导致他的结论中太阳与地球的距离比实际情况大为缩小了，仅为当今所知数值的 1/60。（译者注：按前注所述理由，阿利斯塔克不可能测出 48.3% 这种小于 50% 的数值。当然，原作阐述的这一构想的原理是没错的，但其对具体操作步骤的介绍则不能不令人生疑。我国已有科普文献中给出的另一种具体操作方式，说起来显得比原作合理得多，而且也不存在上述的几何数值方面的疑问——阿利斯塔克是想等待月相正好 50% 时，测量地月连线和地日连线的夹角，若太阳很远，则这个夹角应该接近但略小于 90°。可惜的是，他凭肉眼无法绝对精确地找出月相正好为 50% 的时刻。考虑到当时没有望远镜，在只使用几何测量仪器的情况下，测量两天体之间的角距数值显然容易一些，而测量月相的准确数值就要难得多。所以笔者认为我国已有文献中流传的版本更像是对的，谨此备注。）比起他对月球距离的准确测算，他对太阳距离的测算在今天看来是彻底失败的。但事实上，这种由设备能力的局限性导致的偏差乃至谬误，上千年来一直缠绕着那些自以为实现了"极限测量"的观测者们，在当今的科学前沿探索中，它也仍是无法避免的噩梦。

* * *

　　瑕不掩瑜，埃拉托色尼、阿利斯塔克的工作依然是值得我们感谢和称颂的，他们让下列的理念逐渐坚固起来：大地是球形的，其大小是有限的且可以测量的；月球绕着地球旋转，其大小和与地球的距离也可以很好地测算出来；太阳和众星离我们都比月球更远。但是，除了太阳、月亮这两个最醒目的天体之外，还有五颗比较明亮的天体比起遍布天幕的群星更加引人注目，那就是"行星"（planet）。这个名字源于希腊文的"游走者"（πλανητης，英文意译为 wanderer），因为它们也会相对于背景恒星而改变位置，使得它们不能被固定地标绘在星图上。其中，水星的位置改变得尤其迅速，其他几颗的移动速度由快至慢依次是金星、火星、木星、土星。土星的移动之迟缓，往往要时隔多日才能略微察觉，因此被昵称为"天上的老者"。

　　月亮区别于恒星的一些特点，行星也同样具备。例如，行星与月亮都不会像恒星那样看起来一直在闪烁。如果你在星空中看到一颗不像周围群星那样闪烁的星，且持续观察了一会儿后依然如此，那么几乎可以肯定它是一颗行星，而且应该是我们肉眼可见的太阳系内的五颗大行星之一。其次，月亮相对于恒星背景，会从西向东移动，平均每天偏移约 12°，而行星（译者注：特别是火星、木星、土星）通常看来也会相对于其他恒星逐日向东偏移，只是速度要慢得多。这种自西向东的偏移现象称为"顺行"（prograde motion）。然而，有少数时候它们看起来会移动得比平时更慢，几乎连续很多天停留在一个位置上，甚至会在一段时期内反向（由东向西）偏移，这种现象称作"逆行"（retrograde motion）。逆行阶段临近结束时，行星逆行的速度也会慢下来，最终又看起来停滞不动，随后恢复顺行（见图 1.11）。

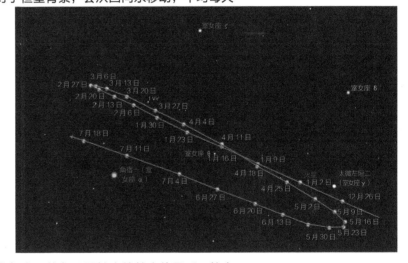

图 1.11　这里展示的是在地球上看到的火星在背景恒星中的一段运动轨迹。火星通常每晚都比前一晚靠东一点点，这叫作顺行，但少数时候，火星的运动会显得停滞下来，然后逐日往西退行，然后又停滞下来，再然后恢复顺行——上述过程中间的这一段叫作逆行。本图所示的就是火星相对于背景恒星的一段逆行，发生于 2014 年 3 至 5 月间。（图片版权：本书作者，使用了 Stellarium 软件）

　　对金星和水星来说，它们向东运动到一个与太阳的角距足够大的特定位置后，就会进入向西返回的阶段，其间会与太阳"擦肩而过"，甚至偶尔看来从太阳的圆面中穿过。水星每 116 天会有一个逆行阶段，持续大约三个星期；金星每 584 天有一个逆行阶段，持续大约六个星期。而火星、木星和土星则要在天球上运行到正好与太阳"相对"的位置附近才会有逆行的现象，其相对恒星背景的位置变化速度要比金星、水星慢不少，逆行阶段持续的时间也更加漫长。

　　对行星逆行现象，历史上主要有两种解释，这两种解释彼此对立。其一是建立在地心视角上的，由阿那克西曼德（Anaximander）于公元前 6 世纪率先提出。该观点认定大地在宇宙中是固定不动的，太阳、月亮与各颗行星沿着各自的圆形轨道绕着大地运转。为了符合行星会逆行这个显而易见的事实，人们不断修补这个理论模型。到了公元前 3 世纪，阿波罗纽斯（Apollonius of Perga）引入了"本轮"（epicycle）和"均轮"（deferent）

的概念。按照这个版本的理论，行星绕大地运行的轨道整体上已经不是正圆，而是很接近圆形的椭圆（均轮），且行星不是直接沿着这个轨道运动，而是以这个轨道上一个假想出来的、持续运动着的点为圆心，沿着一个小的圆形轨道（本轮）绕着这个圆心去运动。后来，依巴谷和托勒密都用更高精度的轨道参数计算完善了这种体系，较好地实现了对行星运动状况的预报。其中，托勒密的计算尤其精准。按照托勒密给出的宇宙几何模型推算出的行星运动，即便跨越千年，到了哥白尼（Copernicus）生活的时代（16世纪），其最大的位置误差也没有超过2°！

超强的实际预测能力，加上后来持续上千年的中世纪对思想界的禁锢与压制，令科学的前沿探索者们万马齐喑。上述的地心理论模型，由此在西方逐渐变成了累世不改的"真理"。其间，当然也有观测数据体现出与托勒密给出的理论略为不符，但人们已经习惯了用一种简单的方法去弥补差异，即在本轮的基础上再增设一个更加细微的层次上的圆轨道，用本轮上的"小本轮"去"完善"理论。这种做法导致理论体系变得越来越繁杂、臃肿，相关推算所需的工作量也越来越大了。这个理论体系即便仍然能为人类提供天体运行的预报，也很难让人想得通为什么众多天体要以如此复杂的方式去绕地球运转。随着岁月流逝，越来越多的人开始怀疑宇宙到底应不应该是这个模样，开始反思地球到底应不应该是宇宙的中心。

与此相对，早在公元前3世纪就有人提出过另一种截然不同的科学解释，那就是日心说——以太阳为宇宙中心的理论模型，提出者正是前面提到的阿利斯塔克。可惜的是，他当年关于这一模型的著作已经毁于后来那场著名的焚毁亚历山大图书馆的火灾。所以，根据阿利斯塔克的日心说推算出来的天体运动，究竟能在何种程度上与观测事实相符，如今我们已是无从得知了。在现存的理论文献中，能体现日心说预测能力的最早文献就是16世纪哥白尼撰写的旷世名著《天体运行论》。在这本书中，行星的逆行现象在并不需要本轮、均轮的情况下就得到了很好的解释。日心说将太阳认定为宇宙的中心，让水星、金星、地球、火星、木星、土星由近至远依次环绕在太阳周围，离太阳越近的行星，运动速度也越快。以地球和火星为例，在速度较快的地球"超过"火星的过程中，从地球上看去，火星就会有一段时间呈现出往后退着走的错觉（见图1.12）。

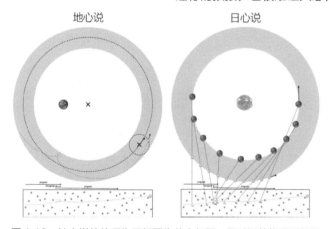

图1.12 地心说的体系为了解释为什么每隔一段时间就能看到行星逆向运行，设置了本轮和均轮的概念，认为行星在本轮上运转，而本轮在均轮上运转，这就是说，地心说认为我们看到行星逆行时，行星在宇宙中确实是逆向运行的。为了符合观测事实，地心说也指出地球的位置并不严格处于均轮的圆心处。而在日心说的体系中，行星的逆行现象完全是由行星之间的相对位置和速度的不同造成的一种错觉，离太阳较近的行星运动速度较快，当它超越正好处在同一侧较远的行星时，看起来就好像是后者在逆行。日心说指出所有行星在实际的宇宙中都不会逆行，它们都绕太阳运转。（图片版权：本书作者）

在哥白尼的理论中，行星都是以正圆形轨道绕太阳运行的，这导致其推算结果的精度下降，以致还不如托勒密的地心说算得准。所以，哥白尼仍不得不倾向于重新引入"本轮"概念去完善自己的模型。尽管日心说作为天文认识上的一大飞跃而彪炳青史，似乎可以让人不再去纠结这些不尽完美之处，但我们必须承认，哥白尼并没有彻底解决行星运行方式的理论模型问题。

* * *

哥白尼于 1543 年也就是他临终前出版的这本书，旨在引领人们去思考，是否有必要接纳一种能比地心说更好地描述行星运动的理论模型。他描述了一个不同于传统认识的、显得不那么恒常不变的宇宙，让后辈的天文学家们充分认识了托勒密、亚里士多德等人留下的，已经统治理论界千余年的宇宙观念有何缺陷。第谷·布拉赫（Tycho Brahe）即是受惠于哥白尼著作的一位天文学家，他也被誉为在望远镜发明之前最伟大的、仅凭目视观测的天文学家。他的视力天生就好得惊人，亲自测定了数千颗恒星的位置和亮度，并能对五大行星的位置变化做相当精确的测量。他从数据出发，认为日心说、地心说各有长处与不足，并由此创立了他自己的宇宙模型：除地球之外的各大行星绕着太阳转，而太阳绕着地球转。他也率先注意到彗星可以有两条尾巴：其中一条永远背向太阳（今称离子尾），另一条则与彗星轨道成一角度，翘曲向外（今称尘埃尾）。当然，他最伟大的观测成就还要数对 1572 年超新星的记录与宣传：他将这一天象叫作 stella nova，即"新的星星"：

"余正循常规于一晴夜仰观星宿之时，忽察一新现之星耀目，卓异非凡。其所在方位，往昔本无任何星光可见。"

1572 年 11 月 6 日，仙后座天区内出现的这颗"新的星星"在随后的若干天内越来越亮，最大亮度几乎超过了天上其他的所有恒星乃至行星，甚至在白昼都能看到！（见图 1.13）

虽然当时许多地心说支持者都认为这只是大气中的特殊现象，但第谷用他精确的连续观测数据说明，此星从"横空出世"到最终渐渐变暗并淡出人们视线，其位置从未有丝毫变化。确切地说，此星的"视差"（parallax）可以认为等于零。这即是说，不论从哪个地点观测这颗星，它

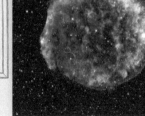

图 1.13　左半部分展示的星图中，被标为"I"的即是一颗"新的恒星"，如今叫作"超新星"。它最亮时，光芒超过了除太阳之外的所有恒星，然而最终还是逐渐暗淡下去，复归为不可见。几百年之后，这颗超新星的遗迹被我们在望远镜中发现，它的位置与当年闪耀天空时是一样的，如今在红外波段和 X 射线波段仍然发射着很强的能量。右半部分的这张超新星遗迹照片，包含着 NASA 的钱德拉 X 射线望远镜和斯必泽红外望远镜得到的数据。（图片版权：左半部为第谷·布拉赫《新的星星》，1573 年；右半部有三个来源，X 射线部分来自 NASA/CXC/SAO，红外部分来自 NASA/JPL-Caltech，可见光部分来自 MPIA、Calar Alto、O. Krause 等。）

相对于背景恒星的位置都是固定不变的。如果它是发生在大气层中的某种现象，则距离地面必然比较近，那么其"视差"不应该近乎为零。（例如，伸出你的手指，轮流闭上左眼和右眼去观察它，相对于更远处的背景，其位置会有明显的不同，这就是较近的物体视差明显大于零的例子。）这颗星在数月时间内先是逐渐增亮，后来又逐渐变暗，最终复归于不可见，这个过程为人们提供了最早的关于"恒星不恒"的坚实案例。（译者注：我国古代有比这早得多的超新星爆发记录，当然不见得明显体现了"恒星"这一科学概念。）如前所述，这种现象如今叫作"超新星"（supernova），第谷目睹的正是一颗原本很暗的恒星在其"生命"周期末尾的激烈无比的"死亡"过程。根据第谷留下的可靠数据，今天我们很容易在望远镜中找到这颗超新星留下的痕迹。我们还能将天空中的各处超新星遗迹与历史上中国、日本、埃及、中东等地的文献记载的各次"新的星星"事件对应起来，例如公元 185 年、393 年、1006 年、1054 年、1181 年的超新星爆发事件。一直被认为无始无终、永不变化的恒星，就这样忽然展露了它们的"生命"有时而尽的一面。

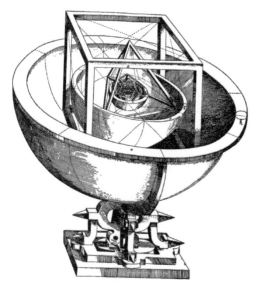

图 1.14 在青年时期的开普勒的构想中，行星绕太阳运转的轨道应是标准的圆形，五颗行星的轨道所在的球面都可以被描述为五种正多面体之一的内切球面或外接球面，这些多面体都像柏拉图的"理式"那样完美。（图片版权：约翰尼斯·开普勒《宇宙奥秘》，1596 年）

1601 年，第谷·布拉赫猝然而逝。与他同时代的天文学家约翰尼斯·开普勒（Johannes Kepler）继承了他的数据，接手了他的研究工作。开普勒并不认同第谷的行星运动方式理论，他比较认同哥白尼的看法，即地球也和其他行星一起绕着太阳转，但他的理论与哥白尼相比更有精微、独特之处：他认为地球和五大行星的轨道取决于五个正多面体——即那些每个面都是正多边形（例如正三角形、正四边形或正五边形等）的立体形状。他的行星运动模型让每颗行星（包括地球）的轨道都以"内切"或"外接"的关系依存于一个正多面体。如离太阳最近的行星——水星，其轨道处于一个正八面体的内切球面上，而金星的轨道处于这个正八面体的外接球面上。与此同时，金星的轨道所在球面也可以被认为内切于一个正十二面体，而地球的轨道所在球面则外接于这个正十二面体，并且内切于一个二十面体。由此向外分别是火星、四面体、木星、六面体、土星。他将这套体系称为"宇宙奥秘"（mysterium cosmographicum），同名的著作在 1596 年就出版了。此后，他开始使用第谷留给他的、具有极高精度的观测数据去验证自己的理论模型。（见图 1.14）

一个理论体系宏伟、精美、优雅，却不能与观测事实精确相符的事，在历史上不胜枚举。当科学家遇到这种情况时，当他们发现引以为毕生之骄傲的理论灵感无法完美地带给他们预期的结果时，会如何去做？绝大部分科学家都会选择补充一些概念（如众所周知的"小本轮"），甚至添加一些硬性规定，以便抢救他们可能已经为之付出多年精力的原有理论体系，然后期待着后续观测的结果能与修订后的理论更加吻合。但我们之所以要说开普勒是伟大的，其原因之一就在于：当他发现自己所钟情的那个精美的理论模型真的不能解释观测事实之后，他果断地将其放弃了，随后构思出了一个更符合实际数据的新理论。哥白尼理论中的圆形轨道设定，不能很好地解释行星的运动状况，特别是水星和火星，开普勒花费好几年时间，密切关注行星的位置变化，尝试用圆形之外的形状，例如卵形，去描述行星的轨道。终于，在 1605 年问题得到了圆满的解决：若设地球和诸行星绕日运动的轨道是椭圆形，且太阳并不位于椭圆的中心，而是位于椭圆的两个焦点之一，则我们即使完全抛弃本轮和均轮的概念，也能很好地解释行星运动的实际情况（月球绕地球运动的轨道也是如此）。

　　这一成果最终在 1609 年得以出版（此前开普勒搞定了一场关于第谷遗留的观测数据使用权的官司），随即迅速流传开来。次年，伽利略（Galileo）通过望远镜观察到木星周围有四颗小卫星的事实，进一步暗示地球可能并非太阳系和宇宙的中心。后来，伽利略又在望远镜中观察到了金星的相位变化，即金星也像月亮那样有盈有亏，并且在离地球近的时候像个月牙，在离地球远（即与地球分别位于太阳的两侧）的时候接近圆形。一系列的有力证据，让"日心说"在科学界的地位变得不可动摇。"日心说"对行星和月亮运动的简明而准确的解释，让"地心说"望尘莫及。统治科学理论界已达上千年的"地心说"，就这样在短短几年之中土崩瓦解了（见图 1.15）。

＊　＊　＊

　　当时的社会给伽利略和开普勒的待遇是不公平的：伽利略因其观测成果而被教会指控为异端，随即遭逮捕，其生命的后几十年都是在软禁中度过的；开普勒将著作出版之后，他的母亲也被人诬告为女巫。然而，这些世俗生活中的厄运都无法撼动他们在科学上的辉煌成就。开普勒在证实行星以椭圆轨道绕太阳运行之后，又再接再厉提出了两条关于行星运动的定律：第一，行星与太阳连成的线段在固定的时间长度内扫过的面积也是固定的；第二，行星

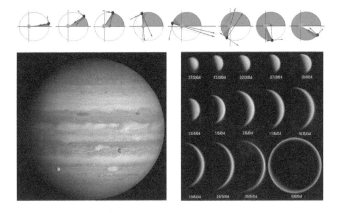

图 1.15　在"日心说"基础上做出的科学预言逐渐都找到了证据，如行星绕太阳运行的轨道是椭圆形（上），又如木星有它自己的卫星，它们只绕木星运转，而不是直接绕地球或太阳运转（左下，图中包括木卫一和木卫二），再如金星在绕太阳运行一圈的过程中也有像月亮那样的盈亏变化，当其离地球较近时呈现较大的弯钩状，离地球较远时呈现较小的盈凸状（右下）。这些发现让我们认识到地球不过是围绕太阳运转的几颗大行星之一。当然，开普勒的行星运动定律也非常重要，上述的椭圆形轨道即是其第一定律的内容，而第二定律则是：一颗行星在相等的时间间隔之内，其与太阳之间的连线扫过的区域的面积也是相等的。（图片版权：上半部为 Wikimedia Commons 用户 Gonfer；左下部为 NASA/JPL/ 旅行者 1 号探测器 /Bjorn Jonsson；右下部为 Statis Kalyvas — VT-2004 计划）

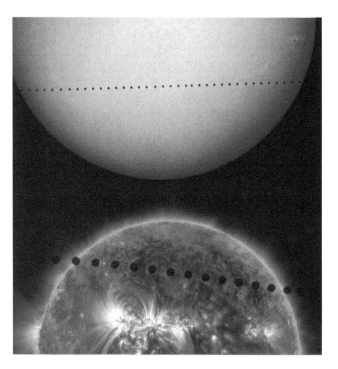

公转周期的二次方，与它的轨道半长径（即椭圆形轨道长轴的一半）的三次方是成正比的。这些新的成果随后就被开创性地用于预测"内行星"（水星和金星）的"凌日"现象（即从地球上可以看到它们从太阳圆面之前经过）。1631 年，水星凌日现象如同预报的那样准时发生了，这是人类首次正式观测到这一现象。开普勒理论模型的威力由此得以确认。（见图 1.16）

这些理论不仅能够解释已有的观测事实，还能够准确地预报即将发生的天象。依靠着这些理论，天文学最终摆脱了以往的许多臆想和猜测，开始成为一门信得过的科学。当然，最根本的一次飞跃这时还正待发生。在 17 世纪后期，开普勒的日心说和行星运动定律已经风靡天文学界，望远镜的广泛使用又为天文学打开了一片全新的视野。随着土星的卫星被发现，人类的宇宙探索之旅正式向着肉眼看不到的小天体、暗天体进发了，"彗星猎手"这一事业也就应运而生。因哈雷彗星而知名的埃德蒙·哈雷（Edmond

图 1.16　在开普勒提出他的行星运动定律之前，人类从来没有成功地预测出水星、金星这两颗"内行星"（即比地球更接近太阳的行星）从太阳圆面前方经过的现象——水星凌日（上）、金星凌日（下）。在开普勒定律的基础上，我们对这类天象的预报精度大为提高，即便横跨千年，推算误差也不超过 1 分钟。（图片版权：上半部为 ESA/NASA/SOHO，下半部为 NASA/ 戈达德太空飞行中心 /SDO）

Halley）在 17 世纪下半叶研究彗星运动（他对基尔希彗星即 Kirch 彗星的研究尤其出名）的时候，尝试将彗星的运动规律与历史上的彗星目击记录匹配起来，而他自然也离不了开普勒定律的帮助。但当面对彗星的轨道参数问题时，却遇到了困难：他不知道是哪种类型的力量让彗星拥有这么奇怪的轨道形状。

在不放弃使用开普勒定律的同时，他向牛顿（Newton）寻求建议，咨询何种力学定律可能造成天体的椭圆轨道。牛顿说自己关于这方面的演算成果已经丢了，但他能立刻重新算出来并把结果发给哈雷。我们先不管是不是真的丢了，总之牛顿确实很快就拿出了答案。哈雷惊叹于牛顿的演算工作之神速，迅即成了牛顿的支持者，并安排发表了牛顿的相关观点。这就是科学史上最具轰动性和划时代性的论文《自然哲学的数学原理》（*Philosophiae Naturalis Principia Mathematica*）。牛顿在文中提出了著名的万有引力定律，即"平方反比关系"——两物体间彼此吸引的作用力，应成正比于二者的质量，并成反比于二者之间距离的平方。使用这一定律，不但可以解释开普勒行星运动定律之所以然，还可以解释很多科学现象，如地面上的钟摆周期因摆长不同而变化、大气层不会离开地球而远去，以及月球和其他卫星会一直绕着行星运转等。这篇论文发表于 1687 年，随后，哈雷就算出了木星和土星的存在对围绕太阳运转的长周期彗星的影响，由此不但可以解释彗星的轨道形状，还能根据行星的引力作用对彗星轨道参数进行修正。在计算结果的指引下，哈雷发现 1682 年的大彗星、1607 年开普勒记录的彗星，以及 1531 年有人记载过的彗星其实应该是同一颗彗星的三次回归，并预言这颗彗星将在 1758 年再次光临地球附近。1758 年 12 月 25 日，这颗彗星果然"如约而至"，为此它被命名为"哈雷彗星"以纪念哈雷本人，也是牛顿引力理论的又一次伟大胜利。（见图 1.17）此后，日心说就仅仅被看作一个必然能从牛顿引力理论导出的结果了。万有引力定律作为更具基础性的、更深邃的发现，此后还会引发许多令人赞叹的、经得起实验和观测检验的成就。

图 1.17 哈雷彗星大约每 75 年或 76 年回归到太阳附近一次，这是最近一次回归时，即 1986 年的照片。它的下次回归在 2062 年，预计 2061 年 12 月开始即可用肉眼看到。（图片版权：NASA/JPL）

* * *

万有引力定律、望远镜的观测成果、描述太阳系天体运动规律的能力，都是 17 世纪天文学的成就，然而 17 世纪的天文学进展还不止如此。如克里斯蒂安·惠更斯（Christiaan Huygens）就发现了土星的首颗卫星（今称土卫六，即 Titan），并发现同样的一个钟摆到了接近赤道的地区之后摆动周期会略微变长。另外，他也和古代的阿利斯塔克一样，认为恒星并不是镶嵌在天球壳层上的小亮点，而是很遥远的一个个太阳，与我们的太阳在物理上没有什么根本区别。而他比阿利斯塔克更进一步的地方在于，他试图测出这些恒星到底离我们有多远。

在天文学上，我们用"星等"（magnitude）这个指标来描述星星看起来有多亮，它与星光的实际强度之间呈一种对数关系。天上除了太阳，最亮的六颗恒星依次是天狼星、老人星、南门二、大角星、织女星、五车二。其中，织女星在数世纪以来一直被用作定义"星等"数值的一个基准点，它的视亮度是 0 等。两颗星的星等数值每相差 1 等，其亮度上的差异是 2.5 倍。所以，"−1 等"的星比 0 等的织女星亮 2.5 倍，而 5 等的星的亮度仅是织女星亮度的 1%。除太阳、月亮和几颗大行星之外，天狼星是平时天空中最亮的星，其亮度在我们眼中为 −1.4 等。而在夜空环境绝佳的地方，视力很好的人仅凭肉眼能勉强看到最暗的星大约为 6.5 等。这个数值意味着我们在不依靠其他设备帮助的前提下，理论上最多能观察到大约九千颗星星。当然，太阳的亮度在这些星星中独占鳌头，它甚至比亮度排名第二的月亮（月相为满月时）要亮 400 000 倍。

不论如何，惠更斯至少掌握了一个基本的规律，那就是：同一个光源在我们眼中的亮度，与它和我们的距离成平方反比关系。如果将一个光源移到两倍远的地方，我们看到它的亮度将只有原来的 1/4。类似地，如果距离是原来的三倍，那么视觉上的亮度会减为 1/9，如果四倍远则是减为 1/16。这种关系的成因在于：一个近似于点状（即球体）的光源，其发出的光在空间中是以球面的形状扩散出去的。离光源越远的地方，球面上特定单位面积内通过的光就越少——不难证明这里存在平方关系。观察者远离光源后，必须按照平方关系去增加自己的受光面积，才能保证自己接收到的光强度与原来相同（见图 1.18）。

惠更斯据此设计出了一个探索计划：由于当时地球和太阳的距离已经为人所知，那么只要测出太阳的亮度是天狼星这颗夜空中最亮恒星的多少倍，就可以知道天狼星的距离是太阳距离的多少倍，也就知道了天狼星离地球有多远。所以，他在一块黄铜板上钻了一系列的小孔，其直径一个比一个小。他觉得，当小孔足够小的时候，从中穿过的太阳直射光就会减弱到与夜空中的天狼星亮度一致，然后通过小孔的直径就可以推算二者亮度的差距了。然而他并不走运（如今看来这是注定的），即使小孔小到了当时钻孔技术的极限，从中穿过的阳光还是远远亮过天狼星。因此，他又用大量半透明的玻璃珠堵在小孔后的光路上，进一步削弱亮度。最后，他终于用阳光仿制出了一颗"天狼星"，而此时的阳光强度已经被减弱到平时太阳的八亿分之一！

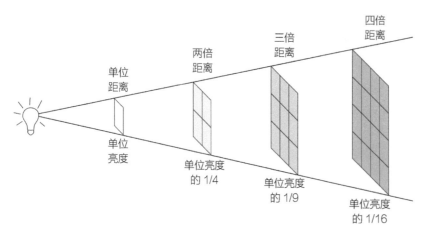

图 1.18　你离一个光源越远，在你眼中它看起来就越暗。它的距离和它看起来的亮度之间的关系很简单——平方反比关系，这与万有引力定律中的关系很像。如果你假定一颗恒星的实际发光能力与我们的太阳相似，又能够测出我们眼中它的亮度是太阳的多少分之一，那么就可以推测它与我们的距离是太阳距离的多少倍。（图片版权：本书作者）

结合这个亮度关系，加上光强度与距离的平方反比关系，再加上已知的太阳和地球的距离，惠更斯成了历史上第一个推算出除太阳之外的遥远恒星距离的人。他在假设天狼星自身发光的能力与太阳相同的前提下，推算出其距离是太阳距离的 28 000 倍。由于太阳距离是 1.5 亿千米，所以惠更斯算出的天狼星距离是 4.2×10^{12} 千米，约 0.4 光年。我们必须说明的是，"天狼星与太阳发光能力相同"的假设是严重偏离实际情况的，这导致惠更斯的结果与今天的数据相差较大——当今掌握的天狼星与我们的距离是 8.6 光年。当年的惠更斯不可能知道天狼星自身的发光能力其实是太阳的 25 倍。如果他能得到这一信息，他的测量活动得到的结果将会与当今掌握的确切数值相差不超过 20%。因此，惠更斯的这次行动，在仅能凭肉眼测光的年代里，无疑已是巅峰之举！

＊　＊　＊

随着望远镜技术的持续进步，天文学家们又目睹了许多从未见过的新鲜事物。除了新发现了一大批卫星，人们还见到了数十万颗仅用肉眼无法看到的暗恒星。此外，寻找彗星的活动也方兴未艾，这些人被称为"彗星猎手"。在当时，"彗星猎手"只在既有钱又有闲的人群中存在，是一种高档次的兴趣爱好，1744 年大彗星在尚未亮到肉眼可见之前就通过望远镜被发现，由此成为最早的以这种方式被人发现的彗星。当彗星离太阳尚远时，它在望远镜里看来只是一个模糊、黯淡、弥散的小光斑，并没有大家通常印象中的那种醒目的尾巴——彗尾要等到彗星离太阳比木星离太阳更近的时候才会出现。处于这种阶段的彗星之所以能被识别出来，是因为它的位置相对于背景恒星会有所变化，只要连续数天进行观察即可发现这种改变。不过，也有不少"彗星猎手"在花费很多个夜晚持续观察一个疑似"彗星"的光斑之后遭遇挫败：无论观察多久，这颗"彗星"总是原地不动。其实，这种天体在当时叫"星云"（nebulae），如果你不慎把星云当成了彗星，并为此付出很多精力去追踪，最后的结果就只有接受大自然对你开的这个玩笑。

1744 年大彗星引发轰动时，有个 13 岁的孩子也为之惊讶和痴迷，他的名字叫查尔斯·梅西耶（Charles Messier）。此后的十四年里，他努力学习相关知识，成了一位天文学家，准备迎接即将在 1758 年发生的、由哈雷预测出的那次大彗星的回归。他在用望远镜搜寻尚在远方的哈雷彗星时，同样找错了对象，遭遇了前面说到的那种挫败：他看到了一个模糊的光斑，但持续跟踪观测后才发现这个目标根本不会动，他这才意识到这个光斑不可能是哈雷彗星。今天我们知道，这个光斑正是蟹状星云（见图 1.19），它是 1054 年那次超新星爆发事件留下的残迹。而在当时，不可能有人提前告诉梅西耶这些事情，他也就不可避免地在这个目标上白费了力气。

虽然梅西耶毕生发现了 13 颗新彗星，但他对天文学的最大贡献源自如何避免这些"假彗星"。他编定的《梅西耶目录》是第一份汇总和描述了那些拥有固定位置的深空模糊天体的列表。他制作这个列表的初衷，显然是帮助其他"彗星猎手"分辨和避开一些可能被误认为彗星的固定天体目标，但这个列表的意义后来远远不止如此。被他记录的这些天体，如今已经知道是由许多疏散星团、球状

图 1.19　对星空进行长时间曝光的照相，可以收集到更多来自它们的光线，由此在照片上呈现出我们肉眼通过望远镜观察时所无法看到的暗弱天体及其细节。这张蟹状星云的照片就是用长时间曝光得到的。凭肉眼借助望远镜观察，它只是一小团暗淡模糊的雾状物，不会呈现这张图中的细部结构。在梅西耶的时代，它经常因此被误当成新的彗星。（图片版权：Wikimedia Commons 用户 Rawastrodata，CC 3.0 相同方式分享）

星团、恒星遗迹、恒星形成区、螺旋星系、椭圆星系等组成的大集合。尽管梅西耶当时肯定没有意识到这些天体正好可以作为证据，证明在我们的太阳系甚至银河之外存在着一个极为广大的宇宙，但在现代天文学中，这些天体中的每一类都已经有了明确的含义和科学价值：

- 疏散星团：恒星并不是零星地各自形成的，它们通常成百上千个为一群，一群群地诞生于螺旋星系的"盘面"中。在我们银河系中，绝大多数的疏散星团都处在星系的"盘面"附近，其年龄则从较新的几百万年到较老的数十亿年不等。

- 球状星团：这种星团每个大约含几十万颗恒星，而且不只分布于银河系的盘面上，在盘面之外也很多，都绕着银河系的中心运动。这种星团里也含有很多目前已知的最年老的恒星，其成员星中只有那些高温的、质量很大的蓝色恒星才是相对较晚形成的。

- 恒星遗迹：包括行星状星云和超新星遗迹。这是一些已经结束了自己生命的恒星，但其"死亡"时间距目前尚不算很久远。这些逝去的恒星残留下来的核心部分变成了白矮星、中子星或黑洞，而其抛射出的外层物质正在逐渐散逸并回到星际空间。

- 恒星形成区：只有这种天体才能称得上真正意义上的"星云"，因为它们是分子和离子组成的稀薄的气体。这些星云的内部正在孕育新的恒星，在数千万年之后，目前被这些稀薄的气体包裹着的新恒星将最终把星云物质耗尽并吹散。新诞生的恒星们温度非常高，此后会形成类似疏散星团的结构。

- 螺旋星系和椭圆星系：这是目前宇宙中各种星系里最主要的两类，人类直到20世纪才搞清楚它们其实是位于银河系之外，而非之内的。每个星系通常会含有上千亿颗恒星（甚至更多）。螺旋星系的众多成员星组成了一个盘形，并带有螺旋形的触手状结构，称为"旋臂"；椭圆星系的成员星组成了一个扁椭圆体，在核心处最厚，越靠边缘越薄。（见图1.20）

梅西耶留下的这个深空天体目录只包括一百多个目标，但后续的望远镜观测发现了更多这样的目标，其数量相当巨大。这事要从1781年说起：这一年，威廉·赫歇尔（William Herschel）在望远镜中发现了一个明亮的蓝色小圆盘状天体，它不会闪烁，这就说明它不是普通的星星。随后的研究证实，这是远在土星轨道之外的一颗新的大行星——天王星。赫歇尔以这一成就得到的直接回报是一台直径超过1米的大型望远镜，这个口径在当时是创纪录的。赫歇尔用这台大望远镜观测发现，梅西耶目录里所记载的天体只是同类天体里比较亮的一小部分，在深空中，至少还有几千个类似的天体。发现这些天体，只用了赫歇尔几年的时间。

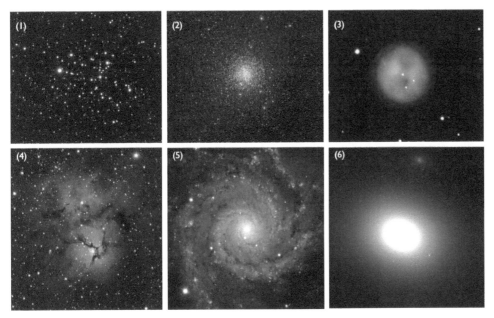

图 1.20　这里编号 1 至 6 的六张小图片分别是深空天体 M6、M4、M97、M20、M74 和 M86，它们在此分别代表如今公认的六个主要类型的深空天体。梅西耶目录所包括的 110 个深空天体至今仍是"彗星猎手"们的基本知识，用于避免将其误判为彗星，它们同时还成了业余和专业天文玩家们最常观测的一批天体。[图片版权：图 (1) 为 Ole Nielsen，图 (2) 为欧洲南方天文台照相巡天，图 (3) 为 Wikimedia Commons 用户 Fryns，图 (4) 为 Hunter Wilson 和 Wikimedia Commons 用户 Hewholooks，图 (5) 为欧洲南方天文台 /PESSTO/S. Smartt，图 (6) 为 NASA/STScI/Wikisky)（译者注：STScI 表示"太空望远镜科学研究院"，后文统一用其缩写]

　　技术还在不断改进和发展。更大的镜身、更高品质的光学器件，以及天文摄影术的起步，让许多新发现接踵而至。人们由此知道了许多恒星形成区蕴含着成团的恒星，而且在宇宙空间中分布极广，即便到了原有视野的界限之外也依然如此。许多球状星团里的成员星已经可以被单独分解成像，让我们可以逐颗研究其性质。在 19 世纪之初，人们知道了小行星的存在，而到了 19 世纪中期，人们已经知道有许多小行星构成了一个环带。1846 年，天王星轨道之外又发现了一颗大行星，那就是海王星。当望远镜的口径继续增大，通过它看到螺旋状的星云（译者注：按如今知识说，应是星系）的旋臂也不成问题了，而到了 1887 年，照相技术在天文上的使用为我们揭示了人眼本不可能看清的螺旋星云的全貌。关于这些螺旋状的星云的本质，当时主要有两派看法：占据多数的一派认为它们是银河之内的一些恒星形成区，而占少数的另一派则认为它们是远在银河之外的"宇宙岛"。

图 1.21　每隔半年时间，地球绕太阳的公转就会让地球在宇宙中的位置发生一个足够大幅度的改变——大约 3 亿千米，这一距离足以让那些较近恒星的位置看起来相对更远的背景星们发生轻微的偏移。假设一颗恒星离我们 3.26 光年，那么这种效应会让它相对无限远处的背景星发生大约 1 个角秒的位置偏移，这就是为什么天文学家将 3.26 光年定义为 1 个"秒差距"。（图片版权：Wikimedia Commons 用户 Abeshenkov/ 公共领域）

现代天文学已经呼之欲出。

＊　＊　＊

日心说理论体系诞生之后，根据它做出的众多预言纷纷得到了证实，而其最后一个暂时未被观测到的推论也在 19 世纪确证为真。在此之前，很多反对日心说的人尚且拥有一个最后的堡垒：如果恒星是漂浮在宇宙空间中的，那么我们为何无法借助地球的运动而看到恒星的位置和距离发生相对的改变？如果我们接受牛顿的万有引力定律为普遍适用的真理，那么，一方面我们应该能观察到恒星们在引力作用下发生的相对运动（哪怕最开始是静止的），离我们比较近的恒星，这种运动应该更加明显，另一方面，由于地球绕太阳运转，我们应该能利用地球在轨道一端和另一端的两次机会（相隔六个月），利用一条相当长的"基线"观察到恒星的三角视差。（见图 1.21）

在 19 世纪初，已经因发现第一颗小行星而名声大噪的朱塞佩·皮亚齐（Giuseppe Piazzi）注意到了一颗特殊的恒星——天鹅座 61 号星。经过十年以上的持续观测，皮亚齐发现此星的位置在缓慢、微小而确实地漂移着。弗雷德里希·贝塞尔（Friedrich Bessel）为此所做的跟进观测证实：看起来固定在天幕上的星星，其实也在微妙地改变着位置。贝塞尔很好奇天鹅座 61 号星是否离我们特别近，甚或本身就运动得特别快，于是决定尝试去测定这颗星的三角视差。由于这个视差的幅度特别小，用"度"这个单位显然太大了，我们需要把 1°划分为 60 等份，每份称为 1 角分，再将 1 角分划分为 60 等份，每份称为 1 角秒。贝塞尔最终测出的数值是：天鹅座 61 号星在相隔六个月的两次观测中呈现的视差为 0.314 角秒。紧跟他脚步的还有弗雷德里希·斯特鲁维（Friedrich Struve）和托马斯·亨德森（Thomas Henderson），这二人分别公布了织女星的视差和南门二的视差。（如果没有望远镜的漫长进化史，很难想象人类能取得这样的成就！）根据贝塞尔测出的视差数值，可以推知天鹅座 61 号星距离我们有 10.3 光年远，比我们当今测得的准确距离 11.4 光年只少了不到 10%。这段历史还颇有戏剧性：贝塞尔的观测成果是 1838 年发表的，而亨德森对南门二的视差测定早在 1832 ~ 1833 年就完成了，不过，亨德森觉得自己测出的视差数值太大，担心这是由仪器的精度不够造成的误差，万一贸然公开，恐因其粗疏而遭耻笑，于是就压下来没有发表。直到贝塞尔公布数据赢得青睐，亨德森才在 1839 年匆忙发表了自己的成果。更遗憾的是，亨德森不知道，他选择的目标——南门二（确切说应该叫南门二恒星系统，因为它其实是由三颗恒星组成的一个"三合星"，其中包括较亮的 A 星、B 星，还有一颗很暗但离我们更近一点的红矮星，即"比邻星"），后来被证实是离太阳最近的恒星，所以，其视差数值偏大（等于天鹅座 61 号星视差的两倍多）是完全正常的！（见图 1.22）

图 1.22　半人马座 α 星和 β 星（主图）在我们看起来亮度差不多，其实 β 星亮得多，但它离我们有 350 光年，而 α 星离我们只有 4 光年多。半人马座 α 星是个三星系统，即它其实有三颗成员星，分别记为 A、B 和 C，其中 C 星虽然质量很小（只有太阳的 12%），发光也很弱（只有太阳光度的 0.17%），但却是当前除了太阳之外离我们最近的恒星，它与半人马座 α 的 A 和 B 星之间靠引力联结而绕转。在主图中，它的位置如小红圈所示，插入的小图是其放大图。（译者注：原书的这一图注将主图中的两颗亮星称为半人马座 α 星的 A 和 B，将插入小图称为半人马座 β 星，恐有误。）（图片版权：主图为 Wikimedia Commons 用户 Skatebiker，插入小图为 ESA/Hubble 和 NASA）

气息奄奄的"地心说"，在 1851 年被"补"了"最后一刀"：法国物理学家莱昂·傅科（Léon Foucault）以一个著名的摆锤实验，无可辩驳地证明地球自身在旋转。他用一根很细、很长又很结实的线，吊起一个很重的摆锤，做成了一个单摆，这个装置可以极其直观地显示地球以 24 小时为周期不停自转的证据：如果地球如地心说所言那样是静止的，则摆锤的摆动会始终保持在开始时的方向上，直到最后逐渐因机械阻力而停下来；但如果地球是自转的，摆锤摆动方向所在的平面就会相对地面逐渐发生偏移，其偏移的速度取决于实验地点的地理纬度（在地球的两极，偏移速度最快，摆动平面每 24 小时即自转一周）。傅科在巴黎的先贤祠（Pantheon）建造了一个很大的这样的单摆，其摆锤以铅包铜制成，重达 28 千克，摆索的长度则达到 67 米，其规模令世界瞩目。以巴黎的纬度，这个摆的摆动平面偏移得相对慢些，每 1 小时大约有 11° 的偏移量，但这个偏移速度自然也符合牛顿力学的推算结果。后来，人们在南极点也做了这个实验，事实胜于雄辩，单摆在地球极点的摆面偏移速度为每小时 15°，即每天 360°。至此，根据"日心说"理论提出的各项预言均被成功验证。

* * *

在时光走到 20 世纪最初的几年之前，天文学的进展可谓充满荣耀和辉煌，它不但改变了人类对宇宙的整体认识，而且让"牛顿物理学定律统御宇宙"的观念深入人心、牢不可破。人们确凿地相信物质是由原子构成的，而原子包括一个较重的、带正电荷的原子核，以及围绕原子核运转的、较轻的、带负电荷的一些电子。原子核所携带的正电荷的数量不同，使其具有不同的物理性质、化学性质，让我们得以区分各种不同的原子，将其称为各种元素。按照不同元素的性质，我们可以将各种元素列成一个带有周期性规律的表格，即元素周期表。在这个表格中，凡是属于同一纵列的元素，在化学性质是否活泼、与其他元素化合时的具体特点上，都有相似的地方。

不止如此，有一些元素（主要是一些比较重的元素）还呈现一种特殊的性质——放射性（radioactive），它们无须外界干预就会自发地蜕变为其他种类的元素，即衰变。在衰变过程中，会释放出某些轻小的粒子，例如氦原子核（α 射线）或单个的电子（β 射线）。如果"变身"后成为的元素仍是放射性元素，它就会继续衰变，这个变化链条最终会在成为稳定得多的元素后停止。目前已经确定，所有比铅（第 82 号元素）更重的元素在足够长的时间之后都不是稳定的，假以时日，它们都会衰变为铅元素或其他比铅更轻的元素。不过，一个或许要比这些性质更为离奇的问题是：这是不是在违反着"物质守恒定律"这个已被认为不容置疑的铁律？此前人们观察过的所有物质变化，不论是物态的、化学的还是电学上的，全部服从这一定律，即：变化开始前的参与物总量，应等于变化结束后的生成物总量，而且不论变化过程是吸收能量还是释放能量，都会如此。但是，放射性元素在每次衰变之后，所有产物的总质量会比衰变之前轻一点点，这向人们暗示：我们对物质守恒定律的理解可能还不够完美和细致（见图1.23）。

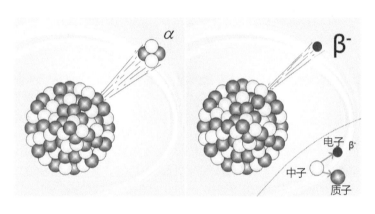

图1.23 放射性衰变通常有两大类，即 α 衰变和 β 衰变。无论是哪一种，衰变后生成的诸多粒子的质量之和，都必定小于衰变前粒子的质量。对这一现象的认识，导致我们调整了对原有的质量守恒定律的看法，将它仅仅看作能量守恒定律的一个近似，后者才是更高层次上的定律。在某种意义上说，对放射性粒子的衰变的认识，促成了质能方程即著名的 $E=mc^2$ 的发现。（图片版权：本书作者/Wikimedia Commons 用 户 Burkhard Heuel-Fabianek,CC 2.5公用）

另外，当时人们虽然已经用实验证明了光的速度即使在真空中也不是无限大的，但依然认为光的传播就像其他类型的波的传播那样，一定需要某种介质才能实现。在关于光究竟是一种粒子还是一种波的争论上，当时的人还停留在牛顿（主张粒子说）和惠更斯（主张波动说）的认识层次，尽管已经有衍射和干涉现象支持惠更斯的主张。19 世纪60 年代，麦克斯韦的电磁学理论指出光只是一种电磁波。既然光是波，那么就像声波需要通过推挤和放松空气来传播，水波需要水本身来传播一样，我们必须找出它的传播介质才能更好地解释它为何能在真空中传播。由于星光无疑能够在穿越了遥远的空间后到达我们的眼睛，所以人们自然会假定在宇宙中有一种使光得以传递的介质——以太。

不过，一旦宇宙中充满这种介质，那么地球的运动必将使地球快速穿过这些介质，因此我们应该能够侦测到以太的存在。如果我们向河流中投入一块大石头，那么石头朝着上游方向一侧的水波传递会变慢，而朝着下游的一侧水波速度会增快，河水的整体运动也将在多个方向上受到影响。我们已经知道，地球不仅以两极的连线为轴而自转，还在以大约每秒 30 千米的速度绕着太阳公转，这个速度与光速每秒 300 000 千米相比，虽然相对来说仍然很小，但从理论上，只要把实验设计得足够精巧，完全可以侦测到光速数值相对于地球有小小的改变。

　　尽管以太从未被人直接看到或侦测到，但科学家阿尔伯特·迈克尔孙（Albert A. Michelson）仍然设计出一个绝妙的实验，力求察觉以太造成的影响。这个实验立足于波动现象的一个简单法则：由于波有着干涉特性，那么只要光确实是一种电磁波，就应该能观察到它与其他电磁波相互干涉，由此在波动的幅度上体现出增强或削弱。他设计的实验装置被称为"迈克尔孙干涉仪"：它可以将一束光线折半，分成相同的两束，使之射向相互垂直的两个方向，经过特定距离的运行后再反射回来，在相同的位置上重新交汇，此时两束光之间必然会产生干涉。假定地球是绝对静止的，也就是说，包括这台干涉仪在内，我们都没有相对于以太发生运动，那么两束光的干涉状态应该始终不变。而假如地球是在以太中穿行，相对于以太有着速度变化，那么光速的数值至少会有每秒 30 千米的变化，这将使得两束彼此垂直的光中至少有一束的波长发生改变，从而改变两束光彼此干涉时的波动状态。1881 年，迈克尔孙整装齐备，首次进行了这个实验。这时，干涉仪的光路臂只有 1.2 米长，理论上可以侦测到最小 0.02 倍波长的变化，而他推算以太的存在应该能在这台仪器上造成 0.04 倍波长的变化。可事实是，他侦测不到任何变化。他接着多次重复这个实验，其间地球绕太阳公转的方向已经明显改变过，但光的干涉状态仍然是一成不变的。

　　"无效果"，这个结果很有趣，但也因为光路太短而不具说服力。在接下来的六年里，迈克尔孙会同爱德华·莫雷（Edward Morley）建造出了更大的干涉仪，其光路臂长是原来的 10 倍，这也意味着测量精度提高了 10 倍。1887 年，后人所称的"迈克尔孙一莫雷实验"正式进行。仪器的精度已经可以侦测 0.01 倍波长的变化，而他们估计可以观察到最多达 0.40 倍波长的变化。但这次的结果更加令人震撼：依然什么变化都没有检测到。也就是说，不论光线在其传播过程中发生了哪些运动，它依然没有借助什么以太作为介质，地球也并未在以太中移动（见图 1.24）。

　　放射性元素衰变中丢失的质量，以及迈克尔孙出乎意料的实验结果，可称是当时的两个物理之谜。而揭开其答案的，是 1905 年的阿尔伯特·爱因斯坦（Albert Einstein）。他指出，放射性元素衰变之后所有产物的总质量略微减少的原因是有一小部分物质变成了能量消散掉了。物质在理论上能释放出的能量有多少，取决于那个蜚声全球的公式 $E = mc^2$。质量之所以没有守恒，只是因为它遵守了一个处于更加基本层面的法则——能量守恒。如果将衰变过程中损失的质量、衰变产物的质量都换算为能量，

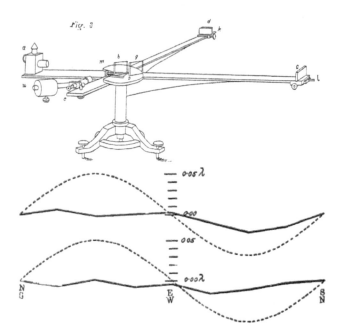

图 1.24 上半部所示的是迈克尔孙干涉仪，它被设计用来侦测由地球在"以太"这种假想的介质中穿行而导致的光波干涉方式上的变化。设计者认为，通过将一束光分为均等的两束，发往彼此垂直的两个方向后再反射回来重新合并，就可以观察到光波干涉方式随地球运动方向不同而发生的变化。下半部图中的虚线，表示设计者对预期观察结果所做的最保守的估计，而他们在 1887 年得到的实测结果（实线）与之相比，可以认为是零，即毫无变化。尽管这个实验的构思极为绝妙，其设备制造也十分精密，但最终还是没能支持"以太"的存在。（图片版权：阿尔伯特·A. 迈克尔孙，1881 年；迈克尔孙和 E. 莫雷，1887 年。论文可见《论地球相对于以太的运动》即《On the Relative Motion of the Earth and the Luminiferous Ether》，载《美国科学期刊》即《American Journal of Science》，第 34 卷第 203 期，第 333 页）

就会发现：它们的总和与衰变之前物质总量对应的能量总量完全吻合。至于迈克尔孙实验的结果，爱因斯坦认为那只能说明以太根本就不存在，光线在真空中无论以什么方向传播，观察者看到的光速都是恒定不变的。这些惊人的想法，正是爱因斯坦狭义相对论的奠基石。狭义相对论彻底改变了人类看待世界的定见，它有下列三个基本命题：

1）真空中的光速是恒定的，无论谁来观察、以什么为参照系来观察，都是如此。

2）时间、空间，都只是相对的概念；在任何位置以任何速度运动着的任何人，所看到的物理定律，包括光速，都是一样的。

3）最后，光的传播不需要任何特定的介质，只要有时间和空间就够了。

* * *

读过前面这些，你应该能理解大约一个世纪之前科学家心目中的宇宙是什么样子了：它包括我们的太阳系，太阳居于中心，围绕太阳运转的有八颗大行星，其中较近的四颗是岩质的，较远的四颗是气体的，两组大行星之间夹有一个小行星带，有的行星还有多颗卫星。此外，彗星们绕日运转，穿梭于太阳系的中心区域和边缘之间。所有这些运动都被统摄于牛顿万有引力定律之下。另外还有数百万乃至数十亿颗的恒星分布在宇宙之中，它们都是遥远的太阳，有着多种颜色，质量大小和寿命长短也各不相同。少量恒星离我们很近，只有若干光年，而其他大部分离我们都很远，远到即使过了几千年也看不出它们在天球上的位置有丝毫变化。恒星的位置不像古人想的那样固定，其寿命也不像古人认为的那样无限，它诞生于星云之中，以超新星爆发等形式终结，留下遗迹，如行星状星云。而宇宙的主体就是我们所说的银河系，它既不会收缩也不会膨胀，以一种相对稳定的状态存在着（见图 1.25）。

人类文明是从远古走到这个时代的，而在这个历程中最后的几个世纪，人类如此迅速地积累起这么丰富的知识，实在像是一个奇迹。然而，接下去的一百年，即从 1915 年到如今，人类新取得的关于宇宙的知识，又让此前的观念看起来显得十分浅薄与贫乏。在这最近的一百年里，我们的宇宙观又被永久地改写了，其中的新内容包括宇宙在巨大尺度上的结构、在较小尺度上的成分，以及这些结构和成分的成因，当然，还有它最终的命运。

图 1.25　欧洲南方天文台的库德（Coude）辅助望远镜。在 20 世纪初，电磁定律和牛顿定律看起来已经能让我们去研究已知的各种天体了，包括大行星、卫星、彗星、小行星，以及恒星和那些模糊的"星云"，当时很多顶尖天文学家都认为，科学的基础定律的发现历程已经接近尾声，以后很难再发现新的定律、新的粒子或物体的新性质了。（图片版权：LCO 的 Y. Beletsky/ 欧洲南方天文台）

第二章

相对有新说：爱因斯坦
重塑时空观和宇宙观

1781 年，天王星偶然被发现了，它与太阳的距离是土星与太阳距离的 2 倍。这不但让当时人们心目中太阳系的直径增加了 1 倍，还给了人们一个检验牛顿万有引力定律这一辉煌成果的机会。在牛顿之前，积累了几百年的对已知五大行星的观测数据，都与开普勒提出的令人赞叹的三条行星运动定律相符：

- 所有行星都沿椭圆形轨道绕太阳运动，太阳的位置是椭圆的两个焦点之一；
- 一颗行星与太阳之间的连线，在相等的时间间隔之内扫过的区域面积也相等；
- 行星绕太阳运转（公转）的周期的平方，以及其公转轨道的半长轴的立方，二者的比值是恒定的。

图 2.1 天王星的圆面，其他几个小亮点都是背景恒星。（图片版权：Leo Taylor，2010 年。此人的更多作品可参见网址 http://astrophotoleo.com）

这三条定律的内容，都可以从牛顿后来提出的万有引力定律中推导出来。所以假如谁能观察到某颗行星的运动状况与牛顿定律（可视同于开普勒定律）不符，那就说明我们对引力的理解可能还不到位。天王星的发现，让我们有了一个全新的绝佳对象，去再次检验牛顿的定律是不是神圣得不容置疑。（见图 2.1）

根据对天王星的观测，我们很容易推算出它与太阳的距离、它的椭圆轨道的具体参数，以及它的公转周期。所有对它的观测结果，几乎都在又一次证实着开普勒定律，然而有一个例外：在持续观察它二三十年之后，天文学家发现它在轨道上移动的速度比预期的要快一点点，也就是说，它与太阳的连线在特定时间内扫过的面积略大于理论数值；而接下去的二十年里，它又恢复了与预测值相符的速度，一直严格地遵守开普勒的定律。于是，许多人开始只是怀疑这是早期的观测数据不准确导致的，但检查数据之后又没有发现什么错误。但是，到了 19 世纪 30 年代和 40 年代，天王星又"不正常"了，它的移动开始变慢，其与太阳的连线扫过的面积比理论值略小。这一事实不可避免地向大家昭示：天王星的运动方式一定出了问题。

天王星的实际运动，与开普勒第二定律的歧异尤其明显，其在轨移动速度既可能比理论值快，也可能比理论值慢。这就是说，它与太阳的连线在单位时间内扫过的面积先是比预测的大，然后符合预测，然后又变得不如预测，总之在不断挑战着我们已有的认识。不少专家开始猜测，是不是在离太阳足够远的地方，开普勒和牛顿的理论发现就不再适用了。

不过，也有少量的理论家在思考另一种可能的情况：既然可以在比土星更远的地方发现天王星这样质量很大的行星，那么凭什么不能在天王星之外还存在着其他的、尚未被我们发现的大行星呢？由于天王星运动很慢，绕太阳运行一周已经需要 84 年之久，那么，如果在比它更远的地方还有别的大行星，其移动速度必然比天王星更慢。正如地球经常从火星旁边"超车"那样，只要假设太阳系内存在这"第八颗大行星"，则天王星也会有从它旁边"超车"的时候。如果这颗未知的大行星也是像木星、土星、天王星这样的大质量巨行星，它的引力作用难道不会影响正在"超车"的天王星，略微改变其运行速度吗？

如今知道，事实正是如此。先来看天王星，它距离太阳约 28 亿千米，轨道虽然也是椭圆形，但与正圆形极为接近。当距离太阳较近的行星们在一圈圈绕着太阳运动时，天王星只是在遥远的地方慢悠悠地移动。在天王星被发现之前，土星因为相对于背景恒星的移动速度很慢，得到了"天空中的老者"这一别称，然而天王星每公转一圈所用的时间相当于土星公转三圈。

只要假想在天王星轨道之外还有一颗更远也更慢的大行星，而天王星正在轨道上逐渐与它接近并最终"超车"，就会意识到：牛顿的万有引力定律非但不会被我们观测到的"异常"给驳倒，反而还能很好地解释为什么会出现这种"异常"。正是由于与这颗未知的大行星过于接近，二者间的引力作用增强，天王星的运动速度才会发生变化。天王星在"追赶"未知大行星时，受到后者的牵引，速度必然提升，仿佛是偏离了开普勒定律的预测！

在天王星逐渐追近位于外圈的未知大行星时，它与后者之间的万有引力会持续地对它施加一点加速作用，但是这个作用力的方向与它在轨道上前进的方向并不相同，加之它们离地球过于遥远，这种效果在地球上的观测者看来不易察觉。在地球上看来，测定行星相对于背景恒星的位置偏移是比较容易的，但测定它的径向速度变化（即与我们的距离的变化）比较困难，所以在这个阶段，我们就逐渐感觉不到未知大行星对天王星施加的影响了，天王星的运动看起来又开始严格遵守开普勒第二定律中的理想情况了。

图 2.2 在这几幅图中，木星、土星、天王星、海王星分别以青色、黄色、绿色、蓝色表示。上部、中部、下部的图，分别表示 1781—1802 年、1802—1823 年、1823—1844 年间这几颗大行星的运动路径。（图片版权：Micheal Richmond of R. I. T., 以 XEphem 软件生成，经许可使用）

当然，天王星最终会完成"超车"，跑到领先于未知大行星的位置，此时后者会通过万有引力给天王星"拖后腿"，这种负向的加速度会略微减慢天王星的公转，因此天王星在这个阶段的实际位置会比开普勒定律的预测值落后一点点。（见图 2.2）

我们必须记住，开普勒的行星运动定律只是牛顿的引力定律在特定情况下的表现。这个特定情况就是：假设只有一颗质量很大的、静止不动的星球，以及绕着它运转的一颗质量小得多的星球。一旦加入其他的星球（正如太阳系里不止一颗大行星），开普勒定律就不是绝对精确的了，而只能作为对行星运动的一种近似推算工具。天王星被发现之前，哈雷已经在解释长周期彗星的轨道时考虑过其他行星的作用，由此对开普勒定律的推算结果做了修正；天王星的运动状况与理论推算不完全相符的问题，看来也在呼唤这种修正。当时已知的大行星、小行星的影响，不足以解释天王星的观测数据，只有假设存在一颗更远的大行星才能提供解决问题的希望。

乌尔班·勒维耶（Urbain Le Verrier）也认同这种看法，在 1846 年，他用几个月的时间，出色地完成了相关演算，推测出了这颗未知大行星的轨道和位置。当年 8 月 31 日，他把这颗未知之星的质量数据、轨道参数、当前位置等信息提交给了法国科学院。这标志着万有引力定律首次被用于寻找一颗尚不为人所知的星球。

9 月 23 日，勒维耶的预报被以信件的方式转达到了柏林天文台。当晚，德国人加雷（Johann Galle）和德阿莱斯特（Heinrich d'Arrest）就根据信件内容开始了实际搜索，结果在距离勒维耶预报的位置不到 1° 的地方发现了一颗并不在星图上的暗星，这就是海王星。这也是人类首次以"纸笔在先，眼睛在后"的方式发现新的天体！（见图 2.3）

但是，天王星、海王星的发现，远远没有让太阳系的解谜之旅告终。离太阳最近的大行星——水星，是八颗大行星中轨道偏心率最大的，这意味着它的轨道的长轴与短轴的比值最高。根据开普勒的定律，这个椭圆应该是封闭的，也就是说，水星每耗时 87.9691 个地球日完成一圈公转之后，总是应该精确地回到同一个点上。天文学家们求证这一事实的方式是持续注意其轨道的"近日点"（perihelion）位置有无变化，也就是说，水星离太阳最近的那个位置是不是在每一圈公转中都是一致的。

自第谷·布拉赫的时代（16 世纪初）开始积累下来的几百年的观测资料表明，事实并非如此。水星轨道的近日点在它每公转一圈之后都会稍微偏移一点，进而可以在宇宙空间中连成一条不断前进的轨迹，这叫作"进动"。很明显，开普勒定律对此包含着三个假设：

- 假设太阳系所有天体都被牛顿定律精确地统摄着；
- 假设太阳系内只有太阳和水星两个天体；

- 假设观察者在宇宙空间中所处的位置也始终不变。

　　上述第二个和第三个假设显然并不符合实际情况：其他七颗大行星（此外还有小行星带）都在影响着水星的运动，而且我们立足的地球本身也有着复杂微妙的轨道变化。于是，问题就转化为：太阳系其他天体的存在，以及地球本身的运动，是否给水星近日点的进动造成了影响。（见图 2.4）

　　实际上，地球的公转确实对水星在天幕上的运动效果造成了明显的影响，而且是最主要的一个影响因素。详细说来，提到"一年的时间"，我们会有两种常见的联想，一是春、夏、秋、冬更替一遍的时间，二是地球绕太阳运行一圈的时间。这两种联想看起来是等效的，其实却有一个小小的差异：前者代表的是气候意义上的一年（亦称"回归年"），后者代表的是天文意义上的一年（亦称"恒星年"），后者比前者长 20 分 24 秒。这个差距看起来不大，但它毕竟意味着从一个元旦 0 点到下一年元旦 0 点期间，地球绕着太阳转过的角度并不是 360°，而是 359.98604°。

　　这种差距不断累积起来，导致每过 72 年，根据回归年编制的历法和根据恒星年编制的历法之间就会相差一个整天，而每过 26 000 年，根据恒星年编制的历法就会慢上一个整年。出于指导农业生产的考虑，我们日常使用的是回归年；而我们对行星位置的描述都以遥远的背景恒星为参照，等于是在使用恒星年。这种差异会让我们看到的水星近日点位置在每个世纪中偏移 1.396°。为了表示精细的数值，天文学家把 1° 分为 60 个角分，而 1 个角分又分为 60 个角秒，所以从地球上观测到的这种偏移的幅度也可以写成每个世纪 5 025 角秒。

　　除此之外，其他行星也对水星施加着引力影响。正如天王星在与海王星这种质量不很小的天体接近时，运动状况会受其引力作用而略微偏离开普勒定律一样，其他行星特别是质量较大的行星离水星相对比较近时，水星的运动状况也会发生十分微妙但足以被察觉的变化。率先深入研究其他大行星乃至小行星对水星轨道的影响的人，又是勒维耶——就是那位用计算预测出海王星的质量和位置的勒维耶。由于当时一些行星的质量数值不够精确，

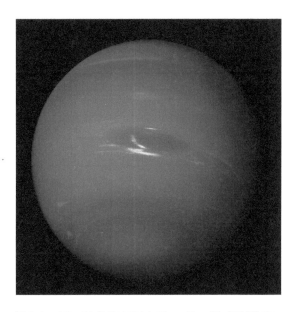

图 2.3　太阳系内的第八颗大行星——海王星。（图片版权：NASA/ 旅行者 2 号，1989 年 8 月 20 日）

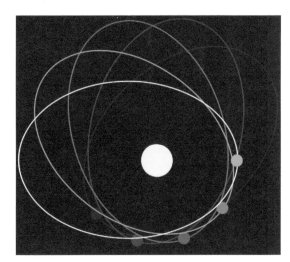

图 2.4　行星轨道的进动，即是指其每完成一圈公转之后并不精确地回到原位，其椭圆形轨道跟随其一圈圈的公转而有所旋转。此图把进动的幅度做了夸张，实际上不可能这么明显。（图片版权：Rainer Zenz，属公众领域图片，摘录自 Wikimedia Commons）

他对水星运动的研究结果也谈不上非常准确，但他采用的计算方法则是可靠的、出众的。除太阳外，金星对水星施加的引力影响最大，其次依次是木星、地球、土星和火星，而即便是天王星和海王星，也施加了一点点影响。如果将我们如今精确掌握的各大行星的质量和位置数值代入勒维耶的算法，可知其他各行星对水星近日点进度幅度的影响为每个世纪 532 角秒。这个幅度，应该加在前文所说的、由地球上两种历法思想的差异而造成的每个世纪 5 025 角秒的上面。

二者相加，得到每个世纪 5 557 角秒，这与实际观测到的幅度——每个世纪 5 600 角秒非常接近。但是，仍有剩下的 43 角秒的差值没有得到合理解释。这一仅占总幅度 0.77% 的神秘差异，不应该被归咎于观测误差，因为我们已经有了很长一段时期内的高精度观测资料。同时，它也不应该被归咎于海王星之外尚不为人所知的大行星，因为那种行星即使质量很大，与水星的距离也过于遥远了，这会导致其引力摄动作用不足以造成这么大的偏差；再者说，如果真有那么大质量的未知行星，则海王星的实际运动状况一定会与理论数值之间有很大的出入，然而海王星的表现并非如此。结果，科学家们还得努力为每个世纪 43 角秒的未解偏差另寻根源。

有人猜测，金星的质量可能比我们认为的要大：如果金星的实际质量比我们掌握的数值多出 14%，则其对水星近日点进动的影响就正好可以填上那每世纪 43 角秒的空缺。但如果真是那样，则金星对地球运动的影响就会与我们原本以为的情况不同，而我们关于地球运动的计算已经与观测事实吻合得很好了。因此，金星的质量误差不可能是通往正解的门径。另外一些人猜测，在比水星离太阳更近的地方，还存在一颗甚至多颗我们尚未发现的行星，是它们的引力摄动造成了剩下 43 角秒的偏差。这个思路在当时有众多的支持者，有人甚至为这颗假想中的大行星起了名字——罗马神话中的火神伏尔甘（Vulcan），即"火神星"。（见图 2.5）但是，众多专业的、业余的观测者费尽力气也没有找到这颗星存在的证据，就更谈不上推算它对水星运动的影响了。另外，还有一种在当时根本无法通过观测去检验的猜测——天文学家希林格（Hugo von Seelinger）提出：日冕有着很大的质量，是日冕的引力造成了水星轨道规律的异常。

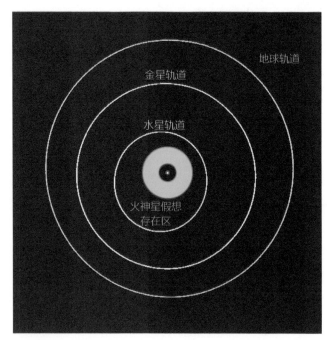

图 2.5　人们假想过的"火神星"的轨道。不过，天文学界到了 19 世纪后期就不再相信这颗星的存在了。（图片版权：Wikimedia Commons 用户 Reyk，在公众领域发布）

面对这个问题而无计可施的窘境，又使得牛顿万有引力定律是否正确的问题回到了重要议事日程上。这一定律指出，任意两个物体之间的引力与它们的质量成正比，且与它们距离的平方成反比。纽康（Simon Newcomb）和霍尔（Asaph Hall）注意到，只要将反比中的 2 次幂（即平方）关系修改为 2.000000157 次幂，就可以完美解释水星近日点的进动。但是这个思路显得斧凿之痕太重，像是专门为了解决这个问题而提出的，在其他的问题上缺乏解释力。（如今，通过对金星和地球轨道进动情况的监测，纽康和霍尔提出的这个猜测已经彻底被否定了。但以当时的技术能力，他们是无法检验这个想法的。）

但是，纽康刻意架设出来的这个"定律"却为真正解决问题提供了一种启示。在牛顿的引力定律中，不论物体的运动速度为何，都没有特别的规定，也就是说，哪怕是对运动速度极快（如接近光速）的物体，牛顿也允许直接套用万有引力的公式。与之相比，爱因斯坦的相对论则是别开生面：这一理论不但设定光速是速度的极限，任何物体均无法超越，而且认为当物体运动时，物体的尺寸会在运动方向上被压缩，其所处的时间的流逝也会变慢，只不过这些效应要在物体速度接近光速的情况下才会更加显著。太阳系中诸天体的运动速度，都可以认为远远小于光速。即便是公转速度最快的水星，其在轨道上的速度也只有每秒 47.87 千米，相当于光速的 0.01597%。在这个速度水平上，"钟慢、尺缩"等效应太过微弱，是没有实际意义的，但其效用在漫长的时间之中积累起来，就可以造成显著的结果。1908 年，法国数学家庞卡莱算出这种效果在水星轨道上每个世纪可以积累 7 角秒的进动幅度。尽管狭义相对论未能完全填平这个 43 角秒的"坑"，但它在引申牛顿的物理学成就、解决水星近日点进动问题的征途上，迈出了正确、重要的一步。为了解答水星轨道进动问题而做出的诸多尝试，让人们越发忍不住推测：牛顿的万有引力定律并非不可超越。

* * *

牛顿的引力定律十分简明、直观：假如你有任意两个物体，并将它们任意放在宇宙中的两个位置，它们之间就会有相互的引力作用，其大小相等，方向相反。如果已知物体的位置和质量数据，只要将其代入这个定律的公式，就能算出物体受到的引力有多大。这个关于自然规律的定律既清晰又深邃，既适用于地球表面的一切事物，也适用于恒星、行星、卫星、彗星等天体世界，其能力令人惊叹。（见图 2.6）

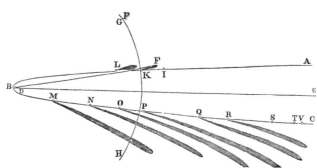

图 2.6　这是根据牛顿定律求出的 1680 年大彗星的椭圆形轨道。（图片版权：本成果于 1846 年由 Daniel Adee 公布；牛顿《自然哲学的数学原理》，原版于 1687 年）

但是，无论牛顿定律的推算结果多少次获得了观测者们的认同，在关于水星轨道进动的问题上，它却始终表现得不够优秀。当然，谁也不愿意轻易断言牛顿定律错了。

从 17 世纪牛顿提出这个定律起，几百年来，从钟摆的往复运动到行星及其卫星之间的引潮力，凡是在重力统摄下的物体的运动状态，几乎都没有逃出依据这个定律做出的预测。不过，在推算水星轨道进动时出现的瑕疵，或许为这个定律的局限性揭开了冰山一角。人们开始猜测，牛顿对宇宙万物运行机制的整体理解，有可能在最为基础的层面上存在着值得商榷的地方。

其实，只要敢问敢想，确实能够发现一些让牛顿定律显得有点尴尬的问题，比如：假定太阳突然间不存在了，会发生什么？这个问题的意思是说，假如把太阳从整个太阳系中乃至整个宇宙中突然移走，各大行星接下来将如何运动？由于从太阳到地球有大约 1 亿 5 千万千米的路程，光线走完这段路程需要 8 分钟多一点的时间，那么在太阳突然消失之后的 8 分钟里，地球上应该依然阳光普照，谁也不知道太阳没有了。但是太阳消失之后，重力也应该立刻就消失了，那么地球和其他行星会不会像刚刚被运动员松开手之后的链球那样，立即脱离公转轨道，径直飞向外太空呢？或者，它们仍然会在轨道上正常运行一小会儿，等到太阳引力消失的后果传到它们身上之后再脱轨？牛顿定律给出的答案更接近前者，即牛顿假定万有引力是能够瞬间传递的，其传递速度是无穷高的，但他拿不出一个足够严格的证明去说明后一种猜测不正确。可以说这是牛顿定律无法彻底解答的一个问题。

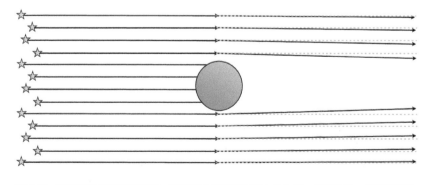

图 2.7　假设光线是没有质量的，它就不会受到万有引力的作用，即使它从一颗星球旁边经过，它的方向也不会改变（图中虚线所示方向）。但如果光线与质量在本质上都是能量，只不过是能量的不同表现形式，那么它的质量就等于能量除以光速的平方，就必然受到牛顿定律所说的引力的影响（图中右侧实线所示）从而改变自己的方向。牛顿的理论在这个问题上显得含糊不清。（图片版权：本书作者）

狭义相对论被提出之后，我们有了新的可以诘问牛顿的例子。比如，爱因斯坦著名的质能方程表明，质量只是能量的一种表现形式，那么这是不是等于在说，能量的其他表现形式也跟质量似的，可以体现万有引力的作用呢？一束光可以吸引其他物体，并被其他物体所吸引吗？牛顿的引力定律对这种问题也无法给出回答。（见图 2.7）

类似的问题还有：假如一个物体正在相对于另一个物体运动，此时它们之间的引力作用会有什么变化？或者，仍然与两者相对保持静止时没有区别？狭义相对论指出物体在运动时，其尺度会在运动方向上收缩，那么此时要计算二者间的引力，距离数值是用因物体收缩而增长了的距离呢（对处于运动物体上的观察者而言），还是用不考虑收缩效应的距离呢（对处于静止物体上的观察者而言）？同理，运动物体的质量会变大，那么万有引力公式中的质量值到底是该用物体静止时的质量，还是该用因为运动而增加了的质量呢？

除此之外，当两个物体之间有相对运动时，相互的引力作用会随时间而变化。我们知道，当两个带有电荷的粒子之间做这种相对运动时，它们会辐射出能量。那么，如果"质量"只是一种承载着引力的"引力荷"，则两个物体做相对运动时会不会放出引力类的辐射呢？

对自牛顿肇始的引力理论来说，这些出色的问题重如千钧，因为牛顿的理论面对这些问题不但不能正确地做出回答，在大多数情况下甚至连一个答复都给不出来！这一理论基于一种假设：宇宙中的物质数量是永恒不变的，处于任何位置的任何物质，在任何时刻都与宇宙中其他的所有物质之间有着相互的引力作用，而且这种作用的传导速度是无限快的，不需要时间过程。另外，牛顿虽然没有明确说过时间和空间也是绝对的、普遍适用的体系，但他的理论无疑间接地支持着这种观点。

相对论则用"相对"一词告诉我们：空间中的距离、时间的流逝，这些都不能绝对地去计量，它们总是受到物体之间相对运动状况的影响。牛顿的引力定律无法解释水星轨道变化问题，自不待言；但从理论上看更为麻烦的是，它所建立的基本观念，与通过观察和实验都被确证了的狭义相对论是不能兼容的。

爱因斯坦认为"引力"和"相对性原理"是物理世界中极为重要的两个现象，他也非常希望二者能够变得彼此兼容。但是，要实现这一愿望，就意味着物理学体系必须发生变革，意味着需要一个更具有普遍性的关于相对性的理论。

* * *

牛顿引力理论中最引人怀疑的地方，大概就是"超距离作用"的观念了：凭什么说无论彼此相距多远的两个物体（哪怕它们从未彼此接近过）都能立刻给对方施加作用呢？对这种观念，牛顿只是起了一个名字 action-at-a-distance，并没有做更多的解答。爱因斯坦对这种状态显然感到很不舒服，他试图找到一种办法去精确地解释万有引力的发生。

狭义相对论的一个重要观念是：所有物体，包括你和我，不仅都在空间中移动，而且也都在时间中单向移动，这两种运动是一体的，无法割裂开来。当一个物体相对于另一物体发生移动时，无论从哪个物体上看，另一个物体所处的时间都变慢了（因此所有与时间相关的变化过程也都减缓了）。这些想法催生了一个新的概念"时空"（spacetime）。（译者注：也有不少文献将该词译为"空时"，虽意思未变，但不甚符合汉语习惯。本译文仍用"时空"。）

以此为基础更上一层楼之后，就出现了广义相对论。广义相对论最关心的问题是："时空"与宇宙中所有的物质、能量之间到底是一种什么关系。一旦我们把宇宙万物在空间中的运动和在时间中的运动统一起来，看作在"时空"中的运动，那么就需要回答以下两个非常重大的问题：

1）处于时空之中的质量、能量和事物，会给时空造成什么样的效应？

2）容纳着所有质量、能量和事物的时空，会给万物的运动造成什么样的影响？

从 1907 年到 1915 年，爱因斯坦用了八年的时间，全力以赴研究这个问题（其间他向许多顶尖的数学家寻求了帮助），最终描绘出了一个逻辑上完全说得通的数理框架，是为"广义相对论"。这一理论的问世，让人类眼中的宇宙画卷发生了全然的改变。

所有物体，包括产生于宇宙空间中的辐射的粒子和量子，在这个新理论里都是重要的角色。如果没有它们，时空将是无比平坦的，但也不会有引力存在，即使仅有狭义相对论也足够解决问题了。但只要宇宙中存在哪怕一个有质量的粒子，它作为能量的一个极其微小的显现，也将让时空不再那么简单。其实，能量以任何形式的显现，不论是以物质形式还是以辐射形式，或者以某些更加奇特的形式，都会切实地改变时空的结构。（见图 2.8）

换句话说，空间和时间再也不像牛顿眼中的宇宙那样是恒定、静态、不变的度量体系了。空间当然可以保持不变，但也可能延展或收缩，这取决于一系列物理变量。静止的东西没有必要再被视为静止的，而运动的东西也不必永远被视为运动的了：广义相对论说，所有物体都只沿着被弯曲了的时空而运动，而时空如何弯曲，则取决于我们这个宇宙中各种物质和能量当前是如何分布的。

按此理论，行星绕太阳运转并不是因为有某种看不见、摸不着的超距离作用牵引着，而是因为太阳系内的时空的肌理弯曲以太阳为中心。而我们感受到的重力作用也不是能够无限快地瞬间传递了，它传递的速度最快也无法超过光速。我们不妨把太阳系的空间

图 2.8　图的左半部示意的是牛顿的引力理论，即引力不论多远都是立即发生作用的；图的右半部示意的是爱因斯坦的相对论，他认为所有的物质和能量都在扭曲着时间和空间体系的肌理，而运动是沿着这些时空曲线进行的。（图片版权：NASA/ 重力探测器 B，经过本书作者修改）

和时间看作一张平整的床单（即二维的），任何具有一定质量（能量）的物体，如太阳、大行星、卫星、小行星等，都会在床单表面压出凹陷，从而改变床单的形状，这种改变会让我们感受到引力。当然，在三维空间中想象这些可能会有点吃力，但原理其实完全没变：宇宙中所有具有质量或（和）能量的事物都会让时空扭曲变形，从而影响和改变其他所有事物承受的引力作用。

*　*　*

要想让广义相对论获得完全的公认，爱因斯坦还需要应对以下三个挑战：

1）展示广义相对论是如何把牛顿的引力定律涵盖其中的。牛顿引力理论能解释的问题，应该也能用广义相对论解释，并且只是后者能解释的问题中的一些特殊情况，即牛顿的理论只是特定条件下对广义相对论的一种近似。

2）用广义相对论解释水星轨道近日点进动的问题，且这一解答的所有推论均不能有违其他的观测事实。

3）最后，或许也是最关键的一个挑战，是用广义相对论做出某些新颖、独特的预言，且这些预言能被实验所确证。

须知，假如你创造了一套新的科学理论，准备用它取代原有的理论，那么你需要完成三项基本任务去捍卫你的成果：证明先前已获得认可的理论只是你的理论在一组特定条件下的特殊情况，当满足这些条件时，用你的理论也可以得出原有理论的各个结论；展示你的理论如何解决它想要解决的问题；根据你的理论提出新的预言，且这些预言在被检验之前，看起来既有可能被证明为真，也有可能被证明为假。

这里的第一项任务最容易完成：只要我们在空无一物的时空里放进一个质点，它就会以特定的程度让时空的肌理发生扭曲。那么，此后再放进任何物体，不论是运动的还是静止的物体，也不论离最初的那个质点有多远，其表现都既可以用牛顿的引力定律去推算，也可以用被弯曲了的时空去推算。也就是说，当被讨论的两个物体之间的距离足够远，即它们相互的引力作用足够微弱时，牛顿引力定律的内容就可以更自然地被看作广义相对论的框架的产物。在我们熟悉的一些案例中，如推算地球绕太阳的运动或者太空物体坠向地球的运动时，万有引力定律和广义相对论的预测能力都是很出色的，其理论结果都是与当时的高精度观测结果相符的。换言之，爱因斯坦的新理论和牛顿的原有理论，在这些熟悉的案例中几乎是等效的。（见图 2.9）

但是二者之间还是有着微妙的差别。当一个小物体特别接近一个足够致密的、有足够强的引力场的大质量物体时，这种微妙的差别就显得至关重要了。如对于水星轨道的"异常"进动现象，使用广义相对论的思路就能得到更容易说得通的解释。正是在太阳系中最需要理论去求新求变的问题上，广义相对论体现出了它与牛顿理论的不同之处。当然，先要对此进行严格的理论推算，预测出一个结果，然后才能通过实际观测去验证其是否属实。

图 2.9　在较稀薄的引力场中，牛顿引力理论（左）和爱因斯坦的理论（右）几乎可以认为是没有区别的。（图片版权：Norbert Bartel，2004 年，截图自其影片《检验爱因斯坦的宇宙：重力探测器 B 的任务》）

　　然而，使用广义相对论去推算实际问题的过程非常艰难。诚然，爱因斯坦提出了一个激动人心的、天才般强有力的理论框架，让我们可以在仅知道物质和能量的性质的情况下就能推算整个宇宙的面貌及其变化，但实际上，哪怕是推算一个最简单、最理想化的案例，所需的计算难度都将超乎常人想象。当 1915 年爱因斯坦公布了广义相对论的理论框架之后，过了一个多月，才由数学家卡尔·史瓦西（Karl Schwarzschild）给出了一个最基本的情况的解——他解出的是假设整个宇宙中有且只有一个质点（且它静止不动）时的情况。这是广义相对论首次得出确切的、有价值的计算结果。只要把这个案例稍微加一点复杂因素，比如，假设这个质点在自转，其他所有条件都不变，也会立刻出现一道新的难题。事实上，这道新题直到将近半个世纪之后，才由罗伊·克尔（Roy Kerr）在 1963 年给出了解。其实，在广义相对论已经问世一百年后的如今，我们用它得到的不同情况的解一共也不过十几个。有些看似不难的情况，比如假定一个时空中只有两个质点且在互相绕转的情况，在广义相对论框架中的数学解就直到现在也没人解出来，试图求解的人最多也只能给出这个问题的一系列近似解。

　　这个情况正是一颗行星绕着太阳转的情形。所以，对这类问题，至今我们也只能接受近似的而非绝对精确的答案，这个局面从爱因斯坦的时代到现在一直没有改观。如果假设太阳并不自转，且在时空中固定不动，假设行星的质量和体积小到可以忽略，沿着太阳造成的时空弯曲而运动，那么我们就可以把牛顿引力定律给出的数学解看作这个问题的"一阶近似"。但是，如果要得出这个问题的"二阶近似"，就必须能计算出轨道进动的状况，这需要对这个天体系统中特定的轨道参数做出明确的回答。以上述水星轨道的问题而言，爱因斯坦使用广义相对论的二阶近似算法，不仅补足了水星近日点进动幅度中的 43 角秒差值，还可以算出，从勒维耶的时代到 20 世纪初，这部分差值在 38 角秒到 45 角秒之间波动！这些结果至今仍然无可置疑地被采用着。而且，广义相对论的效应还影响着其他行星的轨道进动，如今我们知道金星的这个数值是每个世纪 8.6 角秒，地球是 3.8 角秒，火星是 1.4 角秒。这些数字，对牛顿理论的计算做了很好的补充，且都已经被观测数据所证实。

　　不过，要让广义相对论脱颖而出，成为独步江湖的、伟大的科学理论新成就，只靠涵盖牛顿理论和回答牛顿理论答不出的问题还是不够的，它还必须完成上述的第三个（也是最困难的一个）挑战：预测一个前所未有的新奇现象，并且这个现象必须能够被证实！爱因斯坦尽管不擅长实测天文学，但还是给出了两个由他猜测的现象，用于检验广义相对论的正确性：第一，光在传播过程中，如果所处的引力场强度有所变化，则光的波长也会相应地增加或缩减；第二，当光线从一个质量足够大的天体旁边擦过时，它的前进方向将微微发生偏折。（见图 2.10）

　　第一个猜测可以说也属于狭义相对论的领域（使用"等效原理"即可转化），而第二个猜测完全是由广义相对论做出的，因为它对引力的性质有着独特的认识，其他与相对论竞争的理论都不会做出这个预言。于是，去实际观测一下经过恒星旁边的光线会不会偏折，就成了验证广义相对论是否能够成立的关键举动。

* * *

　　如果宇宙中一个质量不为零的物体从另一个物体旁边经过，那么，牛顿的理论会告诉你，这个物体在自己路径的每一点上，都受着另一个物体的引力作用。但如果我们把这个物体替换成质量为零、以光速运动的物体，结果会如何呢？

　　无论是在爱因斯坦生活的时代还是在如今，我们都只能认为光子（或者说光线）是完全没有质量的，并且在真

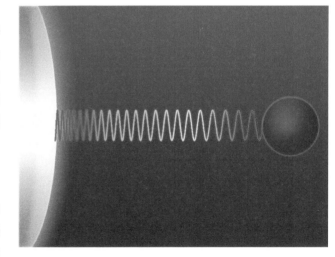

图 2.10　当一个光子（即光的量子）从宇宙中一个时空弯曲相对较强的区域运动到一个时空弯曲相对较弱的区域时，它会发生"红移"，即损失其能量；若是从时空弯曲较弱的区域运动到较强的区域，则会发生"蓝移"，即增加其能量。（图片版权：Wikimedia Commons 用户 Vlad2i，CC 3.0 相同方式分享）

空中会绝对精确地以光速传播。如果严格按照牛顿理论的看法，没有质量的东西，就绝对不会受到引力的作用。但是，基于爱因斯坦提出的质能方程 $E = mc^2$ 中表达的质量与能量的关系，我们可以把光看作质量的另一种形态。一旦这样来想，计算光线在经过大质量物体旁边时发生偏折的幅度，就不再是一件荒诞不经的事情。

我们也可以在广义相对论中对光线的这种偏折进行同样的计算，而且不需要像在牛顿的体系中那样附加一些假设，因为在爱因斯坦的引力理论中，无质量的物体以光速运动是十分自然的事情。但正是这一计算，会确凿地体现出两种理论的预言结果之间存在有趣的差异，正因为如此，爱因斯坦非常强调对这个问题的推算。不妨以我们附近的一个大质量天体——太阳为例，看看它会对遥远星光的传播造成什么影响。

遥远的恒星发出光芒，其光子会以光速穿越茫茫的星际空间，穿越银河系的尺度，经历几百年或几千年，然后进入你的瞳孔。这时候你通常会认为这些光在恒星和你之间是以直线传播过来的。这种看法通常也是没错的，因为这些光子的传播路径几乎没有与什么大质量的天体特别邻近过。不过，请你想象一颗符合这个条件的恒星：它今晚在天球上正好处于与太阳相对的位置上，无论是经度上还是纬度上都与太阳相距 180°。由于它和太阳各处于地球的一侧，所以你能在晚上看到它的光，没问题。但六个月之后，地球将运行到太阳的另一侧，从地球上看，太阳和这颗恒星将处于几乎相同的位置，太阳将挡住这颗恒星。且不说白天基本不可能看见别的恒星，即便太阳不发光，此时按说也是不可能看到这颗恒星的。

可是，在这种情况下，有两个因素，如果它们一起存在，就使得我们仍然有希望看到这颗恒星。第一，即便这颗恒星与地球的连线被太阳挡住，只要它的光线在掠过太阳旁边时被太阳的引力改变了传播方向，就还是有可能射向地球上的观察者。由于光线发生过折射，此时在地球上看起来，这颗恒星在天球上的"位置"，与它在天球上的实际位置之间可能稍有偏差。如果我们将光的能量折算成质量，按照牛顿的理论去计算这一情况的话，可以知道这一偏折的最大角度为 0.87 角秒，幅度并不大，但已经不能忽略了。不过，爱因斯坦的理论预测出的这个值几乎是前者的两倍：1.75 角秒。而要想检验究竟哪个答案更接近真实，就只能等待第二个因素出现，那就是让我们白天也能轻松看见较亮的恒星的时机——日全食。（见图 2.11）

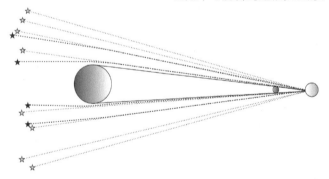

图 2.11　在日全食期间，月球挡住了太阳的光，使得我们可能在白昼看到不少星星。但是，太阳的质量足够大，所以也可以让它周围的空间发生相对比较明显的弯曲。所以，那些从离太阳较近处经过的星光，其传播的方向（虚线）也会相应地发生偏折。这样，从地球上看来（点线），它们在天球上的位置就会发生一些改变。而那些离太阳较远的光线就不会显现这种效应。（图片版权：本书作者）

日全食这种天象作为验证广义相对论的绝佳时机，平均每一两年就会在地球上出现一次。在爱因斯坦发布他的新理论之后，很快就有一次日全食将要发生，那就是 1916 年 2 月 3 日的日全食。可惜能看到这次日全食的地带几乎都在苍茫的大海上，所以这次日全食并不利于进行精确的天文观测。接下来的一次机会是 1918 年 6 月 8 日的日全食，这次日全食可以在美国的很多地方看到，也确实有很多天文学家和物理学家组建了团队，并制定了周密的观测计划。可惜天公不作美，连绵的云层挡住了太阳，让这场"牛顿与爱因斯坦的对决"又不得不延后将近一年。终于，1919 年 5 月 29 日的日全食如约而至，其全食阶段长达 6 分 51 秒，几乎是 20 世纪里最长的一次日全食。

更加凑巧的是，这次日全食发生时，太阳在星空背景中正好位于一个离多颗亮星都不太远的位置，为比较两种备选理论提供了绝妙的机会。同时，理解爱因斯坦的理论需要很深的数学功底，这样的天文学家并不算多，而其中正好又有一位具有足够的学术威望和影响力，能够筹划出一场有着足够科学精度的大型科考活动，这个人就是亚瑟·爱丁顿。他与戴森（Frank Watson Dyson）联手组织了两个团队，分赴普林西比岛（位于非洲）和巴西进行观测。

两支队伍遇到的情况都不尽理想：由法国天文学家克罗姆林（Andrew Crommelin）带领的赴巴西观测队，因气温问题而不得不启用备用望远镜；由爱丁顿亲自率领的赴普林西比岛观测队，在日全食当天的早些时候遭遇雷暴天气，日食发生时只能透过正在逐渐消散的云层进行拍摄。不过，两支队伍总归都成功地坚持到底，取得了具有科学精度的、带有精确时刻信息的照相底片。通过对比这些底片和原有星图上的恒星分布，爱丁顿和他的团队得到了原本未知的信息：太阳的引力最多可以使经过它附近的星光偏转 1.61±0.30 角秒。这个数值远远超出牛顿理论预测数值的上限，同时与爱因斯坦理论给出的预测值吻合得很好（见图 2.12）。

图 2.12 这张 1919 年 5 月 29 日的日全食照片是广义相对论可靠性的决定性证据。图中显示了几颗在太阳边缘的星星（每颗以一对横线指出），经过测量，发现其位置与标准星图相比确实发生了偏移，且偏移效果符合爱因斯坦广义相对论的预测值，而不符合根据牛顿理论推算出的值。（图片版权：戴森、爱丁顿和 C. 戴维森，1919 年，此图与相关的数学和物理学学术信息一起原载于《伦敦皇家学会哲学学报》1920 年第 291 ～第 333 页）

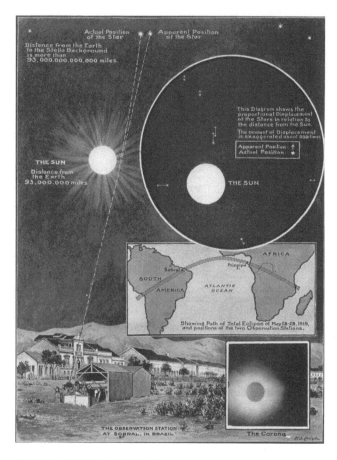

图 2.13　这幅画出自 1919 年
11 月 22 日的《伦敦新闻》（第
815 页）。（图片版权：W. B.
Robinson，其材料由赴巴西观
测队的克罗姆林提供）

世界各大报纸的头条，都开始宣扬爱因斯坦的新理论
获得的伟大胜利。当然，也有不少物理学家对此持有更为
审慎的态度，因为他们敏锐地注意到爱丁顿以技术原因为
理由，忽略了不少原始数据。不过，后来多次日全食时进
行的类似观测，一再印证了爱丁顿的结论。也有人以更为
先进的分析技术重新审视了爱丁顿的数据，发现其既没有
故意筛选数据的嫌疑，也没有可以被确认的测量偏误——
可以说，在当时的设备条件下，这些数据已经是科学家尽
其所能的成果了。虽然牛顿的理论依然可以在一个相当广
大的范围内得出与事实极为接近的结果，但它从此已经不
能再被认为是对宇宙中的引力现象的最佳物理描述了。对
恒星光线掠过大质量天体之后发生偏折的情况的测量，就
这样确证了爱因斯坦的预言，将本来属于牛顿定律的荣耀
光环，移到了广义相对论的头上。（见图 2.13）

多年后，爱丁顿自己也写下了这样的词句：

曾忆运神思，殚精证妙想。

终澄一事明：光线有斤两。

当其掠日缘，势必偏其往。

宏论尘埃定，辩题开更广。

* * *

广义相对论让人类的宇宙观经历了一次革命。在我们日常生活的经验中，空间的坐
标体系是恒定的，时间的流逝也是连续而一致的，广义相对论的命题颠覆了我们的这些
经验。正因为这个理论具有强烈的"反直觉"特征，所以哪怕是在它诞生一百年之后的
今天，它也是一个最频繁地受到质疑和挑战的理论。许多人使用了遍及当代科学各个门
类的知识，将广义相对论翻过来掉过去地一遍遍"拷问"着。固然，广义相对论不但能
完成牛顿引力理论所能完成的一切，还可以解释牛顿理论解释不了的行星轨道进动状况，
并且预言了星光经过太阳边缘时会拐弯的现象且得到了观测的证实，但是它也带来了许
多新的、有待观测和实验去检查的其他推论。如果要我们心悦诚服地按这个新的框架去
理解宇宙的运行，就必须让我们百分之百地相信它是正确的！

爱因斯坦自己用广义相对论做出的最后一个预言是：当光子向引力场更强的区域运

动时，其能量会增加；相反，光子要想从引力场较强的地方逃逸出来，就必须损失一些能量。这种能量的增益或损失，会反映在光子自身的波长变化上：当光子携带的能量增加时，它的波长会减短，频率会升高，即颜色变得更偏蓝；而当光子损失能量后，它的波长会增加，频率会降低，即颜色变得更偏红。该预言中的这两种现象，分别称为"引力蓝移"和"引力红移"。爱因斯坦在有生之年并未看到该预言被成功证实，不过，1959 年的"庞德—雷布卡（Pound-Rebka）实验"干净利落地彻底验证了这一点。

这就要说到原子内部的运行机制。电子绕着原子核运转，其状态有"基态"和"激发态"。电子的这两种状态之间的转换，只有在得到或失去特定数量的能量之时才会发生。这就意味着特定的原子可以吸收或释放特定波长的光子。假定某个原子可以释放出一种特定波长的光子，那么只要这个光子在传播过程中波长保持不变，另一个与之相同的原子就应该可以完全吸收掉这个光子。但是，如果这个光子的波长受到引力场变化的影响发生了上述偏移现象，则它就应该不能被后一个原子吸收。

所以，爱因斯坦的相关预言可以这样来验证：让前一个原子处于地面附近，后一个原子处于离地面更高的地方，则后者所在位置的时空弯曲程度就应该小于地面附近。不用多说，后者无法吸收前者释放出的光子。不过，假如前者释放光子时正在以某个特定的速度运动，则其释放的光子的波长也会受到运动效应（如多普勒效应）的影响而改变，其结果可能导致我们观察不到爱因斯坦预测的波长变化。令人赞叹的是，利用发现于1958 年的"穆斯堡尔效应"的相关技术，实验物理学家成功地抵消了光子发生的这种频移，让接收端的原子得以成功地吸收掉了光子。这也就精确地证明了广义相对论做出的相关预言是对的，其预测的频移幅度与在实验中看到的是相符的。（见图 2.14）

从爱因斯坦的时代开始，与广义相对论有关的许多很精微的效应陆续被预言出来，如光子在掠过大质量物体时会相对迟滞，这称作"夏皮罗（Shapiro）时延效应"，太阳系各大行星的雷达波反射情况可以验证它。目前，验证这个效应的最佳实验结果来自环绕土星运行的"卡西尼"探测器，其数据与广义相对论预测值之间的偏差小到只有0.002%，令人称奇。其他常见的预言还有 GPS 卫星的时间延迟、夜空中群星实际位置与所见位置的微小偏差、对在引力场内旋转或移动的设备所做的相对论性校正、在近距离内相互绕转的大质量天体呈现出的引力衰减等。当然，要说最为壮观的一个相关预言，那还得说是因极远天体的光线被挡在它前面的天体所折弯而生成的奇景——引力透镜。所有这些预言都已经被实验或观测确凿地证实了，而且，目前除了广义相对论，没有其他任何一个科学理论能严谨地解释上述全部现象。广义相对论这一以"时空"及其弯曲为特色、统摄着物质和能量的理论，可以被认为是描述宇宙的物理机制、解释引力现象

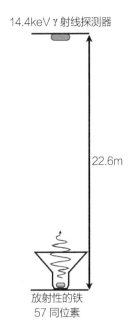

14.4keV γ 射线探测器

22.6m

放射性的铁
57 同位素

图 2.14 图片下方是发射端，使用有放射性的铁 57 同位素。接收端位于它上方 22.6 米处。下方发射出的光子在向上传播的过程中，所处引力场极微小地变弱，也就发生了微弱的引力红移。这一点偏移幅度已经足够让接收端的原子无法吸收掉它了。但如果我们给发射端稍微加一点"助推"，使其发出的光子受到一个扬声器号筒产生的特定幅度的影响，就可以让它被接收端吸收掉。这一实验让人们首次精确验证了爱因斯坦广义相对论对引力红移的预言。（图片版权：本书作者）

图 2.15　这是诸多引力透镜案例中非常漂亮的一个。位于中间的是一个离我们较近的星系，它周围的四个亮点其实是一个更远的天体所成的四个像。那个更远的天体是类星体 QSO 2237+0305，在地球上看来正好位于这个星系的后边。这一景观也被称作"爱因斯坦十字"，它离我们大约 80 亿光年。（图片版权：ESA/哈勃太空望远镜，NASA）

的最佳理论。（见图 2.15）

* * *

　　说到底，这些知识对我们的宇宙观到底有何意义呢？要知道，在广义相对论诞生的时代，人们还从未听说过宇宙岛、大爆炸、暴胀宇宙等词语。在当时人们的眼中，众多的恒星，以及星云、星团这些深空天体，就如同我们看到的那样，差不多是均匀地散布在一个广大的宇宙空间中的，仅此而已。诚然，大部分的星团都分布在银河系的盘面附近，但其他类型的天体，特别是众多的恒星，在各个方向上的密集程度差别并不很大。在这种视野中，宇宙可以被描述为"各向同性"（isotropic）的，而且在各个单位体积内都有着差不多数量的天体，即"均匀"（homogeneous）的。注意，这两个术语不能彼此替代：假如所有天体分布成一个球壳状，那么宇宙虽是各向同性的，但并不是均匀的；假如你处在一阵西风之中，那么你周围所有的气体分子虽然是均匀的，却并不是各向同性的。而此时科学家眼中的宇宙，则基本上既是均匀的，也是各向同性的，并且永远同时拥有这两种特点。

　　不过，如果用牛顿理论的旧框架来看，这种宇宙观念并非无懈可击。例如，假定众多恒星是差不多均匀地分布在宇宙空间里的，那么根据牛顿的定律，这并不是一个能够持续稳定下去的状态，由于这种引力分布格局中必然存在某些微小的不均匀，那么只需要几千年的时间，就会有一些彼此距离很近的恒星通过引力而明显变得更近，由此形成许多团块状的结构，同时剩下许多空荡荡的星际空间。然而我们看到的事实却是，虽然确有不少恒星聚集成团块状，但像我们的太阳这样单颗存在、不与其他恒星成团的恒星却更加常见。简言之，一个各向同性的、均匀的宇宙，按牛顿的引力理论推算，必然是不稳定的。

　　说到这里，你可能会立刻想到：既然牛顿理论不能破解的许多难题都可以被广义相对论所征服，那么这个问题是不是也可以用广义相对论来搞定呢？可惜的是，如果使用广义相对论去解答，则这个问题非但不能被解决，还会变得更加难缠！在爱因斯坦提出的这个框架中，不论你设定宇宙中的物质有什么样的初始分布，它们都不会稳定下去，都难以逃脱在引力之下发生坍缩的宿命。也就是说，众多星体不论分布成球状、棱锥状、方块状、栅格状还是随便什么奇怪的形状，无一例外都会最终汇聚到一起。由于这一坍缩现象的速度通常较慢（也不全都很慢），明显低于光速，所以你可以算出这个坍缩过程将在多长时间后完成。不止如此，按照广义相对论的计算，宇宙中所有的物质在汇聚成一个大圆球之后还不算完，它们最终将形成一个"黑洞"！（见图 2.16）

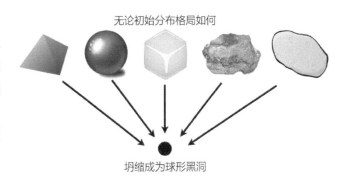

很明显，宇宙的实际情况跟这种设想不太一样。爱因斯坦当然也不傻，他也觉得如果做出这种预言就太荒谬了，所以他必须解释一下到底是什么力量在抗衡着这种坍缩。他给出的"答案"是这样的：存在一种能量，其影响力可以叫作"宇宙常数"，它的力量正好抵消了引力的作用。那么为什么会有"宇宙常数"呢？爱因斯坦只是说，这是"时空"自身天然具有的一种性质。如果我们把这个常数改小一点去算，那么前述的坍缩结局就依然无法避免；而如果把这个常数设大一点去算，那么就会算出宇宙中所有星球都在四散远去，最终会把我们留在一片孤寂之中。幸亏这个常数在我们的宇宙里恰好与引力取得了平衡，才会有我们这些生活在稳定的物质世界中，整天问这问那，而且不用担心被挤成黑洞或被遗落成孤岛的人类。

图 2.16 由于重力作用是唯一真正唱主角的作用，所以无论众多物质的性质如何、初始分布格局如何，它们最终都会坍缩到一起成为一个球形的黑洞天体。（图片版权：本书作者）

这种解决方式，离不开那个既不许增加也不许减少的特定数值——只要不承认那个数值，宇宙就会重新回到灾难之中。对于只能以这种方式去"解决"的问题，我们可以统称为"精细调节问题"（fine-tuning problem）。这类问题的"答案"，总是让人在各种意义上觉得挺"别扭"的。试想，假如当初宇宙中某两个天体的位置与实际情况稍有差别，原有的宇宙常数就无法再保证宇宙的稳定了，就得调整数值。不过，在接下去的几年里，也没有出现比这更好一点的回答。人们想，或许宇宙中的物质就是这样正巧以比较均匀的状态分布着，而且正巧还没有坍缩成一个巨型黑洞吧。

但是，不等时间进入 20 世纪 30 年代，就出现了一个更为可取、更接近正确的回答：如果将弗里德曼（Alexander Friedmann）、勒梅特（Georges Lemaitre）、罗伯森（Howard Percy Robertson）、沃克尔（Arthur Geoffrey Walker）四位理论家各自独立工作的成果结合起来，就会意识到宇宙常数或许不存在，而宇宙有可能在随着时间的流逝而不断膨胀。他们不仅说明了可能没有什么向外的"时空能量"正好和引力作用相平衡，还提醒我们"时空"本身是可以膨胀或收缩的。无论单独看这四人中哪一个给出的回答，都会隐隐感受到一个动态的、有活力的宇宙。至于各向同性的均匀宇宙模型，此时已经显得落伍了。

当然，科学真理的终极裁判者还是宇宙本身。一种理论要成为赢家，依然需要在实验结果和观测事实面前屹立不倒。

第三章

跳出银河系：跃入一个 不断膨胀的宇宙

从哥白尼到牛顿再到爱因斯坦，人们的宇宙观不断地发生着飞跃。与这个进程同时发生的，还有满足我们好奇心的那些观测设备的不断升级换代。最初我们只有自己的眼睛，后来有了口径比较小的折射式望远镜，再后来又有了口径越来越大的反射式望远镜。人类的瞳孔直径，在黑暗的环境中完全舒展时也只有 9 毫米，加上最适合观星的其他自然环境条件，就达到了无工具观测能力的极限。最早期的望远镜，如伽利略使用的那种，对这种极限的提升幅度并不大：伽利略自己制造的第一架望远镜口径只有 15 毫米。但是，增加了的口径毕竟带来了更大的通光面积，从而可以收集到更多的星光送入人眼。到了 17 世纪晚期，无论是折射望远镜还是反射望远镜，其口径都已经能够超过人类手掌的大小，开始广泛被天文学家使用。这些望远镜收集光线的能力已经大大增加，因此能够把许多更暗弱、更遥远的天体呈现在人们眼前。人们在这样的视野中，辨认出许多具有明显的延展面、呈云雾状的"深空天体"（deep-sky object），而且发现它们的位置相对于其他恒星是固定的，从来不会改变。这类天体被宽泛地称作"星云"（nebula，复数是 nebulae）。

但当历史从 18 世纪走进 19 世纪后，随着望远镜的口径变得更加巨大，分辨能力更强，人们开始发现这些"星云"中有很大一部分具有更加精细的视觉结构。比如，赫歇尔在 1781 年发现了天王星之后，名声大噪，收到的热心资助数额之大已经超乎预期，于是建造了著名的"四十英尺大望远镜"，其口径达到 48 英寸（约 1.2 米）。而 1845 年由贵族帕森斯（Parsons）修建在自家城堡的望远镜"利维坦"（Leviathan）的口径更是达到 72 英寸（约 1.8 米）。这些巨镜的观测成果，不但把已知的云雾状天体的数量从一百来个增加到了数千个，还让人们得以给这些天体划分出多种类型。（见图 3.1）

在这些巨镜中，深空天体不再只是一种位置固定的暗云状小目标，而是呈现出了精细、丰富的形态特点。比如，有些"星云"是几百颗或几千颗聚集在一起、几乎可以逐颗看清的恒星（即"疏散星团"），其中明亮的蓝色恒星居多，经常（但不总是）伴有很多的云气或尘埃，这类天体通常位于离银河系的盘面不远的位置上。还有些"星云"

呈一个圆球状，其边缘显得稀疏弥散，可辨认出单颗的恒星，但越靠近中心处光亮越密集，无法再分辨（即"球状星团"）。在很长一个时期内，人们仍然无法把每个球状星团都分解为恒星，但是依靠着不断增加的望远镜口径及其集光能力，人们足以断定球状星团的规模比疏散星团大得多——球状星团通常含有数百万、上千万颗成员星。比起疏散星团的分布，球状星团在天空中的位置分布也更具任意性，即便在远离银河盘面的天区也有不少。根据当时的天文技术，人们已经能认定，无论是疏散星团还是球状星团，离我们都不超过 10 万光年，也就是说，它们都没有跑出银河的周边区域。

图 3.1　建于帕森斯堡的"利维坦"是当时世界上最大的望远镜，其 72 英寸的口径可以让人直接观察到其他星系（译者注：当然，当时的人们还没有其他星系的概念）的一些内部结构。它的"冠军"地位一直保持到 1917 年才被口径达到 100 英寸（约 2.54 米）的胡克（Hooker）望远镜拿走。（图片版权：铜版画，约 1860 年）

但是，还有其他一些具有视觉延展面的"星云"是无法被辨认为星团的。如行星状星云、超新星遗迹这两种最为绮丽壮阔的深空天体（有些超新星遗迹甚至可以与史书中记载的超新星爆发事件对应起来！如金牛座的蟹状星云，即梅西耶目录中的 M 1，就被认定是公元 1054 年人们看到的超新星遗留下来的）。

还有的星云显示出缤纷的颜色，如红色的区域对应于离子气体，对应着正在孕育恒星的区域，而蓝色的区域对应于中性的气体，反射着由新诞生的恒星发出的蓝色光。声

图 3.2　猎户座大星云（M 42）是离我们最近的恒星形成区之一，其距离只有 1 344 光年。目前已知在该区域内有几百颗正在准备"出生"的恒星原型。（图片版权：NASA、ESA、供职于 STScI 与 ESA 的 M. Robberto，以及哈勃太空望远镜"猎户座探奇"项目团队）

图 3.3　这幅绘制于 1845 年的 M 51 素描是人类首次观察到具有螺旋状结构的深空天体的见证。（图片版权：第三代"罗斯伯爵"威廉姆•帕森斯）

名赫赫的"猎户座大星云"（M 42）就是同时含有这两类区域的一个典型例子。（见图 3.2）

另外，"星云"的家族中还有一些椭圆形的"怪物"，即使是世界上最强有力的望远镜，也看不出它们的成员星和内部结构。另外，还有一些"星云"可以辨认出很有特色的螺旋状内部结构，这种现象也找不到合理的解释。最早被发现具有这种螺旋状结构的"星云"是 M 51（今称"旋涡星系"）：72 英寸口径巨镜"利维坦"的主人，也就是拥有"罗斯伯爵"封号的帕森斯在 1845 年通过这台望远镜看到了这种结构，当时他为这个天体画下的素描如今也已成为天文史上的经典图像。很快，人们又发现了另外 14 个拥有螺旋状结构的"星云"（例如 M 101，今称"风车星系"），但这种螺旋形状是如何形成的，依然是个谜。今天我们知道这些"星云"其实是银河系之外的其他星系，但当时的人则根本没有"星系"的概念。（见图 3.3）

顺便说一下，在地球的夜空中，能看到的最大的螺旋状星系是"仙女座大星云"即 M 31，不过它跟同类的其他一些天体有一点不同：有些同类天体只要盘面不是侧对着我们，就可以通过口径够大的望远镜看到它们的螺旋状结构，但 M 31 的内部结构得以被揭示是离不开天文照相术的发展的。在照相术被用于天文之前，人们对天体做了光学观察之后只能用素描来记录其形象，所以早期的天文学家要想更好地和同行们分享自己的发现，通常也得是个"画家"。着手改变这一局面的，是一位业余天文学家罗伯茨（Isaac Roberts），他率先将照相设备接在望远镜之后，尝试拍摄了一批深空天体即"星云"的照片。1888 年，他发布了他的代表作，拍摄的对象就是 M 31。在这张充满魅力的照片中，可以看到这个天体有着与许多其他"星云"类似的螺旋状结构。（见图 3.4）但是，就连罗伯茨自己也不可能意识到，这是人类拍摄的第一张星系照片。

* * *

就在爱因斯坦的广义相对论动摇着理论物理学的基础时，

天文学界针对具有螺旋状结构的"星云"的性质究竟为何，也进行了一场激辩。当时，其他各种类型的深空天体——包括球状星团、疏散星团、超新星遗迹、行星状星云，还有弥散的红蓝两色的星云（恒星形成区）——都已被认定位于银河系的领域之内。（至于前面提到的椭圆形"怪物"，如今已经知道是远在银河系之外的，但当时被误认为也是银河系之内的星团。）因此，疑问就集中在了这些呈现出螺旋形状的天体上。一大半的天文学家认为这些天体只是"原恒星"，即胎儿阶段的新恒星，因此全都属于银河系内部；另外一小半的天文学家则认为这些天体都是像银河系一样的星系，只不过都在银河系之外，是离银河系很远的一个个"宇宙岛"，所以看起来很小罢了。

图 3.4　这是最早的一张 M 31 的照片，清楚地呈现了这个星系内部的螺旋状结构。（图片版权：伊萨克·罗伯茨，1899 年，转载自《恒星、星团和星云摄影集》即《A Selection of Photographs of Stars, Star-clusters and Nebulae》第二卷，伦敦，宇宙出版社）

　　如今我们知道，当时占相对多数的那个看法是错的。但是，这并不代表它不堪一击。想象一下这种情况：一团中性的气体分子云如果温度足够低，就会在万有引力的作用下彼此靠近，进而坍缩，这个过程是必然的。通常情况下，这团气体云不可能一开始就是一个完美的球形，它的轮廓一定至少在某个方向上相对比较短浅。根据引力发挥作用的机制可以推知，在这个相对短浅的方向上，坍缩一定发生得相对较快。然后，原子之间开始撞击并堆积在一起，它们之间的互相作用将使这些气体开始释放出能量。这个情景的后续进展就是出现一个扁平的、自转着的气体云，其越靠中心处的密度越高。这样，在这团气体云的中心最终就有可能形成至少一颗新的恒星，所以这些云雾状的物质代表的就是形成恒星之前的阶段。以当时的认识看，对螺旋状结构的"星云"做这种解释完全说得通。（见图 3.5）

一片在引力作用下坍缩的分子云　　　在某个方向上严重坍缩后形成圆形"薄饼"状　　　形成质量向中心区富集的螺旋状结构

图 3.5　这幅图示意的是关于螺旋状"星云"最终形成新的恒星的思路：分子云在相互引力的作用下坍缩成一个圆盘形，同时其中更多的物质向中心汇聚，最终在中心区域形成会发光的新恒星。在很多年里，这种思路都是对螺旋状"星云"性质的最为流行的解释。（图片版权：从左至右——NASA 和 STScI 哈勃遗产团队 /AURA，感谢范德堡大学的 C. R. O'Dell；ESA 的 C. Carreau；Bill Schoening、Vanessa Harvey/REU 计划 /NOAO/AURA/NSF）

　　如果这些有着螺旋状结构的天体真的只是新恒星的前身，真的也处于银河系的领域以内，那就意味着直径十万光年左右的银河系已经涵盖了我们能观察到的全部天体，而银河系之外只有寂寞、空虚、黑暗的无尽空间。但是，如果事实像那一小部分人所认为的，即如果这些天体其实是远在银河系之外的"宇宙岛"，认为它们中的每一个都和银河系有着差不多的结构，都像银河系一样包括不少于数十亿颗恒星，那就意味着宇宙远比银河系广大得多，其直径至少不会小于几百万光年，银河系在整个宇宙中也不过是一个"岛"而已。尽管大量的观测活动提供了数不清的关于深空天体的素描图、照片，分别持有两派观点的人始终无法取得共识。双方各自抱有一些资料作为自己的证据，然后加以不同的阐释过程，最终得到的是大相径庭的结论。随着这一学术辩论渐趋白热化，宇宙的大小、根本性质等问题的答案也越发扑朔迷离！

　　为了努力解决这一问题，20 世纪 20 年代还举行过一场在天文学史上非常有名的"大辩论"，对阵双方是两个阵营中极有名望的两位专家：持"原恒星论"的沙普利（Harlow Shapley）和持"宇宙岛论"的柯蒂斯（Heber Curtis）。二人以宇宙的尺度问题为核心，进行了一次极为精彩的科学论述对攻战。双方都列举了很多支持自己观点的观测数据与事实，根据最能与数据呼应的解释方式亮明了立场。双方交锋最激烈的具体话题，主要有以下列举的六个：

　　1. 多年积累的对 M 101（即"风车星系"）的观测数据显示，它内部的各个局部特征是一直在旋转的。沙普利就此指出，M 101 的直径不可能大到与银河直径相仿，因为假若如此，则它边缘部分在宇宙中的运动速度必定会数倍于光速，而光速已经被爱因斯坦证明为宇宙中的速度上限。柯蒂斯承认，如果这一情况属实，将是对"宇宙岛"设想的沉重打击，但他也指出，这些来自顶级观测设备的数据是在设备精度极限的水平上得到的，因此可能不准，另外其他类似的天体中也没有观测到这种现象。所以他据此表示，这个观测结论本身是不够可信的。（见图 3.6）

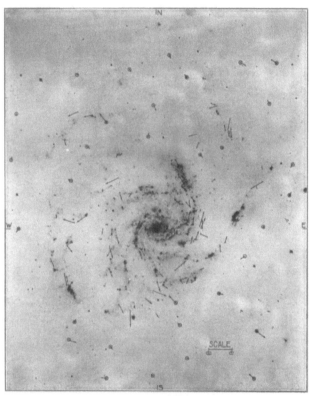

388　　　　ASTRONOMY: A. VAN MAANEN

M 101 的内部运动

箭头表示成员天体每年的平均移动幅度和移动方向。图中的比例尺长度表示 0.1 角秒。整个星云（译者注：如今知道是星系）在底片上的尺度是 1 毫米，合 10.5 角秒。用于对照的恒星用圆圈标示。

图 3.6 这幅图据称是对 M 101 内部的恒星运动状况的观测结果，如果它所言属实，则对"宇宙岛"的假说很不利。（图片版权：A. Van Maanen，1916 年，《螺旋状星云 M 101 的内部运动的初步证据》即《Preliminary Evidence of Internal Motion in the Spiral Nebula Messier 101》，见于《美国国家科学学会杂志》即《the National Academy of Sciences of the United States of America》第 2 卷第 7 期，第 388 页）

2. 对"仙女座大星云"M 31 的观测表明，在这个天体所占的小小的天区内，出现的亮度突然增加的星星（即"新星"）比其他天区内的正常数量多很多。通常，在银河系内出现的"新星"的亮度看起来都是差不多的，但 M 31 所在天区内的新星比前面这些新星都暗不少，而且这种很暗的新星在其他天区也很少出现。柯蒂斯由此估计 M 31 的大小应该至少和整个银河系差不多，只不过离银河系有几百万光年之遥。但是沙普利表示反对，他认定 1885 年有一次恒星大幅增亮事件不可能是"新星"现象，由此指出柯蒂斯的解释是有瑕疵的。

3. 许多螺旋状的"星云"都以光谱学的方式研究过，也就是说，这些天体发出的光所含的不同波长的成分都曾被分解开来，并记录和分析过。然而，分析的结果显示这些光谱与我们已知的任何类型的恒星都不相符，其原因在当时是个谜。沙普利认为，由此可知这些螺旋状的天体和恒星不太沾边，它们有自己独特的性质。柯蒂斯则认为这些天体内包含很多恒星，只不过这些恒星的性质和银河系里的恒星不尽相同。他还进一步指出，这些天体的成员星比我们通常见到的恒星温度更高、亮度更大、颜色也更偏蓝，由此这些遥远的星系内的环境也和银河系内大不一样。在那种环境下，我们观测到的光谱特征完全有可能已经被扭曲了。

4. 在属于银河系盘面附近的天区内，从未观测到螺旋状的深空天体——这是一个争议尤其激烈的话题。沙普利在这个话题上遭遇了极大的困难，毕竟银盘附近的天区内星星很多，如果螺旋状天体处于银河系以内，没有理由不出现。柯蒂斯在此乘胜追击，指出这正好说明螺旋状天体是远在银河系之外的：因为银盘附近有太多的恒星，所以掩盖住了这些非常遥远的天体发来的光。这迫使沙普利指出，一定是有某种未知的原因导致了银盘附近无法形成这些螺旋状的雏形恒星。后来他急中生智地指出，银河系的直径可能比我们原先想象得更大，并且太阳系可能处在相对于银河系中心来说很偏远的地方，而银盘上又有很多尘埃云，位于我们能够看见的恒星与那些螺旋状天体之间，让我们无法看到后者发出的光。假如在那个时代，红外天文学的发展特别领先的话，或许沙普利和柯蒂斯会发现他们二人各有正确的地方：银盘内部的大量星际尘埃确实在遮挡银盘附近天区的遥远天体，但螺旋状深空天体也确实远在银河系之外。（见图 3.7）

图 3.7　在红外线波段进行观测，我们的视线就可以穿透银河系盘面中的浓厚星尘，发现这个天区里的许多螺旋状和椭圆状天体，如这幅图展示的"梅菲 1"和"梅菲 2"。（图片版权：NASA/JPL-Caltech，以及宽视场红外巡天探测器团队，即 WISE 团队）

5. 有观点认为，如果螺旋状星云的距离真如柯蒂斯所说的那么远，以我们的夜空中能看到的各种已知的星光亮度来算，螺旋状星云发出的光将非常暗淡，导致难以观测。换句话说，如果这些螺旋状天体真的是"宇宙岛"，那么它们呈现在我们眼前的亮度应该比实际观察到的还要暗很多。沙普利抓住这点不放，断定这些螺旋状的天体只能被解释为一种并非恒星的特殊天体，而不可能是极为遥远之处的一群恒星的集合。柯蒂斯只能拿出自己在前述第三点中的理由来对抗，即这类天体因处于极遥远的地方，其所含的恒星的性质与我们银河系中的恒星的性质可能有所不同，但它们仍然像银河系一样，是一大群恒星的集合。

6. 最后一个重要话题基于当时最新的观测数据：这些螺旋状天体在宇宙中的移动速度绝大部分都已经被测了出来。其中不乏少量速度比较慢的，如"波德星云"（即M 81）的速度仅为每秒几千米，这个速度与银河系内天体的常规水平差不多。但是，其他大部分螺旋状天体的速度都惊人地快，可以达到每秒数百千米，甚至每秒上千千米。至于运动方向，除了极少的例外，大部分这类天体都在远离我们而去。（见图 3.8）沙普利和柯蒂斯对此现象一时间都没有拿出很好的解释，或许，这场辩论耗用的超长时间已经使他们二位元气大伤了。

下表列出了观测过的螺旋状星云（译者注：如今知道是星系）。我们尽可能测出了它们的速度，但仍有很多因素可以导致其有误差。

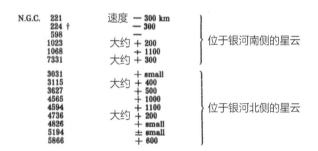

图 3.8　如果认为这些深空天体都位于我们的银河系之内，则它们的运动速率很多都大到了当时难以解释的程度，除非假设银河系的大小比我们原本预想的还要大很多，才有可能猜想它们是被其他物质的引力向外拉拽的。（图片版权：Vesto M. Slipher，1915 年，《星云的摄谱仪观测》即《Spectrographic Observations of Nebulae》，载《大众天文学》即《Popular Astronomy》 第 23 期， 第 21 ~ 24 页）

这场辩论的赢家到底是谁，其实并不重要（当时支持沙普利的一方占了上风——尽管这在今天看来很怪），真正重要的是双方提出的观点及其思想创新价值。在科学世界里，能够引领科学进展的观念，并不一定是拥有最多支持者的。只有那些既能够合理解释所有已观测到的事实，又能提出可以去验证的新预言的观念，才是最有力量的。后来的观测结果最终在理论上结束了这场辩论，而这一决定性的观测居然来自此前意想不到的一个领域。

* * *

让我们暂时回溯漫漫的人类历史，在很长时间里，人们都认为恒星就是固定地被镶嵌在天球上的小亮点。虽然天空中偶尔会有一些奇特的事件，出现一些被叫作新星或者超新星的新天体，但这种事情毕竟太罕见了，在没有望远镜的情况下要很多年才见到一次。所以，人们依然相信绝大多数恒星的亮度和相对位置是永恒不变的。不过，这个观念也是错的。1596 年 8 月，法布里修斯（David Fabricius）看到了一颗自己以前没见过的星星，他自然认为这是一颗新星。这颗星星此后一天天变暗，到 10 月最终看不见了，事情到此都没有什么奇怪的。然而，变局在 1609 年到来：这颗星星在当年的位置上再次出现了。此前关于新星的记录中，从没有哪颗新星再次出现过。如今知道，法布里修斯发现的这颗星星根本不是过去意义上的新星，而是一种自身亮度会变化的恒星——变星！

　　变星一度也被认为是恒星世界中的少数情况，毕竟在此后接近两百年的时间里，被认定了的变星数量也没有达到两位数。但是后来天文照相技术的发展和普及，让变星的发现数量出现了爆发式的增长。有了照片，我们就能直接比较几天、几周、几个月甚至几年之内一颗恒星的亮度变化。由此，人们不仅认识到更多的恒星是变星，还得以更加精确地测量其"变光周期"，即其亮度从最高变到最低，此后再次到达最高一共所用的时间。（见图 3.9）

　　19 世纪 90 年代初，有一位名叫勒维特（Henrietta Leavitt）的年轻女士进入美国马萨诸塞州剑桥的一个女子文理学院（即今天的拉德克利夫学院）学习。1893 年，她被哈佛大学天文台雇用，负责整理和测量天文照相底片上的恒星，以编写恒星亮度数据表。同时，她还负责对小麦哲伦星云内已经发现的单颗恒星进行编目。在接下去的 20 年里，她辨认出了天上 1 000 多颗变星，还根据这些变星的变光性质不同，将其分成了多个类型。

　　勒维特在工作中注意到，有一类变星的变光性质异乎寻常，这就是如今所说的"造父变星"：首先这类变星的变光周期都比较长，而且它们的变光幅度（即最亮时的星等和最暗时的星等之差）彼此相似，比这些更奇妙的是——她选取了平均亮度排在前 25 名的造父变星进行研究，发现其中平均亮度最高的那颗周期最长（数月），其后平均亮度越低的造父变星，变光周期也就相应地越短，排第25 名的那颗造父变星的变光周期也是这 25 颗星中最短的，只有一天多一点。她由此确认造父变星在其平均亮度和变光周期之间具有一种几乎完美的相关关系。（见图 3.10）

　　这种关系就是如今所说的"周光关系"，这一发现的

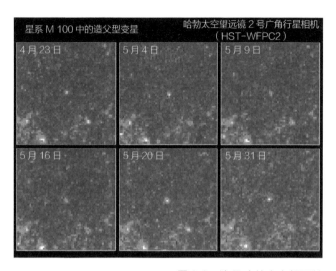

图 3.9　这是哈勃太空望远镜连续观察过的一颗变星，它的亮度可以增加一倍，然后慢慢暗淡下去。其亮度变化周期为 51.3 天。（图片版权：Wendy L. Freedman 博士，华盛顿卡内基学院天文台，以及 NASA/ESA）

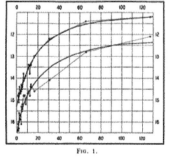
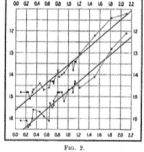

图 3.10　人们最早是通过像这样的坐标图来认识亮度（即星等，见纵轴）和变光周期（见横轴）之间的关系的，即这一关系是归纳出来的，不是直接测量出来的。两幅小图表使用的是一样的原始数据，只不过左边那幅使用的是线性坐标系，右边使用的是对数坐标系。（图片版权：哈佛大学天文台通告第 173 期，1912 年 3 月 3 日。主持科学家为皮克林，即 Edward C. Pickering，数据整理和制图为勒维特）

应用价值是巨大的。因为我们可以认为，小麦哲伦星云内的各种恒星与我们的距离是差不多远的，所以我们观察到的它们的亮度差异可以被认为是其自身发光能力差异的体现，但由于造父变星周光关系的发现，一旦我们在其中能确认某一颗星属于造父变星，那么就可以通过观察它的变光周期去确定它自身的发光能力。同样亮度的星星，离我们越远就显得越暗，所以，只要对比这颗造父变星本来具有的发光能力和我们实际看到的它的亮度，就可以知道它离我们到底有多远。

　　周光关系的发现，是一项美妙的成就。只要确认了一颗恒星属于造父变星，不论它在天空中的什么位置，我们都可以通过其变光周期轻松推算出其距离！因此，造父变星也被称为天文学上的"标准烛光"，其意思是，如果你知道一支蜡烛的火焰本来有多亮，你就可以通过你实际看到的烛火亮度去推知蜡烛与你的距离。勒维特关于造父变星的工作是值得称颂的，因为正是她第一次告诉我们，有一种可以在辽阔的宇宙空间中使用的标准烛光。（后来随着天文学的不断进展，我们又找到了多种类似的标准烛光天体。）有了这一理论武器之后，遥远天体的距离测定问题就有了解决的希望。（见图 3.11）

图 3.11　就像一支蜡烛的亮度是已知的那样，通过测量宇宙中的"标准烛光"天体呈现在我们眼前的亮度如何，就可以推算它与我们的距离。（图片版权：NASA/JPL-Caltech）

＊　＊　＊

　　1917 年，位于威尔逊山顶上的胡克望远镜落成并开始观测，其口径为 2.54 米。它取代了当年的"利维坦"，成为当时世界上最大的望远镜。两年后，对螺旋状深空天体的性质怀有极强好奇心的天文学家哈勃（Edwin Hubble）入职威尔逊山天文台，开始重新逐个观察这类目标。当时，大辩论虽已结束，但余热未消，这座天文台里的绝大部分专家也还都倾向于沙普利的观点。哈勃对此持中立态度，为了弄个究竟，他把兴趣点放在了对这类天体中的新星现象的观测上。

　　哈勃与他的助手修梅森（Milton Humason）一起制订了一个研究计划，他们用一切可能的时间去观测这些天体并进行归类记录，寻找其中的闪光现象以及任何异样的变化。结果正如柯蒂斯在大辩论中提出的那样，许多被认为是新星的恒星，在增亮之前都是这些螺旋状的深空天体中的成员。在螺旋状天体所在的天区中，出现新星的概率远远高于其他天区。而柯蒂斯自己也在 1917 年首次观察了螺旋状天体里的新星现象，并注意到这些新星与其他天区里的新星相比平均要暗 10 个星等。要知道，10 个星等的差距，意味着亮度相差 10 000 倍。这意味着，如果承认周光关系的有效性，就要承认这些螺旋状天体比以往观察到的那些银河系内的新星远 100 倍！

　　在 20 世纪 20 年代的前半叶，哈勃和修梅森观测了许多螺旋状天体，其中包括著名的所谓"仙女座大星云"，即 M 31。在 1923 年 10 月 6 日的照相底片上，哈勃关注了 M 31 的图像中三个先前被发现过有新星的位置：其中一个位于 M 31 的外缘，另一个靠近中心部分，还有一个位于前两者之间。观察的结果出乎预料：第四颗"新星"出现了。而比这更令人惊讶的事实是，根据哈勃自己的数据记录，这第四颗"新星"的位置与先前的第一颗一模一样，也就是说它们是同一颗星。为什么说这令人惊讶呢？是因为通常的新星暗下去后，要想再次"爆发"（即增亮）往往需要不止千年的时间，而即便是新近知道的"复发"最快的例子——蛇夫座 RS（其增亮机制为：一颗白矮星不断地从一颗红巨星那里吸收质量），也需要几十年才能再次增亮。而哈勃发现的这颗"新星"亮度达到最大值时，离它上次达到最亮仅有 31 天的时间！（见图 3.12）

　　哈勃兴奋地意识到，如此之短的间隔，只能说明这颗星根本就不是天文学意义上的"新星"，而是一颗变星！他提笔在底片上划去了表示"新星"意思的字母 N，写上了一个"VAR！"而且，这颗变星恰好就属于勒维特在十年之前划定的造父型的变星，而不是其他类型的变星。

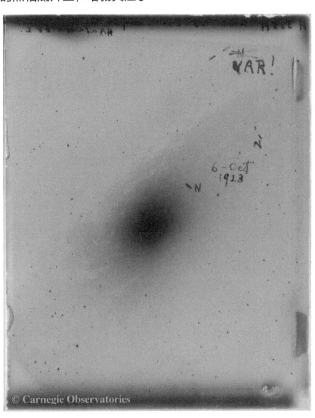

　　由于哈勃已经掌握这颗变星的变光周期，他立刻运用勒维特的成果，推算出了这颗星自身的发光能力。当然除勒维特以外，胡克望远镜也功不可没，其巨大的口径让哈勃能够精确测定这颗星的"视星等"（即地球上看到它的亮度）的最亮值，并由此推算出这颗星的准确距离。还记得吗？对任何发光的东西都是如此：如果已知它本身的真实亮度，又能测出它呈现给你的亮度，就可以通过一个很简单的算术关系推断它的距离——亮度的减弱与距离的平方成反比关系。（举例来说，当物体距离是原来两倍时，其呈现的亮度就是原来的 1/4；如果距离是参考单位的 10 倍，则呈现的亮度就只有参考亮度的 1/100。）哈勃根据观测事实得出了他的结论：M 31 不仅独立于银河系之外，而且离银河系有接近一百万光年的距离。这也

图 3.12　这张底片是哈勃在 1923 年 10 月 5 日至 6 日之间的那个夜晚拍摄的。意识到这颗"新星"其实不是真的新星，而是一颗变星之后，它的距离也就可以推算出来了，由此自然可以推知其所属的螺旋状天体大概离我们有多远。（图片版权：卡内基天文台）

是人类第一次尝试准确估计银河系外的天体距离！后来的研究者发现，实际上造父变星还可以分为两类：一是勒维特发现周光关系时的那种，二是哈勃从 M 31 中观察到的那种。由于当时哈勃不可能知道这种区别的存在，他估计的 M 31 距离也比当前认定的短了一半多。将两类造父变星的区别加以考虑之后，可把这个距离修正为 220 万光年。当然，这个结果毫不否定哈勃的观测及其所得数据的品质之高。

当然，哈勃并未在 M 31 这个目标上止步。当他认识到他可以通过观测螺旋状天体内的造父变星去推断这些螺旋状天体的距离之后，他决定尽自己所能去最大范围地寻找和测量这类星星。在接下去的十年里，他精确测定了超过 20 个螺旋状"星云"的距离，并由此发现它们全都处于银河系之外，而且全都比 M 31 离我们更远！

这些发现令哈勃名垂天文史。他似乎在转瞬之间就完全平息了那场大辩论的余波，证明了螺旋状的深空天体根本不是什么正在形成中的单颗恒星，而是外观和大小都跟银河系差不多的，含有很多恒星的一个个"宇宙岛"。但是哈勃的成就还不止这些，他还戏剧性地改写了人类心目中的宇宙图景，而且他所给出的情景是大家以前从未敢于设想的。（见图 3.13）

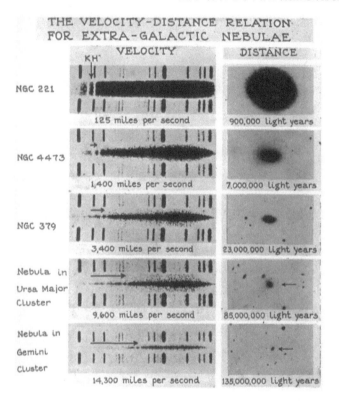

＊　＊　＊

我们暂时让目光回到 1912 年。当时有一位名叫斯莱弗（Vesto Slipher）的天文学家在研究 M 31，他决心攻克的课题是测量 M 31 的光谱。从牛顿的时代起，人们就

图 3.13 这是哈勃在其著作中展示的第八张照相底片，展示了五个"星云"（其实就是今天所说的河外星系）的运动速度与距离。这些数值都是借助对造父变星的测量结果取得的。（图片版权：埃德温·哈勃《星云世界》，即《The Realm of Nebulae》，首版于 1936 年，这里使用的是 1958 年 Dover 出版公司的重印版）

知道，如果让一束光通过一个棱镜，就可以将其所蕴含的各种不同颜色的光铺展分解开来，形成一个光谱。而在测量天体的光谱时（太阳也不例外）人们总会发现，光谱中除了长长的红色（波长也较长）段、充满活力感的紫色（波长也较短）段之外，还会夹杂一些黑色的窄带，这些"暗线"之间的距离也常各不相等。人们很快就认识到了这些暗线的实质，它们对应着光源物体中隶属于不同元素（如氢、氦、氧等）的原子。这些原子只在一些特定的波长上释放或吸收光子，而且由于不同元素原子中的电子跃迁幅度不同，每种元素所对应的谱线波长都有其专属的"特征"位置。举例来说，如果你在光谱中属于红色的 6 563 埃（译者注："埃"是光谱研究中常用的长度单位，1 埃表示 0.1 纳米）、属于青色的 4 861 埃、属于蓝色的 4 341 埃、属于紫色的 4 102 埃的位置上都能看到暗

线（也叫吸收线），就可以认出这是中性氢的特征谱线。在特定的情况下，这就说明在光源和你之间有中性的氢元素存在。

　　但是故事还不止这么简单。当你在上述四个精确的位置上看到了吸收线时，你所能知道的并不只是光线在到达你的棱镜之前经过了中性氢的吸收，你还可以判定这些中性氢相对于你的"径向速度"为零。（译者注：径向速度在这里也可以叫视向速度、法向速度，它为零的意思就是，即使物体有移动，其移动方向也垂直于它和你之间的连线，在连线的方向上，其速度分量为零。）试想一下警车的笛声，你是不是可以单凭听觉就断定警车究竟是在向你开来还是在离你远去？如果你听到的警笛声调比正常的高，就说明警车与你的距离越来越近；反之，如果声调比正常的低，就代表它与你越来越远。也就是说，你听到的声调有可能比声源实际的声调更高或更低，这取决于声波经过你时相对于你而言的频率。这种现象叫作"多普勒效应"。当发声体一边发声一边移向你时，相当于其声波以更加紧密的姿态到达你的耳朵，等于你感受到的波长变短了，也就是声音的频率变得更高了，即声调上升了；当发声体正在远离你时，其声波到达你耳朵的态势就变得比原来更稀疏，你感受到的波长也就变长了，相当于声音的频率降低了，即声调下降了。

　　对于光波，道理也与声波的这个道理类似，但要注意这里的案例与声波的情况有一点区别。如果气体的氢是正在向你靠近的，你仍然会看到上述的四条特征吸收线，但针对你所处的位置来说，它们所对应的波长会被压缩，即这些波动会以更快一点的速度到达你的眼睛，导致你看到的光频率升高一点（即波长减少一点），吸收线在光谱中的位置也就会向蓝色那一端偏移，学术上称为"蓝移"。反之，如果气体的氢正在远离你而去，这些吸收线对应的波长就会在你的视线方向上增加一点，到达你眼中的速度就会相应地减慢，导致你看到的光频率降低一点（即波长增加一点），吸收线就会在光谱中向红色那一端偏移，学术上叫作"红移"。这里还需要特别注意，不只是吸收线源或光源会因向你移动或离你远去而体现出蓝移或红移，宇宙空间本身在你的视线方向上如果有膨胀或收缩（广义相对论证明这确实可能），也会反映出这种现象。请带着对这一点的记忆，跟我一起回到关于斯莱弗的话题上去。（见图 3.14）

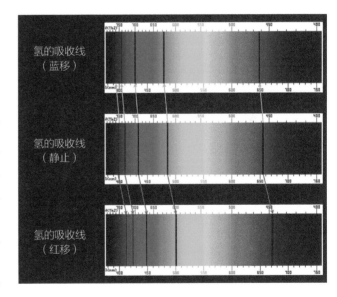

图 3.14　这里，笔者将氢的吸收谱叠加在人眼的可见光谱上，用以展示我们如何识别谱线。实际工作中，我们如果能在众多的吸收线（以及发射线）中辨认出特定的某一种或某一类元素的一组特征谱线架构，就可以确认这些元素的存在，并且同时获知它们是否有红移或蓝移。注意，如果红移或蓝移的幅度足够大，原本位于红外或紫外波段（人眼不可见）的谱线完全有可能移进可见光的波段，从而被我们看到。（图片版权：本书作者）

斯莱弗是天文光谱学的先驱，他使用技术手段测量过大行星的大气层里的元素成分。当他在 1912 年将光谱测量设备转向 M 31 时，自然可以精准地确定来自 M 31 中心区域的光线中的各条吸收线的位置。他的结果显示，大部分的吸收线与太阳光谱中的吸收线在架构上是一致的（也有少量不见于太阳光谱中的例外），但是整体发生了蓝移，而且其偏移幅度之大在当时已经观测过的所有天文光源中高居首位。斯莱弗计算了这种幅度的蓝移对应的径向速度数值，然后写下了这样的话：

"该径向速度之甚大，可谓前所未见。此事即令吾不禁思忖，是否有其他某一因素在此作梗。然吾以为，吾辈目前尚无他法以解释之。"

斯莱弗在接下去的几年里陆续测量了 15 个螺旋状深空天体的光谱，发现其中只有两个有蓝移，其余的全都是红移，而且很多红移案例的偏移幅度都很大，远超过已知的蓝移案例的幅度。（参看前面图 3.8 里的数据）正是这一重要的研究结果，一手造就了 20 世纪 20 年代那场大辩论中令双方都困惑的第六个关键论题！

* * *

哈勃在 1923 年发现"仙女座大星云"其实应该是"仙女座大星系"，并且位于我们的银河系之外很远的地方。此后，他很快就将研究重点转向了观测其他螺旋状深空天体中的变星。他当然不满足于测量这些天体的距离并为之编目，也不满足于证明这些"星云"实质上都是遥远的河外星系。我们要知道，对于爱因斯坦的理论和斯莱弗对这些天体的红移的测量成果，哈勃都有着透彻的理解。他把自己的新发现与这些成果结合，制订了新的计划准备付诸实施：他要测量尽可能多的这类天体，通过其距离数据推测其径向速度。

在修梅森的协助下，哈勃测定了 20 多个螺旋状星系中的变星的亮度与变光周期，同时他也运用斯莱弗的光谱学方法测定了这些目标的红移或蓝移幅度。对周光关系的认识，使他能够逐一推断出这些星系的距离，而红移或蓝移数据又使他掌握了这些星系的径向速度。这里也有一点必须注意：要想更准确地测量遥远星系的径向速度，必须一并将地球绕太阳的运动、太阳绕银河系中心的运动都考虑进去。这也牵扯到天文学课题乃至各个科学领域中的一个首要注意事项：不要遗漏任何有可能影响你测量结果的因素和效应！哈勃到 1929 年，已经积累了足以出版专著的科研数据，于是他写出了一部关于遥远星系的距离及运动状况的书，书中总结出的新发现写起来既简洁又有力，引起了巨大反响。（见图 3.15）

概括来说，哈勃的这个新发现是：距我们越远的星系，其飞离我们的速度就越快！

哈勃的结论不只说明这些螺旋状的、包含着几十亿颗恒星的"宇宙岛"都在以高速度远离我们而去，还指出了其向外退离的径向速度与其当前测算距离之间的一个简明的关系——二者简单地成正比，这几乎等于直接宣告了宇宙在不停地膨胀，因为除此想法之外已经没有更好的解释了。哈勃的成果以迅雷不及掩耳之势挑战了爱因斯坦的静态宇宙观，而爱因斯坦也很快表示自己先前提出的"宇宙常数"可能是他"犯下的最大错误"。如今，遥远星系逃离我们的速度与它的距离之间的这种关系被称为"哈勃定律"，以表彰哈勃的功绩。另外，在体现

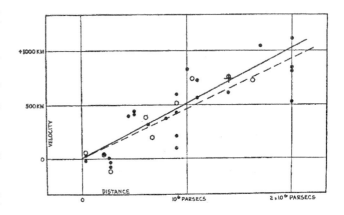

图 3.15 哈勃当然知道，这张图表上需要更多的数据点（特别是关于远距离、高速度的天体的数据点）才能更精准地确定他要寻找的数学关系。不过，即使只凭现有的这些数据点，也足以体现天体的距离与它的红移速度之间存在的正向相关。（图片版权：埃德温·哈勃，1929 年，《河外星系状星云的距离与径向速度之间的相关性》即《A Relation between Distance and Radial Velocity among Extra-Galactic Nebulae》，载《美国国家科学学会学报》即《Proceedings of the National Academy of Sciences of the United States of America》第 15 卷第 3 期，第 168 ~ 173 页。）

该定律的图表中，根据各样本星系速度、距离的坐标点所拟合出来的那条斜线，在数学公式里可以写成一个系数，这个系数也被称为"哈勃常数"。这个常数向我们说明宇宙在膨胀。可以说，哈勃不但描述了宇宙的结构，证实了"时空"在持续伸展着自身，还发现了一种测定宇宙膨胀速率的可操作的方法，该方法直到目前依然被我们使用！

> 关于这个发现，还有一个有趣的历史注脚。很长时间以后，人们发现，理论家勒梅特（译者注：第 47 页提到过此人，注意此人不是第 55 页提过的勒维特）早在 1927 年（比哈勃早两年）就曾运用哈勃和修梅森的数据，独立得出了与 1929 年的哈勃相同的结论，也就是发现了红移与距离之间的关系，算出了后来被称为"哈勃常数"的那个系数。勒梅特将此发现写成了论文并发表了，但勒梅特生活和工作在比利时，所以这篇论文是法文的而非英文的。即便 1931 年此文的英译本发表时，也略去了这个极为重要的部分。勒梅特在将此文的英文版提交给英格兰的皇家学会时，在给编辑的信中写道："我认为，若把这段先前关于径向速度的临时讨论一并重印出来是不妥的，它显然已无什么实际意义。关于其几何关系的脚注也可删去，代之以先辈学者和新闻媒体在此话题上的一个参考文献小清单。"

* * *

宇宙膨胀的机制何在？让我们回顾一下广义相对论是怎么说的：整个宇宙可以被形容为一个"时空"，所有的物质和能量都存在于这个"时空"之内，并以之为存在的前提。反过来，物质和能量也决定着"时空"在特定时刻会如何弯曲，这也就等于同时决定着时间将如何流逝。虽然广义相对论的方程组只求出了很有限的几个解，但第二章结尾提过的由弗里德曼、勒梅特、罗伯森、沃克尔各自独立地求出的那一个解已经特别有趣了——

他们发现，假如时空中的各处都拥有相同的能量密度（即具有"均匀"性），那么无论这个密度的数值是多少，也无论这些能量是以物质还是辐射或者其他什么形式存在，宇宙都应该会在所有方向上以相同的速率膨胀或收缩。

这不仅是爱因斯坦方程为数不多的几个解之一，也是一个非凡的理论发现。空间和时间在动力学上是一个整体，抛开时间而谈的空间、抛开空间而谈的时间，都不具有自身完整性——这一观念是极为新颖的，此前也只有当过爱因斯坦的老师的闵可夫斯基（Hermann Minkowski）在 1907 年研究和发展过。他向我们展现了爱因斯坦的狭义相对论为何可以用四维空间中的几何语言去表达（其中包括三个空间维度和一个时间维度），改变了我们思考宇宙的方式。在他的著述中，他是这样说的：

"吾愿示之各位的此种时间、空间观念，乃是全新的。它萌发于实验物理学之土壤，且自有其涌动之潜力。自今而后，孤立之时间观、孤立之空间观，皆注定逐渐消弭于陈迹之中，唯有将时间与空间视作一整体，方能保有卓然之真实。"

物质和能量的存在与位置可以决定时空的结构、弯曲率与演化过程——这一观念在后来爱因斯坦发展出广义相对论之后，终于登上了中心舞台。弗里德曼、勒梅特、罗伯森、沃克尔四人的成果告诉我们，如果用物质、辐射或表现为其他形式的能量将时空均匀地填满，则时空的膨胀或收缩不仅是可以预测的，而且还可以预测得相当准确。下面，就让我们来对这幅图景一探究竟。

请想象一个气球的表面——我当然知道，气球的"表面"是二维的而我们的宇宙是三维的，但这种简化可以帮助你更好地理解时空的性质。假定这个气球已经扎紧了口，但只充了很少的一点气。然后，我们在它表面上均匀地贴满硬币，让气球表面代表时空，每枚硬币代表一个星系。现在请你任选一枚硬币，将它当作银河系，其他的硬币自然就是我们在望远镜中看到的众多河外星系。这样，在气球表面上离"银河硬币"比较近的硬币，就代表那些离我们较近的星系，反之则代表非常遥远的星系。

广义相对论表示时空会膨胀或收缩，对应到这里就是气球的胀缩，但如果单纯停留在爱因斯坦给出的这个命题上，宇宙的演化并不是稳定的。因此我们要问，当给气球充气后，会发生什么？硬币们本身并没有什么变化，即"星系还是那个星系"。但是，硬币之间的距离呢？你应该可以注意到，它们彼此间的距离全都增加了。在这个过程中，离"银河"较近的硬币，其远离得也较慢，而远处的硬币则以相对更快的速度远离。应该指出，事实上，这些星系的远去不应被看作它们穿梭于时空之中，而应看作时空本身在膨胀。我们看到其他星系呈现出的大幅度红移，正是时空膨胀的直接结果！从这个实验中还能得出另一个奇妙的结论：不论观察者置身于银河系还是随便哪个星系，都会看

到其他星系正在离自己远去，而且越远的星系所拥有的离去速度就越快。（见图 3.16）

我们通过红移现象得知其他星系正在远去，但是由宇宙膨胀而产生的红移现象，其机制与多普勒效应尚有一点微妙的差别。我们知道，"波长"这个概念是基于距离而诞生的——假如我们有一把足够精确的尺子，就可以量出光波中从一个波峰到下一个波峰的距离，这个距离就是波长。现在来想象一束拥有特定频率（即我们精确地知道其波长）的光，当它在一个不断膨胀的宇宙中传播时，由于作为宇宙肌理的"时空"（好比画在气球表面的坐标网格）自身也在拉伸，所以光的波动也会随之而被拉伸。这束光在被你看到（或被你的观测设备接收到）之前走过的路程越长，它在不断延展的时空肌理中遭到拉伸的时间也就越久，这会导致你看到的它的颜色更加偏红。这也是红移，但这一种红移并不是源于光源（例如河外星系）离我们远去的运动，而是源于光源和你之间的"时空"自身在光线传播的这段时间里发生的拉伸。（见图 3.17）

因为宇宙空间毕竟有三个维度，而一小片气球皮只有两个维度，所以很多人还是很难想象拿宇宙和气球表面做类比。那么，不妨考虑一下下面这个三维的、可视化的例子吧：这次我们不再想象一个膨胀中的球面，而是要假想一个圆球形的、还没有送进烤箱的发面团，其内部均匀地分布着许多葡萄干。当我们开始烤制这个特殊的面包时，

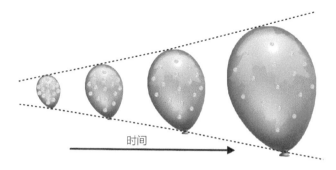

图 3.16 在一个膨胀的宇宙中，随着时间的流逝，时空的肌理本身（即气球表面）也在延展、拉伸。其结果就是各个星系（以硬币表示）都会看到其他星系在远离而去。请注意，这个气球的表面上没有任何一个点可以被称为"中心"，因为无论以哪枚硬币为准，其他硬币都是正在退行的，而且越远的硬币退行得就越快。（图片版权：本书作者）

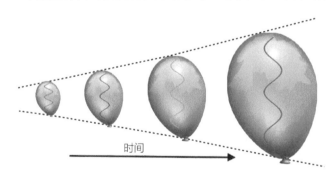

图 3.17 随着宇宙的不断扩展，不仅其整体密度在持续下降，并且光的波长也被拉伸了，这也造成了一种红移。波长越长的光，其所携带的能量也就越少。（图片版权：本书作者）

会发生什么情况？在面团膨胀起来的过程中，各粒葡萄干之间的距离也是会逐渐增加的。这个类比的实质与刚才假想的气球是一样的，只不过已经变成三维的了！（译者注：但这个模型的缺陷在于它的"宇宙"不再是没有中心、没有边界的了，而气球皮中的二维"宇宙"虽然大小有限，但却没有中心和边界。）假设银河系是其中一颗葡萄干，以这颗葡萄干为视觉出发点，就能看到其他所有葡萄干都在远去，且越近的葡萄干退行得越慢，越远的退行得越快。事实上，所有这些星系本身都没有真的"逃离"我们，只是不断膨胀的时空在定义着整个宇宙的尺度而已。不论你是用气球、烤箱里的发面团做类比，还是使用数学工具做严谨的建构，这种膨胀都是真实的。

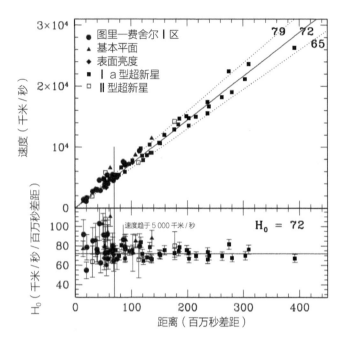

图 3.18 此图中的数据源自哈勃太空望远镜的观测结果。注意，这幅图中描绘的距离上限已经比当年哈勃本人绘制的图示又增加了几百倍。（图片版权：Wendy L. Freedman 等，2001 年，《哈勃太空望远镜测量哈勃常数之重要工作的最终结果》即《Final Results From The Hubble Space Telescope Key Project To Measure The Hubble Constant》，载《天体物理学刊》即《The Astrophysical Journal》，第 553 期，第 47～72 页。）

* * *

可能有特别聪明的读者会提出疑问：现实中的宇宙明明不是各处均匀的呀！我们生活的这个宇宙里，有着由几千亿颗恒星组成的银河系，而成百上千个像这样的星系又会相对成团地聚集在更广大的空间中，外面还有更多的星系团。而在星系之间，方圆几百万光年的体积中找不到哪怕一颗恒星也不足为奇。这样的情况，用一个"均匀"宇宙的模型去近似，难道不是太牵强了？况且，哈勃定律给出的那条斜线也只是对诸多数据点所作的统计学意义上的拟合线，许多河外星系的相关参数并不正好处在该斜线上，而且我们还已经知道有不止一个河外星系并不呈现红移，而是呈现蓝移，也就是说它们离银河系是越来越近的。再者说，即便我们对当前宇宙膨胀的图景已经测量得很准了，你也会注意到，星系距离及其红移数值之间的这一直白的函数关系（我们有时依靠这个关系去推算星系的退行速度）至今也只是一个近似关系，那些宇宙深处的星系的实际运动情况并不是严格服从这个关系的。（见图 3.18）

确实，从实践经验来看，即使是用当前最佳的手段测出的关于宇宙膨胀率的数据，在画进这幅坐标图之后，也无法准确地落在哈勃定律给出的这条斜线上。我们要说，这一状况不仅没什么问题，而且还正是我们所乐见的。原因很简单：宇宙本来就不是绝对平坦、均匀的，现在不是，过去不是，也从来不可能是！一旦宇宙中的能量绝对均匀分布，对我们来说就是灾难性的大问题：引力场的绝对规整，将令恒星、星团、星系以及当前宇宙中所有类型的天体都失去存在的前提，宇宙将成为一片平滑广阔却了无生趣的物质与能量之海，没有星空，没有太阳系，没有地球，没有我们和我们创造的文化，也没有我们所知道的一切。

那么，真实的宇宙将会走向何方呢？我们所观察到的每个星系（即"宇宙岛"）都在相对于我们而运动，这种运动含有两方面因素：一是宇宙本身在膨胀，二是其他天体的引力都在牵引它。宇宙的膨胀，可以解释为什么众多星系从整体平均上看是远离我们而去的；而宇宙中能量分布的不均匀（即便在相对小的尺度上也常常不均匀）使得单个的星系可能具有某些附加的速度成分，这些成分会以宇宙整体膨胀速度为基础，对特定星系的运动状况产生或增或减的影响。我们给这一部分速度单独起了个名字——"本动速度"（peculiar velocity）。

　　对于类似银河系这样的星系，当它们聚集成规模比较小的星系团时，其本动速度通常会在每秒几百千米的水平上。而如果是含有几千个星系的大型星系团，其成员星系的本动速度就可能多出十倍，达到每秒几千千米的水平，这大约相当于光速的 1%～3%！当我们单独观察一个河外星系时，我们所看到的它的运动其实是两种运动效果的叠加，即哈勃的宇宙膨胀，以及本动速度。如果仅就单独一个星系来看，我们根本不可能分析

出这两种效果在其红移（或蓝移）中分别占了多大的比重。想要廓清这个问题，只能去测量大量的遥远星系的红移，将其汇集在一起，利用"大数据"去逼近宇宙的真实膨胀率。将这个膨胀率数据从星系的速度中抽去之后，剩下的数值就是星系的本动速度。这些本动速度确切地向我们昭示着，我们所存身的这个宇宙内部其实是不均匀、不一致的。（见图3.19）

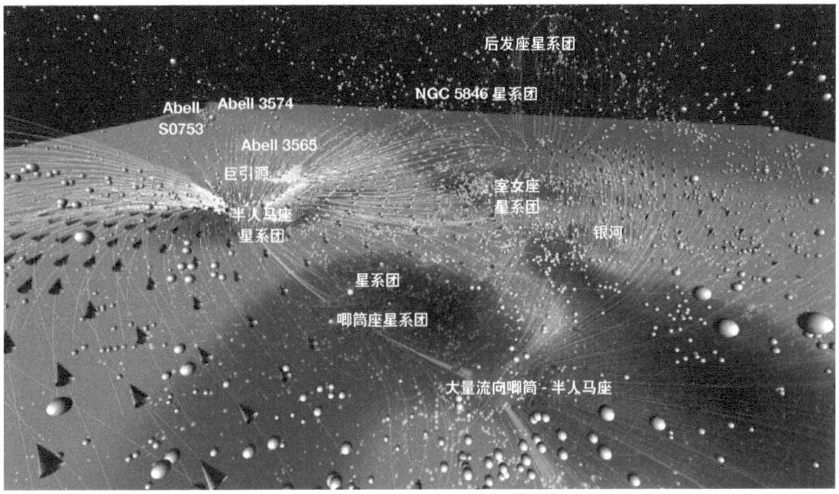

　　当然，即便是用当前能力最强的望远镜，我们也只能从那些较近的河外星系中辨认出单颗的变星。好在天文学家后来还发现了一些其他的相关性，也可以通过某种易于观测的指标去推断星系自身的发光能力，这里仅举几例：螺旋状星系服从图里—费舍尔（Tully-Fisher）关系，该关系表明星系自身发光能力与它自转的速度有关；而对椭圆星系，可依据其朝向状态的不同，运用法贝尔—杰克逊（Faber-Jackson）关系，或运用其"基本平面"（fundamental plane）的相关知识，通过其星系中心部分的"速度弥散度"（由观测其光谱线的宽度而得）去推断其本身的亮度（译者注："基本平面"这一术语大意是指正常的椭圆星系的有效半径、平均表面亮度、中心速度弥散度这三个指标可以共同描述出该星系在三维空间中的一个抽象的几何模型，而这三个指标中只要知道任意两个就可以推知第三个）；由于星系是由众多亮度不等的恒星组成的，所以会展现其"表面亮度波动"（surface brightness fluctuations），根据这一指标偏离平均值的情况，也可以推断星系的距离；还有，所有"Ia型超新星"在亮度达到峰值时的发光能力都是相差不远的，所以只要能测出这样一颗超新星的光度变化曲线，求得其峰值，

图3.19 众多星系的本动速度。这幅图展示了大约3亿光年宽的空间，本动速度为正（吸引）的区域以红色表示，为负（抽离）的区域以蓝色表示。（图片版权：Helene M. Courtois、Daniel Pomarede、R. Brent Tully、Yehuda Hoffman、Denis Courtois，2013年，此图系其论文《银河系附近的宇宙结构学》即《Cosmography of the Local Universe》的附加材料，载《天文学杂志》即《The Astronomical Journa》第146期，第69页。）

就可以推知其所在的星系的距离。在上述这些方法中，我们都只是在那些相对较近的、展现出了相应的关系的星系中找到特定的单颗恒星作为突破口的；而借助先前提到过的那些涉及星系的关系，我们还可以拿这些星系作为出发点，去估算那些极为遥远的星系的距离。新的测量技术，已经可以被使用于那些因为过于遥远而无法分辨出其中单颗恒星的星系。所有这些成就的综合结果，就是我们已经可以测定哈勃常数，并由此确切掌握超过 10 亿光年之外的深邃宇宙空间的膨胀速率。打开这个知识宝库大门的钥匙，正是哈勃定律，或者说星系的可观测红移与它的距离之间的关系。哈勃定律的价值是不容置疑的。

* * *

至此，我们知道宇宙是被广义相对论所统摄的，所有物质和能量都存在于时空的连续统一体之中，这个宇宙中有着分布于数百万光年范围内的数量众多的星系，而且从大尺度上看还在不停膨胀。作为膨胀的结果，星系之间的距离在平均水平上变得越来越远，这给我们一种错觉，仿佛它们之间的万有引力都已经不再起作用了。

但对于宇宙本身而言，这些情况意味着什么？它对我们追问宇宙的历史（即"我们从何而来"）和推求宇宙的未来（即"我们和众多星球、星系的归宿是什么"）都有着哪些意义？广义相对论的体系仍然给不多的几个问题留下了不确定性，如何破解这些问题？只要还没有得到爱因斯坦方程的大部分数学解，我们就没有资格说自己在物理学上建构起了我们赖以存身的这个宇宙！我们必须找到一种方法，在整体层面上对宇宙进行物理的检验，以便在众说纷纭之中找到最接近真实情况的那一种观念。

第四章

亘古大回望：给万物
寻本溯源的诸多理论

随着横空出世的广义相对论逐渐作为主流理论稳定下来，以及对这个含有大量星系并且不断膨胀的宇宙的观测不断进行，人类逐渐给自己当前看到的宇宙描绘出了清晰的图景。在小尺度上，物质成团汇聚，诞生了恒星和行星，以及各种星团、星云、矮星系，还有螺旋星系和椭圆星系。在中等尺度上，星系也可以聚集成星系群，或更大一些，聚集成星系团。星系团的总质量可达银河系的几千倍。这些天体系统都是依靠引力而联结的，因此除非有其他系统的摄动，不然它们不会解体。而在最大的尺度上，宇宙的一致程度是很高的，任何的星系及其组成的星系群、星系团虽然自身仍凭借万有引力而联结着，但全都逃不过哈勃所发现的宇宙膨胀现象的影响。（见图4.1）

图 4.1 这是哈勃太空望远镜拍摄的、目前已知的最遥远的大型星系团，名叫"胖子"（转写自西班牙文 El Gordo）。它的质量大得不可思议，而且它的各个成员星系之间正在彼此远离，这与它周围的宇宙空间的膨胀是同一过程。（图片版权：NASA、ESA，加州大学戴维斯分校的 J. Jee、罗格斯大学的 J. Hughes、罗格斯大学以及伊利诺伊大学香槟分校的 F. Menanteau、莱顿天文台的 C. Sifon、卡内基梅隆大学的 R. Mandelbum、智利天主大学的 L. Barrientos、加州大学戴维斯分校的 K. Ng。）

随着时间的流逝，星系、星系群、星系团这些天体系统彼此之间都会越来越远，即便是当前相距很近的星系，也终将在足够久之后散落天涯。当然，在这些天体穿越时空的漫漫漂移路途中，引力仍会继续发挥作用。也许，引力会获得局部的优势，让其中很多的天体在未来重新组合，结成新的星系，乃至新的星系团，但还会有一些天体最终处于被宇宙膨胀占了上风的位置上，它们难免永远失去原有的引力关联，而飘散寥落了。但在这个过程中有一件事是确定的：假定宇宙中的物质总量是一个常数——我们希望如此，因为我们相信能量既不会凭空创生，也不会真正消亡——而宇宙持续膨胀下去的话，那么宇宙的能量密度就会越来越低。这是因为，密度等于总量除以体积，而膨胀意味着体积增加，密度就必然下降。

可是，这个过程会永远继续下去吗？这个严肃的难题，令20世纪20至40年代的许多物理学家、天文学家和宇宙学家殚精竭虑。宇宙未来的命运之谜，令他们欲罢不能。

这个谜题的魅力之源并不难想象：这个正在膨胀的宇宙之中，有两种巨大的自然之力正在纠缠、对抗，影响着所有的物质和其他各种形式的能量。一种力量是哈勃观测到的膨胀，它属于在广义相对论框架之下对一个各向同性的、均匀的宇宙模型的必然推论，造成了所有星系、星系群、星系团之间日渐疏远和分散。另一种力量是以所有物质为前提，以广义相对论为最新形式的、普遍适用的引力理论，它决定着所有星系、星系群、星系团之间都有彼此接近的倾向。在此，宇宙学家们必须去考虑三种不同的情景，它们分别对应着宇宙的三种不同的命运：

1）相对于物质和能量的总规模，宇宙的膨胀率过于巨大。面对需要很长时间才能起到明显作用的、能将物质向一起聚拢的引力，从宇宙之初就迫使万物快速向外扩张飞散的膨胀倾向是势不可当的，终将获得胜利。在岁月流逝之中，宇宙将无限地朝所有方向伸展。尽管有一小部分引力可以让少量天体系统临时地相聚在一起，但在大尺度上，膨胀的效果必然会压过引力的效果，宇宙也不能避免冷暗幽寂、全无生机的下场。简单地说，膨胀之力将是这场"宇宙级"决斗的赢家。

2）相对于宇宙的膨胀率而言，物质和能量的总规模仍然具有长期优势。这意味着即便当前的宇宙一直在延展，万有引力也会让这种延展的速度一点点慢下来，最终让星系之间的分散程度有一个最大值，不再增加。在此之后，膨胀就会掉过头来改为收缩，引力带来的汇聚趋势随之直接显现，让宇宙进入一个"坍缩"的阶段。简单地说，万有引力将是这场宏伟角力的胜者。

3）当然还可以想象一种情况，即双方几乎势均力敌，这种情况下哪怕物质方面多出一丁点——如一个原子——都会让宇宙转入收缩，但偏偏就是差了这么一丁点儿而无法实现这一幕。若是这样，则宇宙的膨胀率将比前述的无限膨胀的情况更快地趋近于零，然而此后也不会变为负值。这种情况恰好位于前面所说的两种极端情况的中间，也被称为"严格宇宙"（critical Universe）或"金凤花"（Goldilocks）（译者注：此典故详见第 138 页）情况，即膨胀趋势恰好与全体物质和能量达成一种完美的制衡局面。只要你不希望宇宙以前述的两种方式迎来结局，那么这种情况看起来应该是你喜闻乐见的折中之选。（见图 4.2）

这些不同的命运及其在观测方面的相应后果，最早是被勒梅特推导出来的，后来罗伯森、托尔曼（Richard

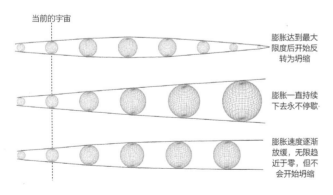

当前的宇宙

膨胀达到最大限度后开始反转为坍缩

膨胀一直持续下去永不停歇

膨胀速度逐渐放缓，无限趋近于零，但不会开始坍缩

图 4.2　在人们发现宇宙膨胀的事实之后，很快就有了这三种关于宇宙命运的展望。宇宙可能最终会坍缩下去（上），或无限扩展下去（中），又或在上述两种情况之间取得一种微妙的平衡（下）。（图片版权：本书作者）

Tolman）又对此做了引申。要想从这三种情况中识别出最能吻合宇宙实情的一种，既离不开对哈勃定律的进一步观测，也离不开对任意一群相距遥远的星系之间聚合趋势的观测。这两种观测的征程由此开始了。

＊　＊　＊

不过，还有一种同等重要的思考，它是逆着时间轴的方向进行的，即：宇宙在遥远的过去是什么样子？假定宇宙中的物质、能量都不会消失，而当前的宇宙是正在膨胀的，那么未来的宇宙无疑将有着更低的密度。你应该也还记得，密度等于单位体积内物质的数量，宇宙扩张就意味着其体积增加，而此时物质总量又是不变的。由此我们可以推想，过去的岁月里，宇宙的密度比今天更高。据推测，当时宇宙中物质总量与当前是相等的，而其体积不如当前，它的体积是逐渐扩展到今天的程度的。

当然宇宙中存在的不止有物质，还有辐射，也就是以量子形式呈现的能量。直白地举个例子，光就是这样一种辐射。对于物质，我们可以根据其质量（经由质能方程）换算出其所含的能量，但光子与这些日常意义上的物质截然不同——它没有质量，而其能量是由其波长（即其波动中任意两个相邻的波峰之间的距离）所定义的。在宇宙膨胀的过程中，物质所含的能量（即质量）是保持不变的，但辐射所含的能量（即波长）是会变的！下面就来讲讲其中的造化之妙。

假想你拥有一个盒子，这个盒子的长度等于一个波长，并且其中装了一段只有一个周期的波动。此时这段波动正好占满盒子的长度。如果你现在拉伸这个盒子（即增加盒子的长度），盒子里会出现什么情况？你也许会说，由于这段波动保持着原有的波长，所以随着盒子变长，它也会延展出更多的周期数，以填满这个盒子。但事实上，波的性质决定了事情不会这样发生，你在盒子里将得到的，要么是整数个波长的波（如 1 个、2 个、3 个周期的长度等），要么就是带有"半波长"的波（如 1/2 个、3/2 个、5/2 个周期的长度等）。对于你可能更熟悉的一些类型的波，情况也一样如此，比如：你拨动一根两端都已固定好了的吉他弦，则整根弦会在两端的固定点之间振动；而若你在弦上新设一个固定点（如手指按在吉他指板上的某个"品"处），琴弦振动的波长也就会随之改变（所以发出的乐音的音高也变了）。一支有着特定长度的、末端开口的吹管乐器（如管风琴的单支音管，或者长号等）只能吹出特定的一种音高，也是因为在这根管子里只允许特定的一系列波长的空气振动存在。当然，在长号的例子中，你可以通过滑动号管来改变管长，由此改变你吹进去的空气柱的振动波长，使其发出的音调高低随之改变：号管越长，波长也越长，音调就越低沉；反之，号管变短，发出的就是波长更短、调子更高的音。

把这一原理运用到在一个膨胀的宇宙中运行着的波动（如光，以及其他类型的辐射）上，会有何结果呢？当空间自身扩展（或是在特定的猜想中收缩）时，正在穿越宇宙的单个光子的波长也会被拉伸（或在收缩的宇宙中被挤短），与宇宙尺度正好成正比例。因为宇宙不停地扩展，光子（或说光波）在穿越星际空间的同时也会不停地增加自己的波长，从而变成能量越来越低的、更长的波（可参看前文图3.17）。这就是为什么我们看到遥远的星系都有很明显的红移。那些星系的恒星中的原子，其发射或吸收光子的情形应该与我们银河系中的恒星并无不同，只不过来自那些星系的光子在行经这个不断膨胀的宇宙的过程中，其波长也不可避免地被增加了，所以它进入我们眼帘时已经向光谱的红端偏移了不少。（见图4.3）

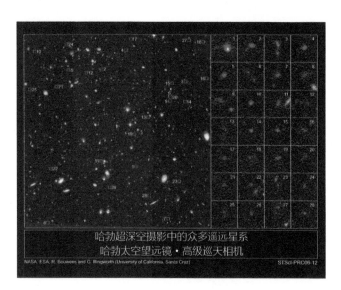

图4.3　图中右侧以小方块放大展示的那些暗弱的红色星系，其实自身并不是红色的，它们本来的光谱特征应与银河系附近的星并无二致，只是在穿越了不断扩张的宇宙之后才向光谱的红端偏移了。（图片版权：NASA、ESA，加州大学圣克鲁兹分校的 R. Bouwens 和 G. Illingworth）

掌握了相关道理之后，就可以将其应用于很早以前的宇宙中的光上了。若承认空间在扩展，就要承认宇宙在往昔比今天更小，从而当时所有的物质与辐射都比现在更为致密、更加集中。在这个比较小的宇宙中，那些质量不为零的基本粒子，如质子、中子、电子，其质量与如今是相同的，因为它们的质量是与宇宙的密度无关的；而那些以波动形式存在的辐射，其波长就比如今要短，从而具有更高的能量。请记住，光的"粒子"——光子，其波长越短，所带的能量就越多。当宇宙在各个方向上的尺寸都只有如今的一半时，各粒子（包括物质与辐射）的密度数值是当前宇宙的 8 倍，但其中光子的波长则只有当前的一半，这等于是说，当时单个的光子所具有的能量是它们如今的 2 倍，因此当时的光子们的总体能量密度是当今的 16 倍！如果遥想当宇宙尺度只有当今 10% 的时候，则应推知其物质密度是今天的 1 000 倍，而其中辐射的能量密度高达如今的 10 000 倍！因为那时宇宙中单位体积内的光子数量是如今的 1 000 倍，在此基础上还要考虑当时单个光子的能量是今天的 10 倍。这些数字在倒推过程中的快速上升，向我们展现了辐射在远古的宇宙中发挥作用的情况。（见图4.4）

物质：随宇宙膨胀而变得稀散

辐射：随宇宙膨胀不但变得稀散，还发生红移

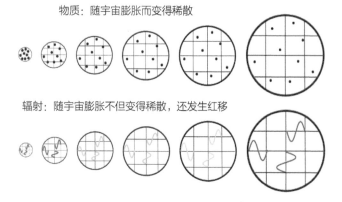

图4.4　在过去，物质和辐射的密度数值都比今天高，但其中辐射的能量的密度尤其高。这源于这样一个事实：对单个光子而言，波长越短就越能承载较高的能量。（图片版权：本书作者）

＊ ＊ ＊

　　勒梅特的成果有一位重要的拥护者，那就是理论家伽莫夫（George Gamow）。伽莫夫在 20 世纪 40 年代与自己的学生阿尔弗（Ralph Alpher）一起研究了早期宇宙中的辐射的这一特性。此时，人类不仅已经明白宇宙中所有已知的物质都由原子构成，而且也知道原子自身是由带正电荷的原子核和带负电荷的电子构成的，两者间依靠电磁力联结。此外，还知道原子核又含有两种粒子，即带正电荷的质子和不带电荷的中子，而在特定的情况下，原子核也是可以裂解的。

　　如果宇宙中的物质就是这样构成的，那么我们可以将此观点与关于宇宙膨胀的观念结合起来，描绘出一个随时间推移而越来越大也逐渐稀疏起来的宇宙。它如果朝往昔的方向去推，就是更小、更热、更致密的。为什么说那时更热呢？因为各类辐射的波长在时间轴的早期都更短一些，也就是光子所携带的能量都更高一些。伽莫夫认为，在足够早的时代，光子的能量会高到可以破解原子的水平，或者说，那种光子一旦撞进一个呈现电中性的原子，就会将其电子"踢"出去，形成带负电荷的自由电子，并留下带正电荷的、离子化了的原子核。并且，由于那时的宇宙中物质和辐射实在太密集了，即便一个自由电子很快就投入了另一个原子核的"怀抱"，也还会几乎立刻被另一个光子给"踢"出去。换言之，只要认定宇宙曾经很小并不断变大这件事，以及考虑到这件事给辐射带来的影响，就会认定，早期的宇宙中一定有一个因为太热、物质变动太频繁而根本无法形成中性原子的时期！

　　这是个很重要的猜想，它把目光投向了几十亿年前。在伽莫夫看来，既然已经想到了这一步，当然不妨继续追溯下去。当宇宙的温度还高达几千摄氏度，足以让原子都离子化的时候，宇宙一定是一片炽热涌动的等离子体之海。而在比之更早的时期，宇宙的温度高达几十亿摄氏度时，即便是原子核也不免在高能辐射的"弹雨"中被击碎，成为单独的质子和中子。假设质子、中子，包括电子都是由更小的基本粒子组成的，那么只要追溯到更早的时候，宇宙也会更加致密和高温，导致存在波长更短的辐射，因此也必有足以打破质子、中子乃至电子的阶段。

　　伽莫夫称那种阶段为"原始火球"（Primeval Fireball），当时统治着整个宇宙的是辐射。至于当今组成了我们熟知的万物（包括我们自己）的物质，在那个阶段的宇宙中尚不具有存在的条件。（见图 4.5）

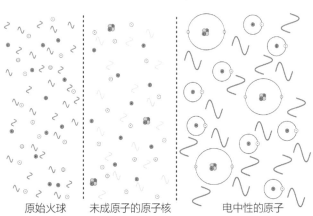

原始火球　　　　未成原子的原子核　　　　电中性的原子

图 4.5　在相对较为晚近的宇宙中，辐射的水平是足够低的，所以中性的原子得以稳定地存在。但在足够早的宇宙中，辐射的能量相当高，任何中性原子即便形成也将瞬间被打碎，由此成为一片等离子体的汪洋。而在比那更早的时期，辐射的能量更是极高，连原子核都可以打碎，于是宇宙呈现为一片质子、中子、电子和光子的混乱杂合物，辐射能是当时能量的最主要形式。（图片版权：本书作者）

＊ ＊ ＊

这一想法所隐含的推论可谓深奥而宏阔。要想认清那个以辐射为统领的、高温度高密度的宇宙的图景，获知其最早的那个初始状态，需要依据不随时间改变的基础物理定律，逐步详细倒推。可以想象，在刚刚出现的宇宙中，只有由光子以及物质基本粒子（包括物质的和反物质的）组成的等离子体辐射，而且这些东西在以近乎光速的疯狂速度"暴走"，可以称为"原生汤"（primordial soup）。粒子之间的撞击几乎每时每刻都在发生，在充沛的能量支持下，大量的"粒子—反粒子对"也在随时创生，随时湮灭。随着所有这些纷乱的活动，这个炽热、紧密的宇宙也在以一种难以置信的速度扩张并因此冷却下来。

在仅仅经过了大约 1 秒钟后，宇宙的温度就下降到了"只有"大约 110 亿摄氏度的水平。"冷"到这个程度，已经让"粒子—反粒子对"不再继续形成了。由于物质和反物质拥有彼此相反的电荷，所以一旦相碰就会相互湮灭。鉴于当前宇宙中的星系主要是由物质（而非反物质）构成的，我们认为当年大量的反物质已经与数量相等的物质相接触而湮灭掉了，留下的物质只是在当初的辐射粒子（包括光子、中微子等，见图 4.6）的"轰炸"中幸存的很小一部分，其幸存比例也许仅为十亿分之一。（如果你想知道我们是怎么知道宇宙由物质主导的，以及物质为什么比反物质要略微多那么一点，可以参看本书第七章对此的完整探讨。）

这样留下来的物质粒子包括质子、中子和电子，但由于此时宇宙的温度仍然较高，它们暂时还无法彼此联结起来。但是，如果一个具有足够能量的质子与电子相碰的话，且碰撞的能量级别也够的话，它们可以转变为中子或者中微子。相反的过程同样可能发生：中子和中微子碰击，也可以变身为质子和电子。当宇宙的温度还足够高的时候，这两种反应会以基本相等的概率发生，所以我们得到了一个质子和中子大约各占物质之 50% 的、初始的物质宇宙（当然这个宇

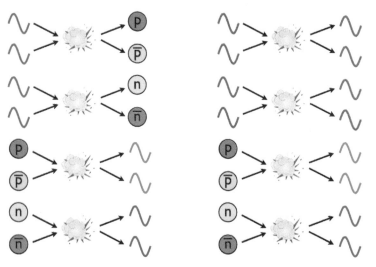

早先／足够高温：物质—反物质的创生与湮灭同时发生着。

稍后／温度稍低：能量已低至不足以创生物质—反物质，但此时湮灭仍在发生。

图 4.6　在极高温的早期宇宙中，当能量高于特定阈值时（该阈值依据粒子的质量经由质能方程决定），辐射可以自发地变成粒子和反粒子的"对"（pair），当然这个"对"也可以自发地湮灭掉。当辐射能量下降，低于可以创造粒子的阈值后，上述两种过程就只剩湮灭过程可以发生了。请注意特定质量的"粒子—反粒子对"总是能产生带有特定能量的光子，但反过来只有能量高于特定水平的光子才能产生这里说的"粒子—反粒子对"。（图片版权：本书作者）

宙里还需要相应数量的电子去平衡质子的电荷，以保证整体上的电中性）。这肯定说得通，因为质子和中子的质量相差无几，二者所含的能量也几乎是相等的：一个静止中子的质量只比一个静止质子的质量多出 0.138%。

　　这些事实带来了一些有趣的状况。首先，在上述时间节点之后再过大约 1/3 秒，温度就微妙地降到了低于上述质量差值的水平（译者注：这句话看似费解，但没有错，见后文），此时质子与电子碰击变成中子和中微子的那个反应发生的难度就增加了，其发生频率开始低于其他反应。为何会有这样的现象？由于宇宙的温度随着其扩展而不断下降，各种粒子的动能也会降低，"质子—电子对"在相碰时最终会因能量不够高而"凑不出"中子比质子多的那点质量。但此时中子和中微子若相碰，暂时还是足以变成质子和电子的（尽管这一反应此后也终会因温度继续下降而更难发生）。上述差异导致初始的物质宇宙中 50 ：50 的质子与中子之比，在宇宙年龄达到几秒钟之后就变成了大约 85 ：15，质子的数量近乎中子的 6 倍。（见图 4.7）

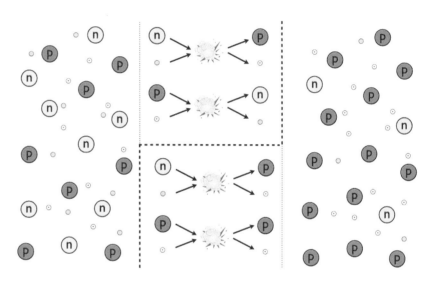

　　这之后，发生了第二件重要的事情：宇宙的温度下降到了足以停止中子和中微子反应生成质子和电子的水平（其逆向反应此前也已停止），尽管如此，此时的温度仍足以让质子和中子聚合在一起。是的，这时宇宙的温度和密度还是能导致核融合反应的发生的，但是密集的辐射"轰炸"会带来一个叫作"氘之瓶颈"（deuterium bottleneck）的问题（译者注：氘也叫"重氢"，是氢的同位素）。氘的原子核含有一个质子和一个中子，而氘核的形成乃是核聚变反应链条的第一环，这个链条不启动，就产生不了更重的元素。要形成氘核，就要让一个质子和一个中子联结起来，且二者联结之后的总质量将比联结之前减轻大约 0.2%。但是在此时宇宙纷乱的辐射"弹雨"之中，氘核刚刚形成就会被辐射粒子击中，若后者携带的能量大于形成氘核所需的结合能，氘核就会被打回成单独的质子和中子。即便辐射粒子带有的能量的平均值已经远远低于氘核所需的结合能，氘核被毁坏的速度仍然高于其形成的速度（不要忘记，宇宙中每对应于一个质子，就有不少于十亿个光子），因此这个阶段的宇宙仍然充斥着自由质子和自由中子。

图 4.7 当宇宙的年龄只有 1 秒时，有与中子数量差不多质子（红）可以和电子（黄）结合而形成中子（绿）和中微子（蓝），此时，中子与中微子结合形成质子和电子的反应也同样容易。但过了几秒之后，随着温度的下降，尽管中子与中微子的反应还能顺利进行，继续形成质子和电子，但质子与电子的碰击已经不再具有足够的能量去反应生成"中子—中微子对"了。这就导致相对于中子而言，质子的数量大为增加，质子与中子的数量比接近了 5：1。（图片版权：本书作者）

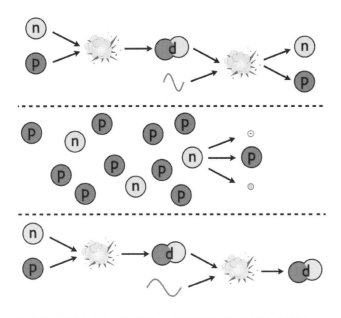

图 4.8 早期宇宙中，当质子和中子最初开始尝试结合为氘核时，极高温环境中的辐射就立刻将其打散（上）。在度过了最初的 3 秒钟之后，辐射的能量仍然让宇宙中充满自由质子和自由中子，这个阶段会有一些中子自发地衰变（中）。只有当宇宙冷却到让辐射的能量足够低，从而不再破坏氘核的稳定存在之后（下），"氘之瓶颈"才被突破。核融合的过程最终还是可以进行下去了。（图片版权：本书作者）

自由质子虽然暂时不能通过聚合而形成更重的原子核，但它们至少不会被毁灭，所以可以等待下去。可是，自由中子是不稳定的！尽管自由中子已经是各种不稳定的单体粒子中最长寿的了，但其平均寿命也达不到 15 分钟。（这里所谓的单体粒子包括：轻子，例如电子、U 介子、τ 子；介子，指夸克和反夸克的结合，例如 π 介子；重子，指三个夸克的结合，例如质子和中子。有些由多个粒子组成的原子核，虽然也可能是不稳定的，但不属于单体粒子——例如由一个质子和两个中子结合成的氚核，虽然它也不稳定，但它的寿命会比自由中子长些。至于寿命第二长的不稳定的单体粒子，则要数 U 介子，但其平均寿命却只有 2.2 微秒！）虽然宇宙中的质子与中子之比从 50 : 50 变成 85 : 15 只用了大约 3 秒，但要说辐射温度降到不会再把刚形成的氘核打散成质子和中子的水平，却耗费了不少于 3 分钟的时间。在这段时间里，不少自由中子会衰变：一个自由中子会分解成一个质子、一个电子和一个中微子（在更为特别的情况下，出现的是反电子中微子）。到了氘核可以稳定地由质子和中子生成的时期，宇宙中的物质里接近 88% 是质子，而以中子形式存在的只有 12% 多一点。（见图 4.8）

你可能很好奇：为何我会如此注重谈论关于宇宙中的质子和中子形成的这些细节？毕竟在当时那一片超级高温的、急速扩张的辐射之海中，它们好像显得微不足道。但是，请你不要忘了，质子和中子是所有种类的原子核的"砖石"，只有理解刚才那些过程，才能明白在第一颗恒星诞生之前，元素是如何（以及以何种数量）得以存在的。这是你继续向下阅读的基础。

当宇宙温度下降到"仅剩"约摄氏 800 万度的时候，氘核终于可以在形成之后稳定下来了。此后，质子和中子大量结合，以奇快的速度变成新的氘核。在又过了大约 4 分钟后，自由中子就很快地消亡殆尽了。但宇宙的变化显然没有在此停滞！由于温度依然很高、密度依然很大，有些氘核又与一个新的质子结合了，形成了氦元素的一种同位素——氦-3（其原子核含有两个质子、一个中子）的核。另一些氘核则与一个中子结合，形成基本稳定的氚核，即一个质子、两个中子的原子核。不论是氦-3 核还是氚核，都可以和另一个氘核相互作用，变为氦-4（即两个质子、两个中子）。如果是氦-3 与氚结合成氦-4，就剩下一个质子；如果是氘与氚结合成氦-4，就剩下一个中子。这些暂时孤独的质子和中子，就回到了反应链的始端。（见图4.9）

但比氦-4更重的元素呢？人们试过把一个质子或一个中子加进去以求形成锂-5或氦-5。这虽然确实可以得到预期的原子核，但其只能存在不到10^{-21}秒钟，几乎是一刹那就会衰变为氦-4。结果，由质子和中子组成的、原子量达到5的原子核没有任何一种是稳定的。人们也试过让两个氦-4聚合在一起成为一个铍-8，这也能成功，而且新核的维持时间稍长了一些，但也不会超过10^{-16}秒钟就会变回氦-4。这种倏忽即"逝"的过程，使得铍-8来不及去变成更重的、稳定的原子核（哪怕再加一个中子变成铍-9也来不及）。由于这个阶段的核聚合反应消耗了将近4分钟的时间，其间宇宙已经变得更冷、更弥散了，所以就不再能形成任何比氦更重且有实际意义的原子核了。到这段时间结束，所有幸存的中子基本都加入氦-4核里了，所以此间能形成的元素周期表第3号元素锂、第4号元素铍的核都少得可怜（处于"痕量"水平），高于4号的元素则完全不会留存。

寥寥数秒内完成的这个由质子和中子聚合为氦的过程，给宇宙留下了75%至76%的质子（即氢核）和24%至25%的氦-4核。这个比例是按质量计算的，如果按核的数量算，则有92%的质子和8%的氦-4核。残留下的氘和氦-3则各有大约0.001%，锂也有残留，但少到了0.0000001%。（至于铍核，绝大部分都是铍-7，这种核的半衰期是53天，会衰变成锂-7。）由于此时温度和能量都已足够低，各种原子核都已经不会再被破坏，同时也不再有新种类的原子核生成，这种局面会持续数百万年。上述整个过程就是宇宙中最轻的几种元素的诞生过程，也被称为"太初核合成"（Big Bang Nucleosynthesis），当代顶级的观测者们几乎都认可这一推演。而这个过程留下的各种元素的比例，也在接下去的数百万年时光里保持了不变，直到第一颗恒星诞生的时候。（见图4.10）

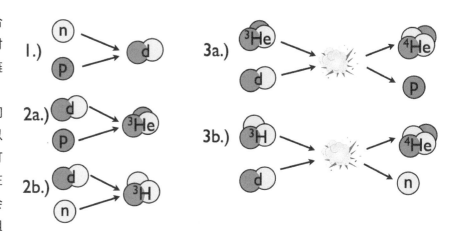

图4.9　早期宇宙中，最轻的元素的原子核会形成较重元素的原子核，这里展示了其主要机制。在第一阶段，质子和中子聚合起来形成氘，这几乎都是中子自发作用的结果。在第二阶段，氘在大部分情况下与其他的自由质子结合（或在少见得多的一种情况下与剩下的中子结合），形成最初的一批重量达到质子3倍的原子核——氦-3（或少见得多的氚，氚也可以称为"氢-3"）。最后，氦-3或氚的核可以与另外的氘发生反应，生成氦-4和一个自由质子（或一个自由中子）。（图片版权：本书作者）

* * *

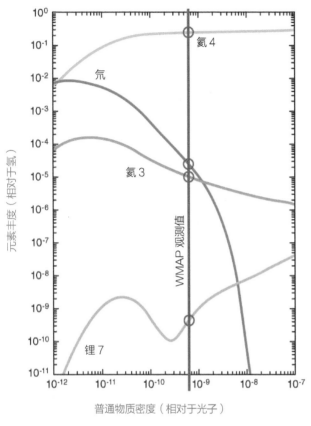

NASA/WMAP Science Team
WMAP101087

Element Abundance graphs: Steigman, Encyclopedia of Astronomy
and Astrophysics (Institute of Physics) December, 2000

图 4.10 红色竖线是当今对宇宙中各轻元素的丰度的最精确测量结果，它被叠加在"太初核合成"的理论预言曲线上进行比对。图中四个小圆圈所示的位置说明理论推演与观测事实是吻合的。（图片版权：NASA/WAMP 科学团队）

　　当今宇宙的大部分物质是氢、氦原子（它们带有电子），另外还有辐射。由此，你可能以为电子会自动找到原子核，形成中性原子。但实际上核反应是很剧烈的（想想原子弹爆炸），其能量的水平远超化学反应（化学反应的能量来源是电子的结合和跃迁）。让原子发生离子化所需的能量，与将原子核打破重组所需的能量比起来，大约仅是后者的百万分之一。前面说过，随着时间流逝，宇宙遵从着广义相对论的法则而不断膨胀，这使得宇宙中的辐射不断损失能量，其红移越来越严重。其间，宇宙中原子核和电子的密度数值虽然也不断下跌，但是在数百万年时间里它们携带的能量依然过高，不足以结合成中性原子。也就是说，虽然原子核和电子各自都稳定了，但每当它们快要结合时，就会有携带着足够多能量的光子前来破坏，该能量必然高于原子的离子化阈值，导致电子重获自由。所以在这个阶段，宇宙依然是百分之百离子化的。

　　考虑到光子的数量大约十亿倍于电子的数量，要想能形成中性电子，宇宙中的辐射波长还需要被大大拉长才行。这就意味着宇宙的温度必须从上亿度下降到大约三千开氏度（译者注：开氏度即使用开尔文温标的温度，以"绝对零度"即大约零下 273℃为开氏 0 度，其每度的幅度与摄氏温度相等，即摄氏 0 度约等于开氏 273 度），这一降温过程又需要至少 30 万年之久。在这段时间内，电子和光子的撞击相当频繁，自由电子一旦遇到光子，就将其弹射出去（这个过程也叫汤姆逊散射，即 Thomson scattering）。虽然光子以光速运动，但那时宇宙中的自由电子尚密，所以很容易撞到光子。我们不妨将自由电子假想成一个小小的风火轮，它会不停地把与它撞上的光子朝着任意方向击打出去。随着宇宙在膨胀中不断冷却并更加稀松，每个电子击打光子的频繁程度也会从每秒超过万亿次下降到每秒十几次。曾经比太阳的核心更加致密的宇宙，其中的电子和原子核的平均间隔本来跟原子尺度差不多，而这时的这一间隔已经拓宽到了毫米级别。

　　可以说，宇宙在诞生的最初几十万年里，电子和原子核也曾大量地相遇并结合，形成我们期待已久的中性氢原子，但这种原子在诞生后几乎同时（不出十亿分之一秒）就会被足够高能的光子打破，导致电子重新成为自由电子，原子核重新成为离子。在大约 30 万年过去之后，原子核和电子周围的绝大多数光子携带的能量终于降低到不足以制造这种效果了。前面说过，原子只能吸收掉特定波长的光子，而决定这些特定波长的，是原子中的电子从一个能级跃迁到另一个能级时需要的能量。所以，这时光子的数量仍然是电子和原子核的大约十亿倍，不过光子携带的能量已经不足以让原子离子化了。按此来看，如果电子和原子核只要等到宇宙温度降到足够低就可以形成稳定的原子，那么这时候稳定的原子应该早就已经出现了才对。

但是，在光子已经无力将原子离子化的情况下，还有另一种现象可以阻碍中性原子的稳定形成：每当一个电子遇到一个原子核，那么它们在结合成一个中性原子的同时，也会释放出一个光子。这个光子携带的能量正好可以被另一个中性原子吸收，从而使之离子化。这就带来一个难题：如果这种光子作为中性原子的副产品总是可以破坏别的中性原子，那么宇宙还有可能拥有这么多中性原子吗？

宇宙的膨胀对于我们克服这个难题有一点帮助：这种诞生于中性原子的光子在运动过程中会发生红移，其程度有时足以使之不能再被另外的中性原子吸收（感谢这膨胀吧）。当然，这并不是宇宙得以顺利中性化的根本原因，因为如果要依靠这个过程实现宇宙的中性化，就需要数千万年的时间，而非几十万年。我们应该将中性原子的普遍形成归功于原子物理的妙不可言。

自由电子和离子化的原子核，并不会简单地转化为一个中性的、处于最低能量状态（即基态）的原子。原子的内部有许多个能级，如果电子在基态和最高的能级之间跳跃，则可以吸收或释放出带有最多能量的光子。当电子落入基态时，原子会释放出一个高能的紫外光子，这个光子可以被其他正处于基态的原子所吸收，由此激发后者。被激发的原子有可能被离子化，但也有可能落回基态，同时再释放出一个紫外光子。只要这种紫外光子充斥在宇宙中，就没有哪个中性原子可以安稳地存在很久，导致中性原子的“净数量”（译者注：诞生数减去毁灭数）不会增加。如果我们不考虑电子轨道的多种类型和原子内电子的不同配置，那么上述的情况就会一直保持下去。基态（n = 1）的轨道永远是球形的，而激发态的轨道既可能是球形的，也可能是哑铃形的，这取决于电子被激发时的情况种类。电子从并非球形的轨道上落回基态，总能释放出一个紫外光子，这一情况就是刚才我们探讨过的问题。但是，如果电子是从一个球形的激发态轨道（例如 2s、3s、4s 等轨道）上落回基态的，那么量子动力学的规则就不允许它仅仅释放一个带有此间全部能量的光子，而是要释放出两个光子，各带有此间总能量的一半。

考虑两个这样的光子同时打进一个中性、基态的原子的情况，显然其概率非常之低。

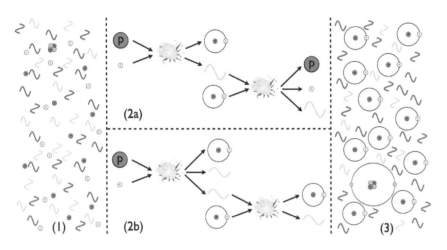

图4.11　在几十万年的时间里，带有足够多能量的光子不断地把那些刚形成的中性原子重新离子化（区域1）。当中性原子出现后，绝大部分情况下，它会释放一个带有离子化能力的光子，该光子导致别的新原子重回离子状态（区域2a），这样，中性原子的净数量不会增加。只有在罕见的释放出双光子的情况下（这是氢原子自己的一个特性），中性氢原子的净数量才会增加，能离子化其他原子的光子也才会减少（区域2b）。最后，我们终于得到了一个中性的宇宙，而且其中的光子都已经不具备将原子离子化的足够能量了（区域3）。（图片版权：本书作者）

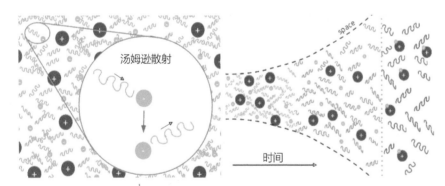

图4.12　宇宙中充满离子时，光子会以惊人的频度被带电荷的粒子（特别是电子）所散射，这就是"汤姆逊散射"。不过，当宇宙中性化后，光子不再与这些粒子相遇，而只是沿着直线以光速运动，这种过程叫作光子的"自由流动"（free-streaming）。图中竖直的虚线表示光子最后被散射的时刻。（图片版权：凯斯西储大学的Amanda Yoho，经授权许可使用）

我们甚至可以怀疑，这种事件在宇宙中形成中性氢的整个过程中是否发生过哪怕一次。但就是这种小概率事件，使得宇宙中的中性原子形成的进程加快了：在过了大约38万年之后，这种事件只用了大约117 000年，就让那个百分之百离子化的、到处是自由电子和原子核的宇宙，变成了一个百分之百中性化的、到处是稳定的中性原子的宇宙。（见图4.11）

宇宙中性化后，带电荷的自由粒子就没有了，因此，自"大爆炸"时遗留下来的所有光子就失去了可以与之发生相互作用并打散之的对象。虽然光子的数量仍然十亿倍于电子、质子和中子，但光子携带的能量已经无法再与中性原子的内部配置相匹配了，所以就不能再与原子相互作用。这些光子只能在宇宙中默默沿直线运动，能影响它们运动轨迹的只有引力作用和宇宙的膨胀，除非遇到一些具有合适的属性、能与它们发生相互作用的东西。（见图4.12）

* * *

当然，伽莫夫并不知道刚才那一节所讲的知识。在20世纪40年代，对这个问题的研究刚刚开始，既没有人目睹过宇宙早期那种"辐射浴"的残留证据，也没有人能很好地理解核融合物理学。原子物理学中用以理解中性原子的许多根本事实当时还未被发现，其中也包括球形轨道和非球形轨道上的激发态电子之差异。

不过，伽莫夫凭当时所知，已经做出了两个虽显宽泛但仍堪称精彩的猜测：

1）在任何恒星形成之前，宇宙就已开始，且绝不只是有氢元素那么简单。而重元素的出现，有赖于核物理学的原理在宇宙最初的几分钟内的所作所为：氘、氦和其他几种较重的原子核在这一阶段形成。各元素的初始比例，应该仅仅取决于核物理学的法则，以及早期宇宙所拥有的质子、中子与光子的数量。只要我们能够掌握描述原子核反应的物理法则，那么就可以仅凭重子（质子和中子的总称）与光子的数目比例去推出各元素的早期丰度。由于我们可以去观测很多种元素及其同位素，验证这一猜测的真伪应该不难。

2）宇宙在诞生几十万年之后，变得中性化了——这意味着宇宙对于那些产生于"原始火球"的辐射而言变得"透明"了。所有这些辐射在早先阶段都大量地与带电荷的粒子碰撞和反应，因此必然体现出一种十分特殊的能量谱：黑体谱（blackbody spectrum）。当宇宙中性化后，除了宇宙的膨胀会让这些辐射发生红移之外，这些辐射几乎不会再受到什么事物的影响。考虑上述情况的综合，就能给出一个猜测：早期宇宙的辐射的黑体谱应该能留存至今，它们会出现在光子被散射之阶段的最后一刻的时间界面上。从那个时刻开始，这个能量谱的温度不断降低，如今应该只剩下几个开氏度的水平了。

上述两个预言都可以基于当时所知的物理学法则（包括万有引力、电磁学和原子核）而做出，并且被运用于一个不断膨胀的、各向同性的、均匀的宇宙模型。这就是伽莫夫关于宇宙中的物质史的宏大理念，它采用电磁学和核反应方面的视角，关注宇宙从高温、高密、混沌的初始状态起逐渐膨胀和冷却的过程中，物质会有何遭遇。假如他构思的这一图景是正确的，那么我们原则上应该能通过观察而侦测到他推断出的这两类特征。只要我们能找到一份足够早期的宇宙物质的样本（这要求它既未参与过形成恒星的过程，也未被早期恒星放射出的东西所影响过），就可以测量其中各元素的丰度，然后把结果与伽莫夫的预言进行比较，判断伽莫夫是不是说对了。（见图 4.13）

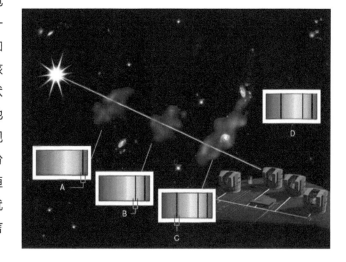

图 4.13 如果一个极遥远的光源与我们之间隔着还未形成过恒星的分子气体云，那么我们就可以通过观察其光谱中的吸收线去测量其中各种初始元素及其同位素的浓度。（图片版权：欧洲南方天文台）

另外，只要我们可以对能量进行足够细心的侦测，就应该能在电磁波谱的微波波段中发现某个代表黑体辐射的能量峰值，那便是我们的宇宙在幼年时期留下的微弱的残光。

这些精彩的思想成果，署着伽莫夫、阿尔弗、赫尔曼（Robert Herman）、贝瑟（Hans Bethe）几个人的名字，以论文的形式发表了。（贝瑟其实并未对这篇论文有所贡献，伽莫夫之所以加上贝瑟的名字，是因为贝瑟的名字发音为"贝塔"，这样伽莫夫就可以在作者名单中凑齐"阿尔法、贝塔、伽马"的谐音玩笑了。）为了寻找关于这些预言的细节，伽莫夫他们花费了 20 世纪 40 和 50 年代间自己的大部分科研精力。但是，这并不是当时针对宇宙的最初阶段提出的唯一宏大构想。

* * *

在哈勃等科学家发现并发展了红移与距离的理论关系后，对各种宇宙早期史学说的决定性观测检验就被提上了议事日程。在哈勃的宇宙膨胀说之外，对于各个星系看来都远离我们而去的现象，最早出现的一个另类学说是这样的：这只是静止宇宙中的物质发生了某种爆散事件的结果。诚然，如果假设有一大堆静止的物质，然后假设在其中间施加足够大的能量，这些物质确实会四散开去，而且随着时间的流逝，当初运动得越快的物质粒子就会离爆散中心越远，而如今离我们较近的物质就不过是初速度较慢的物质而已。可是这种学说从理论上是讲不通的，因为按照它的推论，我们不但要否定掉爱因斯坦的广义相对论，而且必须认为银河系正好位于那次"爆散"事件的中心附近，但显然我们没有充分的理由去这么认为。

这个学说也必然违背一个基本信念，即宇宙空间在最大的尺度上平均来说，是均匀的（各个局部均相似）和各向同性的（即所有方向上性质相同）。这一信念曾被叫作哥白尼原则，后来也叫作爱因斯坦的宇宙学原则，或干脆被简称为"宇宙学原则"。该术语是由米尔恩（Edward Arthur Milne）提出的，此人在 20 世纪 30 年代曾经略微发展过这个"爆散"学说。米尔恩的宇宙模型与狭义相对论一致，但并不与广义相对论兼容，他假设出了一个球形的、各向同性但并不均匀的宇宙，其密度在离我们越远的位置就越高。他的中心论点在于，如果一个观察者看到的宇宙是均匀的，那么根据狭义相对论给出的原则，当这个观察者移动时，必将看到宇宙的密度在不同方向上是不相等的，而只有认定宇宙是各向同性的，"不均匀的球形"才可以经过坐标转换而被表达为我们看到的宇宙。如果我们只考虑一个不受广义相对论法则统摄的、平直的时空，这个论点倒是成立的，但爱因斯坦关于引力的理论成就并不全然支持米尔恩的学说所描绘的图景，因此这个学说很难良好地继续发展下去。

另一种非主流学说可以追溯到 1929 年，它是由茨威基（Fritz Zwicky）提出的。茨威基认为红移的宇宙学原因并不是宇宙的膨胀，而只是由于距离太远。他提出，遥远的光在经历了长距离的运动之后，本身就会损失能量，因而显得变红。按茨威基的观点，假如一个天体的距离是另一个的两倍，我们看到的前者的光的波长也是后者的两倍，那么这既不是因为前者的离去速度是后者的两倍（这等于不用多普勒效应作为解释），也不是因为前者所在之处的宇宙相对于我们而言膨胀得更快（这等于不用宇宙膨胀论作为解释），而只是因为前者的光线在更为漫长的旅途中变得更加"疲惫"了。茨威基的这种别出心裁的学说也被称为"光线老化"（Tired-Light），它为哈勃定律提供了一种有趣的"非宇宙学"的解释途径：遥远天体的红移更为明显，只不过是出于光线在传播过程中会逐渐损失能量的内在特性。当然，在我们已知的光的特性中，能让光损失能量的只有与其他粒子发生相互作用，这会让光子被散射，各类这种散射都会让遥远天体的影像变得更加模糊，且这种散射以当时的观测技术是可以辨认出来的。"光线老化"的宇宙学还有一个有意思的推论，即遥远天体不会像爱因斯坦的标准宇宙模型里说的那样具有"时间膨胀"（time-dilation）效应。按茨威基的看法，在地球上观察，很遥远地方的超新星与较近地方的超新星，其从亮起到暗淡下去的过程耗时应该差不多，河外星系的固有表面亮度也不会因红移程度不同而有所区别（按照爱因斯坦的标准模型，是该有区别的，因为其发出这些光的时候离我们比如今更近），而遥远星系或其他星体的光谱也应该与黑体谱相差较远。但是，所有这些预言全都与观测结果不符，所以"光线老化"学说尽管本身显得很妙，最终还是未能深化为一种切实可行的描述宇宙样貌的学说。（见图4.14）

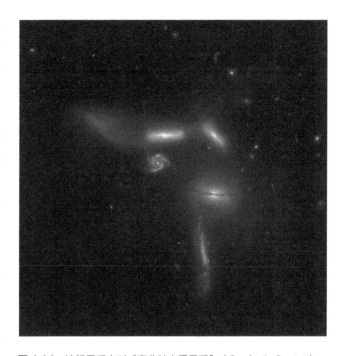

图 4.14　这组星系也叫"赛弗特六重星系"（Seyfert's Sextet），它实际上是由四个星系组成的一个小团，另有一个星系已经明显地被引力所拉散，还有一个（图中面对我们的那个螺旋状星系）仅是视角上的巧合，其实它的距离是其他星系的五倍。通过观测发现，相对于较近的这个几个星系，那个最远的星系完全没有被模糊掉，而且其中发生的事件照样体现了"时间膨胀"效应。这些证据都在宣布着"光线老化"学说的失败。（图片版权：哈勃遗产档案馆，NASA 和 ESA，经 Judy Schmidt 处理过）

　　这些年来出现的宇宙学说还有很多，如"哥德尔宇宙"（Gödel Universe）本身就是广义相对论的一个解，这种模型认为宇宙有着球状的旋转，并且在数学上奇迹般地有着"闭合类时曲线"——这种情况如果真的存在，那么时间旅行就是可能的。又如"等离子宇宙学"认为在宇宙的大尺度层面上，电磁力比引力更为重要，星系是在巨大电流的作用下聚集成团并彼此交汇的，此外星系的螺旋结构、气体云坍缩形成恒星的机制也都是电磁力的作品。再如有一种特别关注"类星体"（quasar）的学说，类星体这个名字来自对"类似恒星的射电源"（quasi-stellar radio sources）一语的缩写。当人们发现了相当多的类星体之后，注意到它们的红移数值之间有固定的间隔，而按照标准宇宙模型，这些红移数值本该是平滑地分布在数轴上的。于是，几位宇宙学家提出了"红移量化"（redshift quantization）的概念，他们认为类星体本身可能自带红移，因此其表现出来的红移是宇宙膨胀红移和它们自身红移的叠加。虽然这些学说在很长一段时间内都被认为值得重视，但它们最终全都被否定了：对宇宙旋转的观测显示这一指标小到可以忽略不计；等离子体被认为在许多天体物理过程中有重要作用，但无力对等离子宇宙学做出的任何推断负责；而随着数以万计的类星体被发现，类星体的红移值分布也最终被证实是连续的，"红移量化"的猜想由此不攻自破。

* * *

　　但是，伽莫夫的宏大构想还剩下一个主要的对手，那就是稳恒态宇宙模型。后者在严谨性上完全不输给伽莫夫关于原初原子的预言，因此相当值得重视。这一模型认为宇宙不仅是各向同性的和均匀（即各个局部相似）的，而且在时间轴上的各处也是彼此相似的，被该学说的支持者们称颂为"完美"宇宙法则。稳恒态宇宙模型对宇宙的过去与未来给出了与伽莫夫截然不同的解释，由此也对"将来观测技术进步后我们将会发现什么"做出了大相径庭的预言。

　　伽莫夫的理论是飞跃式的。他指出，我们今天看到的宇宙的这副样子，只能来自一个曾经混沌、高温、致密的早期宇宙。但是，英国科学家霍伊尔（Fred Hoyle）、邦迪（Hermann Bondi）和戈德（Thomas Gold）却在继承吉恩斯（James Jeans）的早先学说的基础上，反对根据哈勃定律而提出的"宇宙密度随时间流逝而下降"的理念，主张宇宙的密度始终不变——他们认为，新的物质会在因星系之间越来越远而产生的新的空隙中逐渐生成。而且，维持宇宙密度不变所需的物质增速其实很低，每立方米空间只要每一百亿年内增加一个氢原子即可！如果物质能以这个速度自发地创生，那么平均来说，宇宙的各个部分都将保有相同的星系数量、相同的恒星数量和相同的元素丰度，且这种均匀性不会受观测时间与观测地点的影响。（见图 4.15）

　　一个稳恒态的宇宙不论在空间上还是在时间上都是无始无终的。关于重原子核和中性原子的生成过程，稳恒态宇宙学也不同意伽莫夫的观点。伽莫夫认为这些东西是在炽热、致密的"原始火球"逐渐降温、稀散之后逐渐生成的，但稳恒态宇宙学主张重原子核可以通过恒星内部的核反应而独立生成。至于宇宙中现存的背景辐射，稳恒态学说认为那是反射（或吸收并重新释放）星光的结果。由此，稳恒态宇宙学对远距离的星系的数量做出了明显不同的预测（在伽莫夫的模型里，早期的宇宙密度更高，但稳恒态学说反对该观点），并预言宇宙空间的背景温度应该是到处一致的（而不是随红移值的增高而增加）。用该学说推导出的极远距离上的"红移—距离"关系，也与哈勃的理论有所背离。

稳恒态理论与伽莫夫的理论都经受了实测活动的检验，结果二者依然并驾齐驱，是当时最佳宇宙理论的两个最有力的竞争者。这两大理论阵营经常隔着大西洋互相批评，如霍伊尔 1949 年就曾在英国广播公司（BBC）的节目中讥讽伽莫夫提出的"原始火球"，并为稳恒态模型中的物质自发创生假说鼓与呼：

"（伽莫夫的假说）只是一些更陈旧的理论的隐蔽化翻版而已，正如我刚才所讲，这个假说主张宇宙中所有物质都诞生于遥远过去某个时刻发生的一次'大爆炸'。从科学思维上看，这种'大爆炸'在稳恒态理论面前显得不堪一击。很难用科学术语去描述其设想的那个荒谬过程。"

这里，霍伊尔选用了"大爆炸"一词对伽莫夫的理论极尽调侃。然而，"大爆炸"这个词最后却成了伽莫夫一生最杰出的科学成就的名号，由此还长期流传了下来。

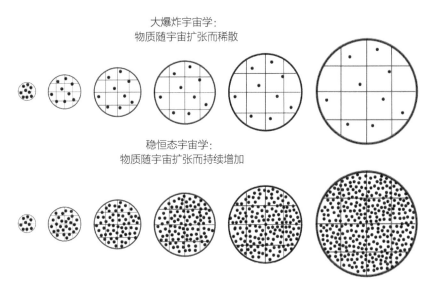

大爆炸宇宙学：
物质随宇宙扩张而稀散

稳恒态宇宙学：
物质随宇宙扩张而持续增加

图 4.15　不论是说一个持续扩张的宇宙让其中的物质密度随时间流逝而逐渐下降，还是说物质随着宇宙扩张而不断诞生，以使宇宙不仅在空间上均匀（指各处相似）而且在时间上不变，都不违背我们的直觉。后一种说法就代表着稳恒态宇宙学说，它要求物质持续地以一个极低的速度诞生，在物理学上独开幽兰一株。（图片版权：本书作者）

第五章

元素初流传：恒星如何给宇宙赋予生机

　　大爆炸学说和稳恒态模型是相互竞争的两大宇宙学理论，而重元素的起源是它们争论最为激烈的问题之一。重元素不仅存在于地球上，也广泛分布于宇宙空间。我们知道，地球上天然存在的元素约有 90 种，它们原子核内的质子数量决定着元素的种类。此外，我们也知道中子和电子的存在：中子与质子结合为原子核，电子则绕着原子核运转。大爆炸学说认为，早期的宇宙中，先有自由质子、自由中子和自由电子存在，重元素是靠核反应形成的，而持物质创生假说的稳恒态理论则只是在宇宙中加进了独立的粒子。那么，如今并不少见的这些重元素，到底是如伽莫夫所说，形成于宇宙温度很高的早期阶段，还是如霍伊尔阵营所言，形成于恒星内部的呢？要回答这个问题，先要看一下我们关于宇宙中现存的各种元素究竟都知道些什么。（见图 5.1）

＊　＊　＊

　　说来可能令人难以置信，在仅仅一百年之前，人类还不知道太阳和众多恒星是由哪些元素构成的。对于这个问题，最流行的一种假说（不论你信不信）是：构成太阳和众多恒星的元素种类与构成地球的元素是一样的，而且各种元素之间的比例也与地球上大体相同。这个观点虽然有缺陷，但很容易理解，并且无悖关于原子的物理常识和化学常识。

　　元素周期表（当时已被广泛掌握）中的每种元素，无

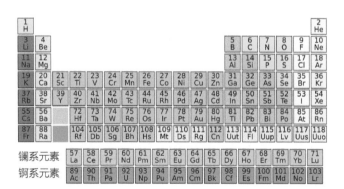

图 5.1　理解比氢更重的各种元素在宇宙中的起源，十分有助于我们了解宇宙的历史并探究我们自身的起源。（图片版权：Wikimedia Commons 用户 Cepheus）

论是在发射谱中还是在吸收谱中，都有专属于自己的特点。当中性原子受热时，其电子就会跃迁到较高的能级；当电子落回较低的能级时，原子就会发射出具有特定波长的光子。基于每种原子核的质子数与中子数搭配，以及绕着这种原子核运转的电子所获得的物理性质，每种元素都对应着一种代表它自己的发射光谱。但是，如果原子在一些特定情况下被加热（例如被具有多种光谱的光源加热），它也会吸收一些具有特定波长的能量，这就形

成了它的吸收光谱。像太阳这样的天体，恐怕是具有多种光谱的光源的最典型例子。所以，只要把太阳光按照不同波长分散开来，形成太阳光谱，就可以通过观察其中的吸收线来确定太阳的外层气体中都有哪些元素。

　　将天体的光按不同波长分拆开来的技术叫光谱术，用光谱进行科研的学问就是光谱学。当我们分析太阳的光谱时，不出所料的是，由其中的吸收线代表的那些元素，与我们在地球上能找到的元素都是一致的。但是，太阳光谱仍有一个引人注目的特点：大部分吸收线是窄且浅的，而有些吸收线要比它们宽和深很多。其中有一个吸收特征在众多吸收线中尤为醒目，它位于光谱中红色段落的中部。这条中心波长为 6 563 埃的吸收线，其暗度和宽度在整个太阳光谱中无出其右者，是太阳光谱中最引人注意的特征。（见图 5.2）

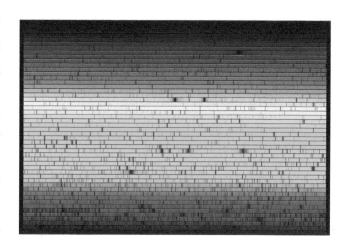

图 5.2　太阳光谱中的吸收线数量非常之多，每条吸收线都对应着元素周期表中某一种元素的诸多吸收特性之一。其中，最宽也最暗的吸收线出现在波长 6 563 埃处，即光谱的红色部分之内。这里展示的是整张太阳可见光光谱，其对应的波长范围为 7 000 埃（左上角）至 4 000 埃（右下角）。（图片版权：Nigel A. Sharp, NOAO/NSO/Kitt Peak FTS/AURA/NSF）

　　用以确定这里每条谱线的强度（其实说薄弱度也可）的因素有两个，其中一个很明显，而另一个比较隐蔽。明显的因素是：特定的一种元素数量越多，其吸收特征就越强烈。仔细一想便知，6 563 埃波长上那条最强烈的吸收线，对应的正是氢原子。该谱线也叫作"巴尔末－α 谱线"或"氢 α 谱线"。这一点很有意义也很容易理解，某种元素的丰度越高，其吸收光子的总能力自然就越强。但要成功地推断谱线的强度，还必须理解一种微妙得多的因素：原子的离子化程度。

　　每种原子都有其专属的原子核结构，也都有其独特的电子分层与轨道模式，当其维持中性所需的电子正好齐全时，就会拥有明确的光谱特征。但依据核内质子数的不同，原子在特定程度的能量冲击下也可能离子化，即得到多余的电子或失去原有的电子。从氢原子中夺去它唯一的电子需要 13.6 电子伏（eV）的能量，夺走氦原子的一个电子需要 24.6 电子伏，而从锂原子中夺走一个电子只需要 5.2 电子伏。在此基础上，把刚才的氦离子的第二个电子也夺走（使其变成二价氦离子）需要 54.4 电子伏，而从锂离子中再夺走一个电子需要 73.0 电子伏的能量。各种原子都沐浴在能量之海中，但只有特定数目的能量才能让特定种类的原子在"中性状态"与"离子状态"（包括一价离子、二价离子等）之间转换，并在连续光谱中留下一组标识着自己身份的吸收线。（见图 5.3）

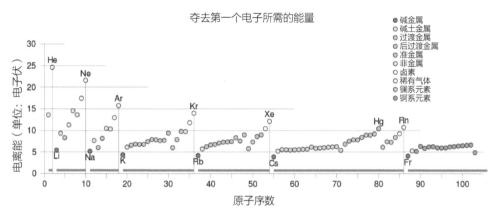

图 5.3　各种元素被电离所需的能量也呈现周期化的结构。元素周期表中每个横行的第一种元素都是该行中最容易被电离的。图中不同颜色的圆点代表不同的元素族，同族的元素中，较重的比起较轻的更容易被电离。惰性气体和卤素是最难被电离的两个族。（图片版权：Wikimedia Commons 用户 Sponk，CC 3.0 相同方式分享）

在了解恒星的内在机制之前，人们已经可以观测恒星光谱中的吸收线，并依其相对强度特征为恒星分类了。一开始，恒星被按照氢的谱线的强度分类，这种分法也叫"塞齐"（Secchi）分类。后来，金属谱线、彼此相关的吸收线组、碳元素谱线、发射谱线等因素逐渐都被纳入分类标准，最终让分类体系颇为复杂、细碎，使用的字母名称从 A 一直到 Q。由于类型太多，后来人们又将其整理归并为七个大类 A、B、F、G、K、M、O，并且按照颜色从蓝到红的顺序重新排列，习惯写为 O、B、A、F、G、K、M。这一分类法被沿用至今，其间还诞生了一些巧妙的辅助记忆方式：最经典的是"噢，美丽的少女请吻我"（Oh Be A Fine Girl, Kiss Me），也有关于饮食健康的"燕麦、麸质和纤维，让孩子活力充沛"（Oats, Bran And Fiber Get Kids Moving），还有描绘学生担心考不好的"唉，你说，我没考及格，这可怎么活"（Oh Boy, An "F" Grade Kills Me），以及向经典电视系列剧《黄金女郎》（*The Golden Girls*）致敬的"Old Bea Arthur Found Gold Knocking McClanahan"（译者注：这里用了该剧四位主演中两位的名字，Bea Arthur 是指碧翠丝·阿瑟，McClanahan 是指鲁·麦克拉娜罕）。（见图 5.4）

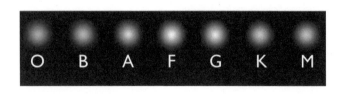

图 5.4　按颜色排列的七大类恒星，这些颜色对应着恒星表面的温度，O 型相对最热，M 型相对最冷。（图片版权：本书作者）

但恒星为什么呈现出这些类别呢？这个问题直到 1925 年我们才搞清楚，而这离不开塞西莉娅·佩恩（Cecilia Payne）的博士学位论文。她的同代人奥托·斯特鲁维（Otto Struve）曾经这样称赞她的成就："毫无疑问，历史上那些最伟大的博士论文都出自天文学专业。"

　　太阳的吸收线特征为何是这个样子？我们知道恒星光谱吸收线与恒星颜色之间存在相关性，而佩恩的博士论文为我们揭示了这种相关性背后的一个原因：恒星内部的温度。须知，能量是决定原子处于哪种电离状态的唯一因素。这意味着如果将一个原子置于不同温度的环境中，就可能使它处于不同的电离程度上，从而呈现出不同的（但已被我们全然掌握的）吸收线特征。当我们改变环境温度时，吸收线的格局和强度也会相应发生变化，而若温度持续增加，则原有的吸收线最终都会消失并被其他谱线取代。你应该还记得，原子吸收现象的存在，是因为电子吸收了光子之后跃入更高的能级；所以如果电子的状态并不符合吸收光子的条件（亦即原子本身拥有的能量过多或过少），跃迁就不会发生，也就不会出现吸收线。事实上，在极端高温的情况下，原子就会全部电离，那时它是完全不能制造吸收线的！我们在不同颜色的恒星的光谱中，就可以看到不同的谱线特征各自或隐或现。（见图 5.5）

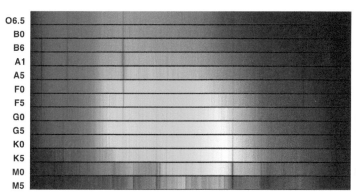

图 5.5　最炽热的恒星是 O 型星，然而它在很多情况下都是光谱中吸收线最薄弱的恒星。这正是因为它温度太高，让它表面的绝大部分原子都得到了过多的能量，导致电子难以再行跃迁，从而不再产生吸收线。（图片版权：NOAO/AURA/NSF。为强调这里所说的现象，该图进行过技术修整）

　　而这就意味着：我们可以通过测量恒星的颜色及其原子的相对电离程度，去掌握恒星内在的温度信息。这等于是说，不同的光谱类型对应着不同的温度范围。由此，我们可以将上述七个恒星大类继续细化，将每大类内部用数字 0 ~ 9 分为小类，0 表示该类内部相对最热的，9 表示该类内部相对最冷的。当我们知道了恒星的温度，并掌握了其光谱之后，就可以迈出期待已久的一大步，去准确地理解恒星的成分了。

　　借助佩恩的成果，人们对恒星的认识有了重大革新。组成太阳的元素固然就是地球上可见的这些元素，但太阳的成分与地球还是有两个方面的主要差异的：太阳上的氢、氦两种元素的丰度远远高于地球上，其中氦的丰度是地球上的数千倍，而氢的丰度更是惊人地达到了地球上的一百万倍。太阳光谱中的氢吸收线很强烈的原因有两个，一是太阳的温度正好有利于发生氢 α 吸收，二是太阳上的氢元素比例实在太高了！而将观测结果与佩恩的论文结合起来，会让我们知道氢不仅是太阳上最常见的元素，也是我们看过的所有恒星中最常见的成分。（见图 5.6）

* * *

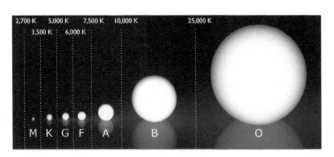

图 5.6 当代使用的"摩根—基南"（Morgan-Keenan）恒星分类法，每类恒星的温度界限已经标示在图的上方，单位是开氏度。O 型星比其他各类大得多，这幅图里呈现的是典型的（即处于"主序的"）O 型星，其质量平均为太阳的 260 倍。与之相对，M 型星的质量小到只有太阳的 8%。太阳属于 G2 型恒星。（图片版权：Wikimedia Commons 用户 LucasVB）

如果太阳和诸多恒星确实是主要由氢元素构成的，那么它们的能量来源是什么呢？毕竟，太阳是整个太阳系中质量最大、体积也最大的天体，其质量约有 2×10^{30} 千克，是地球的大约 30 万倍。其成分表与地球差异很大，氢约占 71%，氦约占 27%，较重的元素占比很小，例如氧约 1%，碳约 0.4%，铁约 0.1%，等等。虽然主要由周期表中最轻的两种元素组成，但太阳产生并输出的能量之多还是令人瞠目的：4×10^{26} 瓦（这大约相当于一个完全运转的核电厂输出功率的 10^{16} 倍）。如果不容易想象这有多少能量的话，可以假设我们把地球上所有陆地表面都建满核电厂，并且让它们全部运转，即便这样，我们得到的总输出功率也不及太阳的八万分之一。

太阳如何产生能量，是 20 世纪初期最大的科学谜题之一。人们通过达尔文的成就开始相信，地球至少需要几亿年的时间才能演化出我们如今看到的多姿多彩的生命形式；而现代地质学的进展表明，地球至少已经存在了 20 亿年之久。这么悠久的历史进程，是被何种形式的能源支持着的呢？因确定"绝对零度"而知名的开尔文勋爵考虑了三种可能性：第一，太阳自身存有某种燃料以供消耗；第二，太阳系内部有某种物质不断向太阳补充能源；第三，太阳依靠其自身的重力产生能量。（见图 5.7）

上述第一种可能性，即太阳一直在消耗某种燃料的可能性，是颇富意义的。在知道了太阳的大部分是氢元素之后，联想到氢在地球上很容易燃烧的性质，我们更会自然地猜测太阳输出的巨大能量是由它自身所拥有的氢不断燃烧而生成的。的确，如果假定太阳整体上就是一个由氢元素组成的球，并且那里的氢也能以与地球上的氢相同的方式燃烧，那么太阳也足以保持 4×10^{26} 瓦的输出功率——但不幸的是，只能保持几万年时间。尽管对我们的一生而言这段时间已经够长了，但那样的话，地球上的生命不可能来得及去演化，地球和太阳系本身也来不及形成。因此，开尔文最终排除了这种可能。

第二种可能性看起来更加令人着迷。既然依靠燃烧自身的氢元素不可能让太阳长久保持我们看到的这种输出功率，那么理论上自然可以考虑有某种燃料在不断地补充输入给太阳。我们已知，太阳系中有很多彗星和小行星，它们含有可燃的物质，如果是它们在以基本稳定的速率给太阳补充燃料的话，太阳持续输出能量的时间就会增加。不过，太阳其实并不这样随意地接受"喂食"，因为太阳质量的增加也就意味着它所统摄的行星轨道将有轻微的变化，而自 16 世纪第谷·布拉赫的高精度观测起至今，我们并未观察到这类变化。在计算上并不难证实，哪怕只是给太阳加进一点必要的"燃料"，都会使最近几百年间的行星轨道发生足以观测到的变化。然而实测结果是各条椭圆形轨道依然稳定，所以这种可能性也彻底被否定了。

于是，只剩下第三种可能性：是太阳因自身重力而坍缩的过程释放出了某种能量。在日常经验中，如果在地球表面举起一个球，然后松手，这个球就会获得速度和动能，而当它撞到地面从而停止运动时，动能就以物理变形和转化为热能的形式消耗掉了。这个过程是引力势能发挥作用的表现。同样，分子气体云也是在引力势能的作用下逐渐凝缩起来，并在变得致密的过程中升温的。此外，由于天体与它们还是气体云的时候相比变小了很多，密度提高了很多，它们也需要一个很长的过程去通过其表面释放其拥有的热能。开尔文是历史上第一个研究该过程的发生机制的专家，如今的术语"开尔文—亥姆霍兹机制"就包含着对他这方面成果的敬意。开尔文计算出，一颗像太阳这样的恒星，因释放完它自身产生的这种能量而获得的寿命约为几千万年，准确一点地说，大体在 2 000 万年到 1 亿年之间。

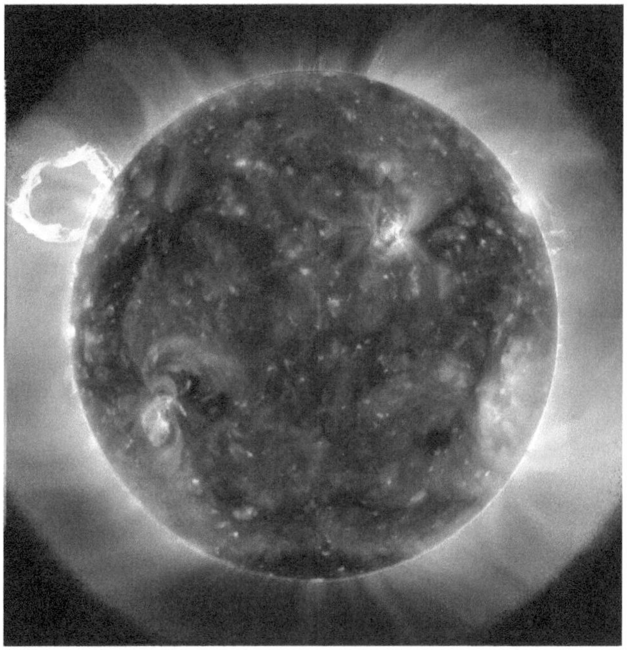

但是，这个结果对生命演化来说还嫌太短，结果这真的成了一个令众多科学家头疼的问题，也就导致 19 世纪末期天文学与地质学、生物学在内容上出现了一个很难解决的冲突。地质学者认为，地球至少有 10 亿年历史了，天体物理学家却认为，太阳从开始发光至今最多也只有大约 1 亿年的光景。面对这种发生在自然选择演化理论和太阳能量来源学说之间的冲突，达尔文也十分困惑，他对此写道：

"当前这一情况必会留下疑惑，因此须排除时下热门话题之干扰，以严肃态度审慎对待之。"

那么到底哪一边是对的呢？其实双方都有对的地方：达尔文说的地球年龄更接近正确，而开尔文的成果证明前述三种想象的可能性都不足以支持太阳拥有生物学和地质学所要求的寿命。不过，双方都未曾设想过，像太阳这样的恒星，其核心有着一种全新的产能方式。后来，对这种方式的发现，永远地改变了我们对宇宙的认识。（见图 5.8）

图 5.7　这是 NASA 的"太阳动力学天文台"在多个紫外波长上拍摄的太阳照片的叠加图。注意图中的颜色不代表真实颜色，其中红色表示相对较冷的区域，蓝色和绿色表示相对较热的区域。太阳的能量输出功率高达惊人的 4×10^{26} 瓦，但其能量来源一直未知，直到人们在 20 世纪发现和理解了核反应的过程。（图片版权：NASA/Goddard/SDO AIA Team）

图 5.8 确实存在着基于"开尔文—亥姆霍兹机制"而发光的天体，但它们并不是太阳这样的恒星（左），而是白矮星（右）。白矮星作为恒星的遗骸，发光能力不足太阳这类恒星的万分之一，但可以在自身的重力坍缩之下持续发光数万亿年之久。白矮星的表面积相当有限，光度也很低，所以说星体以这种方式释放能量是极慢的。（图片版权：NASA、ESA，由 STScI 的 G. Bacon 创建）

＊　＊　＊

即便是在塞西莉娅·佩恩发现恒星成分之前，人们也已认识到恒星有很多的种类。如果粗略地一瞥星空，你可能觉得恒星都是白色的，只是亮度各有不同，但如果在很深暗的夜空中用望远镜观察，就会发现恒星世界的缤纷多彩，红、橙、黄、白、蓝全都不缺！恒星的颜色是其内在属性之一，且每颗恒星都有属于自己的颜色（如太阳属于白色星），而我们看到的恒星亮度取决于两个因素，一是它本身的发光能力，二是它与我们的距离。当我们掌握了测量恒星距离的技术（先是视差法，后来又开发出许多其他方法）之后，同时获取大量恒星的光度和颜色信息就有了变得更容易的可能。

当人们开始尝试把恒星的颜色和亮度这两项性质并列起来，进行串联式的研究之后，就发现了三件值得惊讶的事情：

1）特定的颜色只在拥有特定发光强度的恒星上显现；

2）在发光能力和颜色这两项性质之间，绝大多数恒星都明显遵循一种特定的关系；

3）每个星团内部的恒星都在颜色和光度上显现出属于该星团的独有特征。

让我们先来看看，在我们通常的视野范围内的恒星能告诉我们什么。

我们把它们的颜色和发光能力绘制在一张坐标图里，就会发现一个简明、通用的关系：越蓝的恒星越容易拥有强大的光度，而越红的恒星往往越暗弱。这种标识着颜色和光度的坐标图称为"赫罗图"（赫茨普龙—罗素图），上述关系在图中呈现为一条走向为左上一右下、略显蛇形的曲线。图中位于这条曲线附近的恒星被归为"主序"。宇宙中的大部分恒星都是主序星。（见图 5.9）

但到底是什么缘故让许多恒星的颜色和光度之间体现出这种关系的呢？而且，为什么不是所有的恒星全部处于主序呢？这是科学世界里最令人着迷的问题之一。这类问题全都关乎宇宙的本质，并且有可能通过观察宇宙而让它自身直接把答案呈现出来。当然，如果我们想了解更多关于恒星形成、燃烧和演化的知识，就需要在夜空中选择一些能够传递给我们准确信息的东西作为切入点。幸运的是，研究这个问题的合适切入点并不少，单是在银河系之内就有几百个，那就是各种各样的星团。

之所以说星团可以帮我们在解开这个谜的路途上迈进一大步，是因为每个这类天体并非孤立的一颗恒星，而是拥有上千颗成员星，而且这些成员星的年龄是彼此相似的。我们观察一个星团时，等于是给一群当初几乎同时诞生的恒星拍摄了合影，而它们却可能有着不同的大小、质量、光度和颜色。通过测量这些数据，我们可以掌握不同类型的恒星在经历了相等时间长度的演化之后各自发生了哪些变化，由此更加深入而系统地认识遍布宇宙的这些恒星的秘密。（见图 5.10）

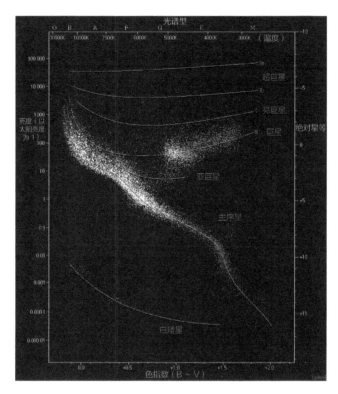

最年轻的那些星团中往往还残留有作为恒星原材料的尘埃和气体，这种星团内有大量明亮、蓝色的主序恒星。另外，新出现的偏红的恒星也会比后来稍亮一点，并且更红一点。在刚刚诞生的星团中，

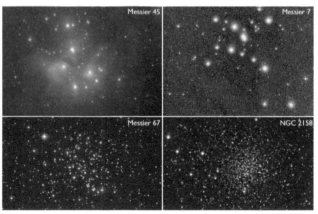

我们能看到的成员星都是主序星（其中偏红的成员星虽在主序线上方，但仍不脱离主序）。我们在按照从年轻到年老的顺序分析各个星团时，会发现其中不太亮且偏红的成员星逐渐向主序靠拢，并最终落在主序线上，同时那些最蓝的成员星逐渐脱离了主序！一颗典型的恒星在脱离主序时，其亮度会增加，直径也会增大，而颜色在光谱上会轻微

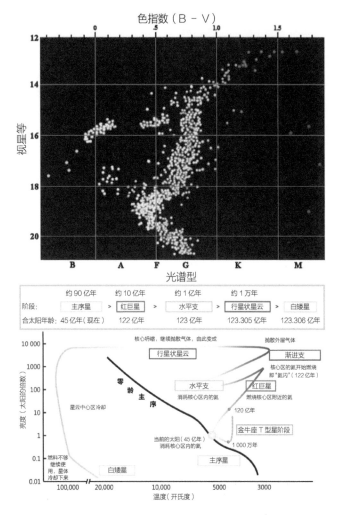

向红端偏移。发生这种情况的恒星其实正在变成"亚巨星"（subgiant star），假以时日，它们会变得更亮、更红，彻底变成红色的"巨星"。在巨星阶段，恒星的颜色经常在红蓝之间反复变化，但此时它已接近生命的终点。有的巨星最终会发生天崩地裂般的大崩溃，形成"超新星"，但如果它是由 B3 类恒星和较冷的主序恒星演化而来的，则不会变成超新星，而是散尽其外层物质，逐渐"熄灭"和坍缩为白矮星，亮度减弱为它们原来的九牛之一毛。此外，较老的星团中偶尔也会出现明亮的蓝色主序星。你可能会问，蓝色主序星的质量不是很大吗？所以它们不是存在不了那么久吗？其实这些"异类"并不是从星团诞生就存在的，而是由星团中两颗或更多颗质量较小的红色星合并而产生的。这种来历特殊的蓝色主序星也被称为"蓝色掉队者"（blue straggler）。（见图 5.11）

牢固掌握了这些关于恒星演化的知识，就有了揭开恒星生生死死的能量机制之谜的基础，由此才可以透彻地去回答：恒星为何是我们今天看到的这个样子。

* * *

宇宙中最基本的一些物质单元，构成了成员队伍最庞大的一种单个天体——恒星。对于其中的动力机制之奥秘所在，想必你已经疑惑了很久。读到这里，我们就要着手揭开谜底了。先看一看我们日常熟悉的各种能源吧——氢气、石油、煤炭，以及碳氢化合物，它们的能量都储藏在它们分子内部、原子之间的化学键里。在氧气和一定温度的辅助下，这些物质内的原子很乐意重新组织它们之间的关系，转变为更加稳定的分子结构。在这个重组过程中，它们会释放出能量。但是，在这种释能方式中，平均每个原子贡献出的能量只有几个电子伏。其实，所有种类的化学反应都是如此，常见燃料的例子只是其中之一。

让我们深入原子的内部，透过在原子外层不断运行着的电子，我们能遇到原子核——除氢核外，它都是质子和

图 5.11 图的上半部分是为星团 M 3 的成员星专门绘制的赫罗图，其"主序"同样表示成员星随着时间流逝而变得更暗、更红，质量也更低的"熄灭"过程。但是其间偶尔会有两颗质量较小的恒星发生合并，变成一颗蓝色恒星（"掉队者"）的情况，这种恒星在赫罗图上的位置会向上移，并且偏左侧，游离于主序之外。图的下半部分用彩色曲线表示了一颗不属于任何星团的、像太阳这样的恒星的生命轨迹。它在诞生之后不久就进入了主序，然后将寿命的绝大部分都交给了这个阶段，到"晚年"会膨胀并降温而成为红巨星，最后抛散完其外层物质，剩余的内核坍缩为一颗白矮星。（图片版权：上半部为 Wikimedia Commons 用户 R. J. Hall，CC 1.0 相同方式分享；下半部为 Wikimedia Commons 用户 Szczureq，CC 4.0 国际版相同方式分享）

中子的联合体。虽然将一个电子绑定于一个原子核的过程只能释放几个电子伏的能量，但将一个质子或一个中子绑定进一个原有的原子核（甚至是绑定进只有一个单独的质子的氢核）的过程可以释放出的能量多达几百万电子伏！这种将质子和中子整合成一个原子核的力量叫作"强核力"，它可以让这些微小粒子之间的结合过程输出巨大的能量。

　　不难想象，如果恒星以这种方式作为能量来源，那么它的释能效率将比使用常见的基于化学反应的燃料高出几百万倍，所以，太阳的寿命也可以比开尔文基于常用燃料给出的估计值长几百万倍。但是，伴随这个思路而来的，还有稳恒态宇宙模型支持者的欢欣鼓舞。他们以此作为攻击伽莫夫"原始火球"构想的理论武器：我们已知恒星主要是由宇宙中最轻的两种元素，即氢和氦构成的，又已知宇宙中也明显有一些重元素，这些元素必须以某种方式被创造出来。原始火球模型用于解释较轻元素的诞生虽是轻车熟路，但其描述的早期宇宙的温度和密度不足以产生出数量足够的、比锂更重的元素。诚然，重元素在宇宙中只占大约 2%，但以人类的视角来看，这 2% 无比重要。而现在，我们终于在恒星内部找到了一个温度、密度都足够导致原子核发生融合，产生更重的原子的地方。（见图 5.12）

　　稳恒态宇宙学家霍伊尔在 1957 年会同两位博比奇（Geoffrey Burbidge 和 Margaret Burbidge）以及福勒（Willie Fowler）（这四人合起来简称 B^{2}FH）率先发表了一篇激动人心的论文，详细论述了核聚变反应是如何在恒星的内核里发生的。在一颗质量足够大（指大于太阳质量的 8%）的恒星的内部，如果密度和温度超过一个特定的阈值，氢原子核内的质子就会融合在一起，首先变成氘，然后很快变成氦-3，进而是氦-4。每个氦-4 核的诞生，都将带来 2 800 万电子伏的能量，这个数字相当可观。这种出现在恒星核心部分的核聚变释能反应不仅可以解释太阳的发光能力，还可以解释所有主序恒星的能量来源。

　　在一颗像太阳这样的恒星的核心里，温度高达大约 1 500 万度，而且由于重力的挤压作用极强，星核中的等离子体的密度会高到地球上固体铅的 13 倍。以太阳的质量来算，它总共含有惊人的 10^{57} 颗质子，在任意时刻，其中都有接近 10% 的质子位于太阳的核心部分。在巨大的压强和极高的温度下，位于日核的质子都具有很高的动能，其移动速率已高到适合以光速的百分数来表示。因此，这些质子之间（以及与其他原子核）发生撞击的频率也极高，每颗质子每秒钟要与其他粒子发

图 5.12　在恒星的核心部位，释放能量的机制既不是化学反应，也不是重力之下的坍缩，而是核反应。这种反应形式允许相对更重的元素从相对较轻的元素中产生。（图片版权：NASA）

生相互作用达数十亿次。

通过这些狂暴的碰撞和剧烈的作用，可以尝试计算有多少质子获得了足够的能量以启动核反应链条的第一个环节，即形成氘核。不过，计算的结果是：绝对为零。质子们在太阳核心中猛碰归猛碰，但没有谁能升级为更重的原子核，这意味着那里的温度和密度尚不足以讲通整个故事。那么核反应到底要怎么才能发生呢？这离不开量子力学现象的帮助。恒星核心部分的质子携带的能量不足以胜过因其自身电荷而产生的斥力，但由于有"量子隧穿"（quantum tunneling）效应的存在，这些粒子仍有一定概率形成更加稳定的结合状态，从而释放出核能。尽管两个质子之间发生量子隧穿现象的概率很小，在这种情况下约为 10^{28} 分之 1——这相当于你每期只买一张"强力球"彩票，连买三期，结果三期都中了最高奖（译者注："强力球"是美国最流行的彩票玩法，单注彩票要从 69 个白球中选择 5 个，并从 26 个红球中选择 1 个，需要六球全中才能得一个最高奖）——但考虑到太阳内部粒子相互作用之频繁和持续，每秒仍有天文数字的 4×10^{38} 个质子变成氦核。这个需要用量子力学来解释的核能释放过程，正是宇宙中所有主序星的能量之源。（见图 5.13）

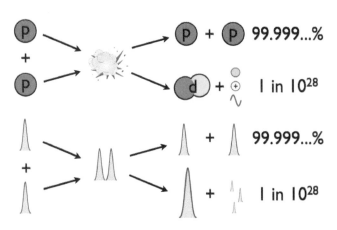

P + P　99.999...%

d + ⊕ ～　I in 10^{28}

99.999...%

I in 10^{28}

图 5.13 在太阳核心的极高温度中，赤裸氢核（即质子）之间带着极高的动能互相碰撞乃是寻常之事。但是，这种碰撞的能量敌不过它们之间的电斥力。只有运用量子力学的法则，将每个质子看作一个具有量子性质的粒子，将其位置表示为一个概率分布函数，才能理解两个质子之间为何偶尔会轻微重叠。乍看上去，无论两个质子撞击多少次，核反应都不会发生，二者只是在碰撞之后各自飞散开去，但实际上平均每 10^{28} 次相互作用中，就会发生 1 次核融合事件，形成一个相对较重的原子核（本图中以氘核示例）并释放出能量。（图片版权：本书作者）

那些质量非常小的恒星，其允许发生核聚变反应的核心区域的体积也较小，因此核融合的步调也比较慢，导致恒星温度相对较低、颜色偏红、发光能力也比较弱。而如果恒星的质量较大，那么其核心的体积也会比较大，其温度和密度都更高，核聚变事件在其间发生得也就更为频繁。恒星质量越大，被反应掉的氢核也就越多，星体也就越热、越蓝、越亮。所以我们看到的自身发光能力很强的恒星都是蓝色星。但还有一个规律或许与我们的直觉不符：越是大质量的明亮蓝星，其寿命也就越短。其道理在于，如果一颗恒星的质量是另一颗的 2 倍，那么它拥有的氢就也是后者的 2 倍，但它的内核中消耗氢的速度大约是后者的 8 倍。也就是说，如果某恒星的质量 10 倍于参考星，那么它耗尽自己的氢元素所需的时间就是后者的 1000 分之 1。在很大的时间尺度（数百亿年）上说，反应生成的氦会通过对流逐渐移向恒星表面，而那些还未参与反应的氢也会在对流中逐渐靠近恒星核心，所以足够长寿的恒星是可以完全耗尽自己的氢的。但如果恒星的质量不是很小（包括太阳这样的恒星），那么只要它核心区域的氢被用完，它就会结束自己的主序星生涯。而这一思想灵感，也让霍伊尔一方做出了一个宏大的预言。

* * *

正在消耗着氢的恒星之所以不会在自身重力的作用下坍缩，其原因仅在于恒星核心区域的核聚变反应会产生巨大的、向外的压力。然而这个过程只能创造出氦，若以"创造出地球上天然存在的所有元素种类"为标准来看，理论还不完整。霍伊尔认为，恒星内部还有着创造更重的诸种元素的过程。以消耗氢的恒星核心所表现的温度和密度来看，没有理由认为它能创造出比氦–4更重的原子核：氦–4之所以不能再接纳一个质子，是因为含有5个重子的原子核并不稳定，而两个氦–4核之间也不能结合，因为含8个重子的原子核同样不稳定，所有这种质量相对数为8的原子核，纵然能形成，也都会瞬间衰变回两个氦–4核。而当星核内的氢消耗殆尽之后，向外的辐射压会立刻降低，星核就会在重力之下突然开始向其中心坍缩。

在像恒星核心这样的以高密度聚集着海量粒子的地方，单是粒子之间的引力场中就储存着许多能量。在恒星坍缩过程中，除非坍缩速度极慢，而且同时又有释放能量的有效通道，不然粒子内部的温度和能量都只能不断升高，最后到达一个惊人的水平——这与柴油机的工作原理有些相似：当柴油被快速压缩时，猛增的温度将使其燃烧。氦–4的承压到达特定阈值之后，也会突然产生反应，但不是起火，而是聚合为铍–8！当然铍–8这种同位素也不稳定，它会在仅约 10^{-17} 秒之后衰变回两个氦–4。可是，霍伊尔非常看重铍–8的出现揭示出的意义，他认为铍–8的维持时间很短仅仅属于次要问题。（见图5.14）

我们已知，核聚变能够通过量子隧穿效应，高效地释放出巨大的能量，这离不开一点：其反应生成物的总质量小于反应参与物的总质量，而且这个差值是可以测出来的。氢可以聚变为氦–4，氦–4的质量（通过著名的 $E = mc^2$）可以等效为 2 800 万电子伏的能量，而四个氢核的

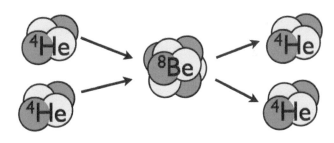

总等效能量必然大于这个数。反观铍–8，它的质量几乎与两个氦–4核的总质量相等，总等效能量差还不足10万电子伏，所以新生成的铍–8核并不具有很旺盛的生命力，从而会几乎立刻变回两个氦–4。不过霍伊尔仍然不愿放弃这一点，因为如果能让三个氦–4核足够快速地结合在一起，我们在理论上得到就不是铍–8，而是碳–12了，这可是一种相当稳定的原子核。为了跨越这个理论障碍，霍伊尔赌上了他的全部学术声誉，做出了他最具震撼力的科学预言。

就像原子有其激发态和基态那样，原子核也有自己的激发态和基态。原子的激发态是不稳定的，其电子暂时处于较高的能级，最后会落回到较低的能量状态上，并放出一个光子；原子核处于激发态时的能量谱也是较高和不稳定的，而基态的能量谱是最低的

图5.14　在温度高到一定程度时，两个氦–4核可能偶然地结合为铍–8核，虽然这种重核的寿命短到只有可怜的 10^{-17} 秒。在这么短的时间之后，不稳定的铍–8就会衰变回两个氦–4。在这整个过程中，能量既不增加也不减少，也不会向外释放。就该过程本身而言，它在关于重元素形成的研究中无疑是个死胡同。（图片版权：本书作者）

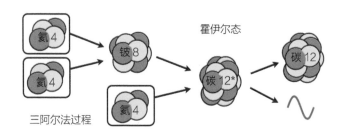

霍伊尔态

三阿尔法过程

图 5.15 所谓"霍伊尔态"是一种对碳-12 激发态的猜测。考虑到碳元素在宇宙中的丰度并不很低，它必须有一种在恒星的核心区域内被生成的方式。铍-8 虽然不稳定，但在密度和温度极高的环境下，也有可能在衰变之前接纳另一个氦-4 核。这一过程如果发生，就会创造出一个处于激发态的碳-12 核。该过程也被称作"三阿尔法过程"，因为氦-4 核同时也被称为"阿尔法粒子"（它可以是某些放射性衰变的产物），而合成一个碳-12 核需要三颗氦-4 核。激发态的碳-12 核可以在释放出一个非常高能的光子之后蜕变为常规的、稳定的碳-12 核。这个光子同样可以成为恒星输出能量的来源。（图片版权：本书作者）

且稳定的。而"激发态的原子"与"激发态的原子核"之间的最大不同，在于后者在能量上与前者有明显的差异，通过质能方程将这个能量差异转换为质量差异之后，它是可以被测量出来的。将三个氦-4 核结合起来，并不会得到一个碳-12 核，因为二者之间的质量差异实在太明显了，后者显著偏小。不过，霍伊尔提出，如果碳-12 核有一种激发态，其能量跟三个氦-4 核的总能量接近的话，那么恒星即便是在耗尽其核心的氢元素之后，也可以继续其核聚变反应。他推断道，鉴于碳-12 原子是构建地球上和恒星世界里许多更重的元素的基石，它的这种激发态一定是存在的（虽然尚未被观测到），而且其质量一定等同于氦-4 的三倍！（见图 5.15）

这一假定存在的状态被称作"霍伊尔态"，它在理论上的形成过程则被称作"三阿尔法过程"（triple-alpha process），因为氦-4 核也叫"阿尔法粒子"，是某些放射性衰变的产物之一。1952 年，霍伊尔将这一猜测告诉了合作者福勒，后者听了认为这一状态确实应该存在，只是一直被核物理学家们忽略了。经过五年的研究，霍伊尔态的碳-12 于 1957 年被发现，其能量水平也被证实完全可能在大质量恒星的核心里通过消耗氢而产生！这一突破性进展，为人们照亮了宇宙中各种重元素的生成之路。

* * *

我们在地球上发现的天然元素中，原子核最重的有 92 号元素铀甚至 94 号元素钚等。如果当前的宇宙中也有这么多种元素的身影，那么它们是在什么地方以什么方式生成的呢？尽管原子核比氦重的元素只占目前宇宙中物质总量的 2%，但这 2% 的重要性无以复加，因为它们构成了我们地球物质的 99%！我们现在知道，这些元素都是从恒星中生成的，但要说制造这些重于氢、氦的元素的能力，并不是所有的恒星都一样。不出你所料，要想解答其中奥妙，我们就要认真审视恒星从诞生到死亡的过程，并且要涉及从最小的红矮星（主序中的 M 型）到最亮的蓝色超巨星（O 型）的各个恒星类型。但此间也有一点可能出乎你的预料，那就是相对较小、较冷的恒星并不能制造特别重的元素。下面我们将更深地去理解为什么只有很大的恒星才是真正的"元素工厂"。

对雏形的恒星而言，是成为一颗真正的恒星，还是变成一个失败的星体，取决于其核心区域能否在不依靠外力的情况下让核聚变反应持续发生下去。在这种反应中，氢聚变为较重的氢同位素，进而变成氦-4 的核。完成这种反应需要环境密度是固体铅的很多倍，并且环境温度达到约 400 万摄氏度，这就要求星体的质量至少达到太阳的 8%，或者说地球质量的 26 000 倍，且这些质量必须几乎全部由氢提供。若达不到这个"门槛"，独立的、带着正电荷的质子尽管仍然会有一些其他类型的反应，释出一点光和能量，但肯定不可能彼此结合。而一旦条件达到或超过这个阈值，质子的聚变就会启动一个反应链条，生成氦-4 并释放出巨大的能量。在一颗真正的恒星的生命前期，这种氢核聚变使得星核的成分开始在元素周期表上爬升。

同时我们也知道，恒星的质量越大，其核心区也就越大，核聚变的环境温度也就越高，这意味着这颗恒星将会：

- 因高温而显现出更加偏蓝的颜色；
- 因核融合速率的增速更高而拥有更强的发光能力；
- 最重要的是，因核融合的高速度使得原材料消耗得更快，因此寿命缩短。

对那些质量很小的恒星（如质量仅为太阳的 8% 至 40% 的 M 型星）来讲，氢的聚变发生得很慢，因此生成物有充分的时间通过对流"漂"向外层，外层尚未参加反应的氢也有足够的机会"沉"到核心。这种对流跟我们烧开水时壶中的对流很相似：较热的水不断涌向水面，而较冷的水会不断下降到壶的底部。M 型恒星中质量最小的恒星寿命可因此长达 20 万亿年，这个数值是当前宇宙年龄的 1 500 倍，在这么长的时间里它们一直都消耗不完自己的氢。当氢最终耗尽之后，它们也会整体坍缩为白矮星，但由于温度和密度都不够高，它们都生成不了比氦-4 更重的物质，所以小质量的白矮星整体都是由氦元素构成的。当然，在今后超过 1 000 亿年的时间里，宇宙中都不会出现哪怕一颗由氦构成的白矮星。（见图 5.16）

换一种情况，如果一颗恒星的质量大于太阳的 40%，那么它不仅会变得不那么红，向着 K 型星甚至更高的类型迈进，还会以更快的速度消耗其核聚变材料，获得更大的核心体积、更高的核心温度。它与 M 型恒星的

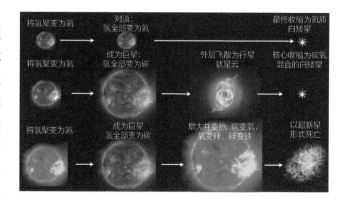

图 5.16　这幅图的第一行显示的是 M 型恒星的命运，它们可以把自己的氢都聚变成氦，然而也到此为止，因为它们没有足够大的质量让氦发生聚变。它们的结局将是一颗由氦构成的白矮星。第二行显示的是从 K 型到中等质量的 B 型等各型恒星的变化，它们的核心区除了允许氢聚变为氦之外，还允许氦聚变为碳，但无法支持碳继续聚变了。当氦聚变终止之后，这些恒星的外层物质将全部散开，变成一个行星状星云，其中心凝缩为一颗由碳和氧构成的白矮星。而较大质量的 B 型和全部 O 型星不仅支持从氢到氦再到碳的过程，还允许碳聚变为一些更重的元素，一直到铁。这些恒星将以 II 型超新星的爆发作为结局，其核心变为一颗中子星或一个黑洞。（图片版权：本书作者，使用了 NASA 的 SOHO 卫星拍摄的太阳作为素材）

区别，除了体现在光度、颜色上之外，还体现在因消耗氢太快而来不及充分对流上：许多聚变产物只能继续留在核心区。核心区内的氢在减少，释放出的反应能也越来越少，最后将不足以抵挡星体本身在重力下的收缩效果。好在此时温度和密度都够高，所以氦-4还可以经由前述的"三阿尔法过程"变成碳-12。这种反应释放的能量将使星体发生膨胀，成为红巨星，星体的直径和发光能力都可以因此增加数千倍。此时，在氦聚变发生区域的外围，仍然有一个薄薄的壳层中可以发生氢的聚变，生成氦这种宇宙中第二常见的元素。就是在这个尺寸跟木星相仿的小区域中，发生着一件很重要的事情：比氦更重的多种元素正在大量地产生着！

核心区内任何剩下的氢（自由质子）在海量的碳-12中都可以与之反应，制造出氮，进而产生氧。一个质子与碳-12结合后，会生成不稳定的氮-13，后者有放射性，会在几分钟之后衰变为碳-13。地球上的碳元素中有大约1.1%是以这种方式诞生的。由于内部温度足够，碳-13还可以再结合一个质子，变成稳定的氮-14。此外，碳-13也可以与一个氦-4结合，变成一个氧-16（也是稳定核）和一个自由中子。（记住，有些核反应会产生自由中子，这一点暂时很重要。）很多恒星，尤其是K型的小质量恒星，其生成重元素的能力到此为止，其核反应流程也就此完结。当氦-4的剩余数量不能继续生成碳-12后，以氦-4为反应材料的阶段也就结束了，此时星体会再度坍缩。诚然，此时星体核心区的温度和密度还在上升，但升幅已不够启动核反应链条中更靠后的环节了。巨星的外层此时开始缓慢地四散（这个过程要耗费几万年到几十万年），核心区将外层物质吹成剧烈的"星风"，使之逃向星际空间。核心区本身则会坍缩成以碳或（和）氧为主要成分的白矮星。这些白矮星的直径仅与地球差不多，但密度却是地球的数十万倍，总质量为太阳质量的20% ~ 140%。

现在考虑质量更大的恒星。它们可以让核反应的链条继续向后展开，让氦-4核与氧结合生成氖，我们的太阳作为一颗G型恒星，在几十亿年之后也会进入发生这种反应的那个阶段。在质量比太阳更大的恒星中，氖可以继续与氦结合，生成镁（以及一个自由中子），如果温度仍然足够高，镁还可以再结合氦生成硅，硅也有可能再一次结合氦从而生成硫。不论如何，这些恒星在解体时基本都有一个以碳和氧为主的中心区，其中也不乏剩下的氦在继续反应生成更重的元素，但氦聚变主要的发生区域是中心区外侧的一个壳层，这个壳层外侧还会有一个主要供氢发生聚变的壳层。这些恒星，以及K、G、F、A型星，还有那些B型星中的质量较小者，都会生成大量的碳、氮和氧，其中有些会生成更重一点的元素，当然产量不如前几种。不过，这些元素都被困在星体的核心区，星体外层仍以氢和氦为主导，只含有少量从核心区移动过来的较重元素。在氦聚变的最后阶段，来自核心区的强烈辐射流会把脆弱的外层物质冲散，使之进入星际空间并形成行星状星云。最终，其核心会坍缩为碳／氧质的白矮星，这颗白矮星会逐渐冷却，但其温度要经过大约 10^{15} 年才会降到与星际空间一致。（见图 5.17）

　　这看起来并不能为丰富宇宙内容做出多少贡献，毕竟在回归星际空间、为下一代恒星的生成提供养料的物质中，绝大多数是氢和氦，而相对较重的元素（如碳、氮、氧等）要少很多。宇宙中已知的恒星里，超过 3/4 都是质量最小的类型，即 M 型星，它们死亡后并不返还给宇宙什么东西。而在其余的恒星中，又有 99.5% 会遵循图 5.16 列出的生命周期循环，以行星状星云加白矮星的方式收场，返还给宇宙的元素种类基本都在元素周期表开头的 16 种之中，且数量也比较少。但是，另外的两个因素使得宇宙的丰富多彩完全成为可能：一是前面提到过的自由中子，二是那些质量特大的恒星。

　　与质子或其他原子核相比，自由中子是很特别的，因为它不带电荷。前文提到过的各种核聚变反应，都需要极高温、极高密的环境才能发生，因为它们需要足够的能量去克服同种电荷之间的斥力，然而中子不受这种阻碍，它可轻松进入许多原子核，使之变得更重。典型的情况是，一个原子核吸收了一个中子之后，它要么变得稳定，成为该种元素的一种更重的同位素，要么变得不稳定，发生"β 衰变"（会释放出一个电子），变身为周期表上序数小一号的那种元素。在红巨星中诞生的自由中子，就可以顺利被绝大多数种类的重原子核吸收。从理论上说，这可以让我们见证像铋（周期表中第 83 号）这么重的元素诞生。当然这一过程的能力也有局限，比如它耗时较长（学术上称为"s 过程"，其中字母 s 表示 slow，即"慢"），两次中子捕获的时间间隔通常达到几百年，又如它需要先期已经存在某些较重的元素，以作为其发挥效果的条件。所以，对于各种重元素的生成，我们不能把功劳全都归在这种过程上。当然，对于所有的大质量恒星能够生机勃勃地进行氢核聚变，这种过程仍扮演着重要角色。

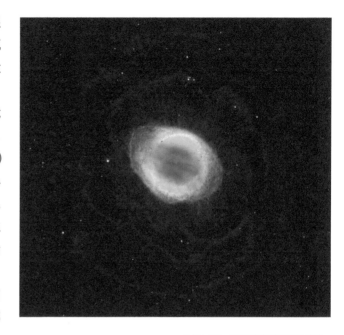

图5.17　天琴座的"指环星云"，这是一个典型的行星状星云，其外层云气的主要成分是氢，但也含有不少的氦、碳、氧、硅和硫。这些元素终将回归更外层的空间，成为星际物质，为下一代恒星的形成提供养料。该天体的中心是一颗已死的恒星，它已凝缩为白矮星。目前认为，我们的太阳在 70 亿到 80 亿年之后也会以类似的方式迎来终结。（图片版权：NASA、ESA，范德比尔特大学的 C.R. O' Dell 以及巨型双筒望远镜天文台的 D. Thompson）

* * *

　　宇宙中那些寿命最短的恒星，不但制造着比锂更重的多种元素，而且也是我们对那些特别重的元素寻本溯源之处。这些恒星天生又热又亮，质量也大，不仅包括全部 O 型星，

图 5.18 这个超大的星团被称为"剑鱼座 30"，它位于"蜘蛛星云"（NGC 2070）之中，离我们仅有 16 万光年。它含有数十万颗年轻的恒星，其中质量最大的那颗位于中心，即 R136a1。该星是目前已知的质量最大的恒星，其质量达到太阳的 265 倍。（图片版权：NASA、ESA，意大利博洛尼亚国家天体物理研究所的 F. Paresce、美国弗吉尼亚大学夏洛茨维尔分校的 R. O'Connell，以及"宽视场相机 3 号科学监察委员会"）

也包括 B 型星中质量最大的那部分。像所有质量大到足以启动核聚变的恒星一样，在这些恒星的核心区内，最开始发生的也是氢聚变为氦的活动。（这些恒星还会通过一种"碳—氮—氧"的循环来产生能量，这几种元素对由氢生成氦的反应而言属于催化剂。这种循环过程即便在质量较小的恒星身上也偶有出现，但恒星质量越大，这种循环的重要性就越强。）由于质量太大，它们消耗反应材料的速度和数量都很惊人，如已知质量最大的 O 型恒星 R136a1（这个编号是它 2010 年被发现时赋予的），其质量为太阳的 265 倍，发光能力为太阳的 870 万倍，表面温度亦达约 53 000 摄氏度，是太阳的 8 倍，因此其寿命会短到仅有 100 万至 200 万年。它会像那些比它轻些的恒星一样，很快耗尽自己核心里的氢，到那时，它剩余的氢将在其核心区的外层继续"燃烧"，导致星体更外层的物质膨胀为特大号的红巨星甚至蓝超巨星，同时，其内核会冷却并坍缩，开始将氦聚变为碳。（见图 5.18）

　　说到这里，好像这些大质量恒星的行为与此前说的那些恒星并没有太大差别，但其实有一个重要差别在于：它们的寿命短些，所以死亡进程快些。其消耗氢的阶段仅有几十万到一百万年，然后跟其他恒星类似，其核心逐渐被碳、氧，以及氖、镁、硅等元素几乎填满。仍如前面所说，其核心中最深的部分将因缺乏氦而坍缩，剩下的氦则在核心的外层继续反应，而氢位于更外层。这时，星体的大质量提供的极高温度使得碳聚变开始发生。与氢的聚变可以持续数百万年，氦的聚变可以持续数十万年相比，碳聚变的速率更快一些，并使核心区变得更加致密，进而依次开始以氖、镁，最终是硅作为聚变材料。这样，星体会形成一种类似洋葱的结构，越靠里的层次，消耗的就是越重的元素，当然温度也就越高。（见图 5.19）

　　由于越重、越热的恒星消耗反应材料越快、寿命越短，它生成越来越重的元素的进程也会因需要越来越高的温度而变得越发迅速。相对于碳聚变的阶段可能持续一千年左右，硅聚变的阶段只会持续数分钟，它把星体最中心处的元素变成了铁、镍和钴——这三种原子可是宇宙中最稳定的。到这里为止，我们谈论的每种核融合反应的产物，都来

自反应参与物的原子核之间更为紧密的
结合，其反应过程也都是释放能量的过
程。注意，从铁开始，理论上也还存在
产生更重的元素的反应，但是，此后的
反应产物，其材料元素之间的结合就不
如此前的那么紧密了，因此铁的聚变以
及此后更重的聚变都不再是释放能量的
过程了，而是要吸收能量。所以，当大
质量恒星的核心已经由铁、镍和钴构筑
起来时，乍一想它会变得僵化和凝滞，
不再继续发生反应。

　　但实际上此时星体的核心区还是有
足够能量去支持铁元素的聚变，只不过
这些进一步的反应会让星体付出惨痛的

图 5.19　那些最"重量级"的恒星消耗其核反应材料时，其内核会持续坍缩，使较轻的元素在升温中聚变为较重的。其所含的元素种类由此快速在周期表上爬升。（图片版权：Nicole Rager Fuller/ 美国国家科学基金）

代价。铁开始聚变后，星体核心的温度会迅猛下降，导致环境压力减弱，进而让核心物
质在自身重力的作用下坍缩。这将导致反应链失控，并最终走向灾变——核心越坍缩，
铁聚变率越高，压力下降就越快，核心就更快地坍缩……只消几秒钟的时间，星体核心就
会缩小到物质所能被压缩的极限，此时以下几个情况会同时爆发：

- 失控的核反应在制造出大量重元素的同时，也生成了许多自由中子（以及中微子）。
- 星核的外层会在已经最小化的核心周围"弹动"，将许多能量传递至星体的更外层。
- 大量能量的突然到来，既令外层的核聚变加快，也令外层物质本身振动，而这正
  是超新星爆发事件的第一个阶段！

　　灾变的结果，就是星体最核心的区域在崩溃和衰败状态中终结。当然核心也会残存
下来：如果恒星质量不是很大，它可能变成中子星——那是一个直径仅约 10 千米，重量
却跟太阳差不多的固体星球，完全由中子构成；如果质量很大的话，则残骸将是一个黑
洞！（见图 5.20）

　　但是，剩下的那些包含着从氢直到铁、镍、钴等各种元素的外层物质会怎么样呢？
首先，它们会经历剧烈的反应过程，生成周期表上的许多种中间元素。但是，在超新星
爆发期间，它们会遇到规模前所未有的"中子雨"的"轰炸"，所以许多中间元素的重
量还会继续迅速攀升，移到周期表中更加靠后的位置。相对于发生在恒星的氦聚变阶段
的"s 过程"，这一发生在超新星爆发时的过程叫作"r 过程"（译者注：r 表示 rapid，

图 5.20 蟹状星云是迄今被研究得最多的超新星遗迹，它是公元 1054 年那次超新星爆发事件的产物，也是梅西耶深空天体目录里的第 1 号天体。用业余天文望远镜即可清晰看到该星喷发出的外层物质，这团物质云至今仍在扩张，直径已经超过 10 光年。（图片版权：NASA、ESA，美国亚利桑那州立大学的 J. Hester 和 A. Loll）

即"快"，该过程全称为"快中子捕获过程"），它可以产生出地球上能见到但此前我们没提到过的所有种类的天然元素，其中最重的可以是铀、钚乃至锎。它甚至还能产生某些我们只在实验室里造出来过的元素！比起行星状星云，超新星遗迹能把大部分物质归还给宇宙，用于形成下一代的恒星，后者的成分表里将会拥有许多很重的元素。

每当一个新的星团诞生时，其中会有略多于千分之一的成员星最终能变成上述的超新星。作为宇宙中质量最大的一类单个星体，它们承担着光荣的任务，那就是为星际物质增添比碳更重的各种元素。在我们的太阳系诞生之前，已经有许多代恒星诞生然后毁灭了，是它们为我们这个世界提供了足够多的重元素。此时，也还有新的恒星准备诞生，这些未来的恒星将比太阳更加富含各种重元素。想一下你的身体系统，其中从肌肉里的碳到肺叶中的氧，从骨骼里的钙到血液里的铁，你所用以生存的每一种较重的元素，都来自那些已经以超新星的剧烈形式宣告终结的恒星。这些原子都在超新星爆发后被抛向宇宙空间，然后参与了新一代恒星的构建。经过持续几十亿年的、来自数十亿颗死亡恒星的积累，太阳和属于它的行星系统才得以问世。

如果没有较轻的原子，没有恒星内部发生的各种核反应，如今宇宙中的各种重元素就没有原始材料和生成机制。我们已经真切地认识到，当今人类世界的一切，都是此前默默发生的无数这类事件的结果。

第六章

直通最开端：历史通过
一次大爆炸而揭幕

哪一种理论模型符合真实的宇宙？对这个问题，20 世纪 50 年代的天文学家和物理学家们阵营分明。在两个最主要的理论阵营中，稳恒态学说的支持者们以"完美"宇宙学原则为旗帜，成功地说明了宇宙中的重元素是如何从现已毁灭的恒星的核心区里诞生的。大爆炸学说的支持者被迫承认，自己的理论即便是正确的，也只能解释那些较轻的元素的丰度状况：说氢、氦及其同位素是可以的，一旦说到比锂 7 更重的原子核就不行了。不过，此时还有另一项检验活动即将开始，它将能够对这两种理论做出更进一步的评判。

当时，每位主流的科学家都承认：宇宙正在膨胀，引力在引领着星系和恒星的形成，恒星可以将氢元素发生聚变，产生相对较重的元素。但关于这一切事情都是怎么开始的，则是争议的焦点。在稳恒态模型中，宇宙从无限早开始就存在，未来也会永远存在，而所有恒星和星系都在彼此远离而去。在这个越来越稀散的变化过程中，新的物质将以氢原子的形式慢慢生成，这些新物质也终将逐渐凝缩而成为新的星系，以保持宇宙的电中性，并为此后的恒星和星系提供聚变材料，使宇宙永远以恒定速度扩张。而当前的任何光子都是由恒星产生的，并在穿越宇宙空间时因经过气体云而被其散射。（见图 6.1）

大爆炸宇宙学：
随着宇宙扩张，物质被稀释，辐射产生红移

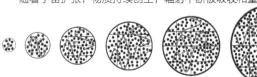

稳恒态宇宙学：
随着宇宙扩张，物质持续创生，辐射不断被吸收和重新释放

图 6.1 与稳恒态理论相比，在大爆炸理论的框架中，随着时间的流逝，不仅宇宙的物质密度会变化，而且辐射的变化也相当明显。即便不考虑关于温度一致性的预言，大爆炸理论也预言辐射将具有典型的黑体光谱，这与稳恒态理论的预言相悖。（图片版权：本书作者）

与之对比，大爆炸理论所描述的宇宙在时间上有一个开端，并且随着时间流逝而逐渐膨胀并冷却。最初的原始物质和能量处于温度和密度都极高的状态，后来温度随着多个重要阶段的进行而降下来，膨胀率和能量密度也随之降低。这些重要阶段有：

- 所有可形成质子和中子的物质都在降温，降到足以形成稳定的质子和中子的水平。
- 宇宙的温度下降到足以形成较轻的原子核，且这些原子核不会刚一形成就马上被打散。
- 残存的光子也冷却到足够让原子核与电子结合起来，形成稳定的原子的水平。

- 引力在中性气体上作用了足够久，以至于最早的恒星开始形成，并创造出重元素。
- 最后，许多代恒星纷纷诞生和消亡，积累下的重元素终于足够形成岩质的行星并为生命形式备齐了材料。

宇宙"大爆炸"的理论之父——伽莫夫曾说过一句有名的话："原子的诞生只用了不到一个小时，恒星和行星的诞生则用了几亿年，而人类的诞生要用去五十亿年！"不过，只要缺少可靠的观测数据和严谨的实验现象，大爆炸和稳恒态这两个理论派别孰是孰非的问题就一直存在。尽管如此，我们可以分别针对这两个理论去做一件事，此事的结果将能在二者中选出一个毫无争议的胜利者。对稳恒态模型来说，如果能观测到物质自发创生的过程，则其绝大部分的理论弱点就将被消除；对大爆炸模型来说，想要说宇宙曾经起源于高热、高密、充满辐射的状态，就迫切需要找到证据。下面，我们来看看后一种假定图景将牵涉到哪些东西。

如果宇宙真是始于一个被物质和能量挤满的高温、高密状态，那么早期宇宙中的辐射应该至今尚未被破坏，仍能找到。宇宙在其早期的几个阶段中，膨胀率和冷却速度都高得惊人，那时辐射可以不断轰击单个的原子核，导致离子化的原子核无法与电子结合成中性原子。等到中性原子开始形成时，辐射在数千年时间里又会将电子从氢原子或氦原子中剔除出去，在温度最终降到特定水平之前，让中性原子无法进入一种稳定的状态。即便是在中性原子大量出现之后，辐射也并未消失，它们依然存在于宇宙中！经历了宇宙早期的频繁撞击，它们应该已经进入了一种热平衡状态，即它们已经具有了一种极特殊类型的能量分布——黑体（blackbody）分布。这种能量谱的图形比太阳的光谱还要理想化得多。（见图 6.2）

只不过，由于中性原子稳定下来至今已不下数十亿年光景，在这么久的时间中宇宙已经充分扩张和冷却，如今从大爆炸中诞生的光子的能量与温度也都已经很低。我们通常以"电子伏"为单位测量光子的能量，1 电子伏的能量能让一个电子获得 1 伏特的电势。除氢核外，由一个质

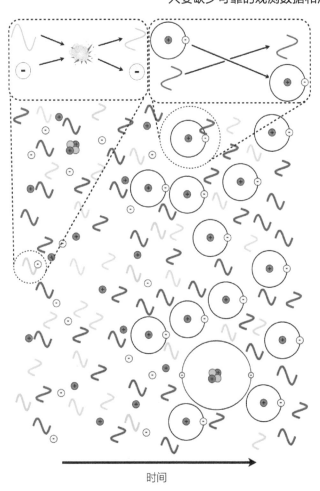

时间

图 6.2 在宇宙中出现中性原子之前，光子频繁地与电子之间发生散射，由此交换能量，使辐射的能谱分布具有黑体辐射的性质。在中性原子形成后，光子不再与物质粒子发生相互作用，而只是自由流动于空间中直到现在。（图片版权：本书作者）

子和一个中子组成的氘核是最轻的原子
核，光子若要击破它，需要带有 220 万
电子伏的能量，所以过去宇宙的能量至
少要达到这个水平。能将一个中性氢原
子离子化的光子，需要拥有 13.6 电子伏
的能量，所以宇宙的能量水平曾经从该
数值以上降到它以下。基于已经掌握的
物理定律，宇宙在各个方向上已经至少
膨胀了近 1 000 倍，所以目前宇宙中的
一个典型光子的能量应该只有零点几电
子伏。若将这一能量值等效为温度，则
仅相当于比绝对零度高几摄氏度，也就
是几个开氏度的水平。（见图 6.3）

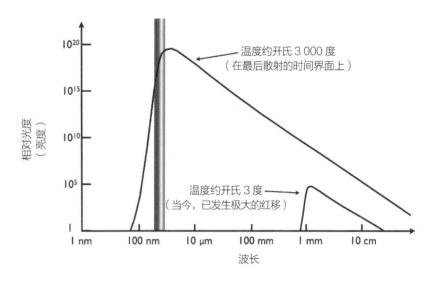

　　但是，只要伽莫夫所说的来自"原始火球"即"大爆炸"的辐射能被侦测到，那么
就等于为大爆炸宇宙学打响了胜利的炮声，从而将稳恒态理论挤下去。

＊＊＊

　　让我们把目光回到那个宇宙很热、很致密，中性原子无法稳定存在的年代，看看当
时宇宙有哪些重要的成分。首先是原子核，包括质子，以及质子和中子联合起来的状态。
比起其他类型的粒子，这些比较重的、带正电荷的粒子出于"体重"原因而移动得慢一
些。其次是电子，即便跟最轻的原子核相比，这种带有负电荷的小型粒子的质量还不到
前者的 0.1%，因此移动速度快了不少，但仍然远远慢于光速。最后就是光子，这种质量
为零的辐射粒子随着宇宙中空间和时间肌理的不断延展而不停损失能量，但是在以光速
运动着。在整个宇宙的环境温度与密度都很高时，光子和带电粒子间的碰撞非常频繁，
而每次碰撞都会造成双方的动能交换。不消很久，各种粒子（包括电子、原子核和光子）
的温度都变得差不多了，获得了类似的黑体能量分布。这就好比如果给一个房间加热，
且房间内的空气可以充分混合的话，所有气体分子都可以获得相似的温度。

　　当宇宙降温到允许中性原子形成的时候，辐射（以光子的形式出现）突然间变得不
再完全自由了，带电荷的粒子会与它相互作用！我们讲过，中性原子只能吸收或放出特
定波长的光子，这就是说，绝大部分光子会因为波长不是特定数值而无法反应，只能单
纯地以光速在时空中沿着直线运动。随着宇宙继续膨胀，物质变得越来越稀散，最终让

图 6.3　靠上的曲线显示的，是
早期宇宙中辐射被自由电子所散
射的最后一瞬间的能量谱，它是
黑体谱。该瞬间之后，宇宙就
完全中性化了。该能量谱目前仍
能被观察到，当然它如今已经
被红移了，移动幅度系数接近
1 000。请注意光度曲线从左往
右并非陡峭下降，而曲线的峰值
也已经服从上述系数而变长了大
约 1 000 倍。图中还画出了可见
光的频段，用于跟这个辐射谱的
频带宽度进行比较。（图片版权：
本书作者）

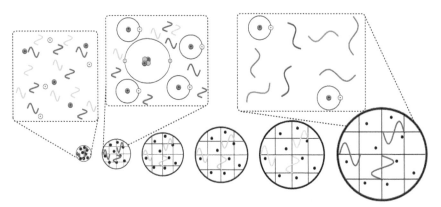

宇宙密度降到了今天的水平：平均来看，每立方米不足一个原子！综上所述，我们知道，在早期的宇宙中，光子曾经非常高效地被等离子体散射，直到中性原子稳定地形成。这个关键事件一旦发生，散射就完全停止了；所有光子都开始畅通无阻地旅行，除了宇宙的膨胀之外，再没有什么效应发生在它们身上。（见图6.4）

图 6.4 宇宙中的原子中性化后，光子停止了散射，它们接下去只能随着它们所寄身的"时空"的扩张而发生红移，在膨胀的宇宙中不断失去能量，波长也不断增加。（图片版权：本书作者）

假如大爆炸理论提出的这个框架正确，那么年轻宇宙的辐射给我们留下的痕迹将有以下几种性质：

1）在天空的各个方向都有。

2）不论方位如何，都可以通过温度来识别。

3）其能量谱遵循黑体谱。

4）能谱的峰值处于仅高于绝对零度几度的位置，其对应的波段为微波。

虽然伽莫夫会同阿尔弗、赫尔曼，率先算出过原始火球的各项参数，但直到20世纪60年代前期，人们才更为详尽地推导出了这些辐射的属性。由狄基（Bob Dicke）、皮伯斯（Jim Peebles）、威尔金森（David Wilkinson）和若厄（Peter Roll）领衔的一个来自普林斯顿大学的科学团队，不仅算出了大量有关的细节，而且建造出了"狄基辐射计"（Dicke Radiometer）用于侦测"大爆炸"在当今的余晖：宇宙微波背景辐射（缩写为CMB）。而就在离他们只有48千米的地方，另一个团队正在进行一项性质截然不同的工作——有趣的是，这项工作最终解答了所有的问题，而其设计者竟然根本不知道为什么会有此成果。

* * *

在新泽西州的霍姆德尔（Holmdel），受雇于贝尔实验室的科学家威尔逊（Robert Wilson）和彭齐亚斯（Arno Penzias）当时正在使用一架新制造的号筒型天线，该天线对波长较长的光波特别敏感。他们当时的任务本来是属于美国海军的科研项目，一个信号发射器要被搭载在气球上升空，他们负责侦测来自这个发射器的信号，因此首先要确保通信环境没有受到与上述的长波光信号类似的杂波干扰。所以，他们要排除的信号包括无线电广播（含被地面基站转发的广播，以及被大气电离层传递的广播）以及雷达信

号等。当然天线本身也会产生信号，为此他们还采用液氦
为侦测设备降温至仅有 4 开氏度，认为这样就足以消除任
何热噪声的干扰了。（见图6.5）

　　万事俱备，彭齐亚斯和威尔逊取得了第一批数据。然
而，数据检查的结果让他们困惑不已：即便排除了附近广
播电台和雷达的所有干扰，而且将天线的工作温度降到了
那么低，在环境背景中仍然有一个明显的热噪信号，而且
来源不明。更神秘的是，这个背景信号具有以下两个特点：

　　1）其强度比他们预期的杂波水平高出约两个数量级，
即大约 100 倍；

　　2）它在天线对准天空的任何方向时都存在，而且强
度始终不变。

　　通常的背景杂波源，其强度会受到多种因素的影响，比如：环境温度变化、地面其
他物体的阻挡，以及天线对准的方向是晴空还是有云，等等。但是上述这些因素看起来
完全不能影响到这个神秘的背景信号。随后，二人还迅速排除了三种最常见的信号干扰源：
地球、太阳、银河系。

　　那么这个信号到底是什么来历？剩下未被排除的思路中，看起来最有可能的是天线
自身出了毛病。于是他们对天线做了整体检修，确认了每个部件工作正常，每处电路连
接完好，天线的技术都严格符合标准、毫无瑕疵。折腾一番之后，侦测重新开始，结果
神秘信号居然原样重现。那么，还可能有何原因？进一步的详查发现，居然有鸽子在号
筒的尖端处做了窝，准备繁育后代。由于担心鸽子及其排泄物可能造成信号异常，他们
赶走了鸽子，清洁了号筒——这时他们还不知道，这次"铲屎"行动最终帮他们荣膺诺
贝尔奖。他们的获奖成果的诞生过程中，居然包括清理鸟粪的环节，这也堪称诺贝尔奖
历史上之绝无仅有。话说回来，鸟粪消失后，神秘信号安然无恙，这让二人又经过一阵
艰苦的研究才得出结论：这一信号只可能来自银河系之外的某种弱能量源，尽管目前还
不知道这种能量源的来龙去脉。因此，二人只能向其他科学家求助，以期揭开这种信号
的真面目。

　　狄基、皮伯斯、若厄和威尔金森的团队的研究成果，正可以为彭齐亚斯和威尔逊侦
测到的信号提供理论框架。当然，此时他们还未公开发表这一成果，但皮伯斯已经以个
人名义单独发表过一篇理论文章，对宇宙背景辐射的细节做了充分的推测，指出了这种
辐射的特性，即在特定的微波或无线电波段内，从任何方向都可以接收到，且其能量谱

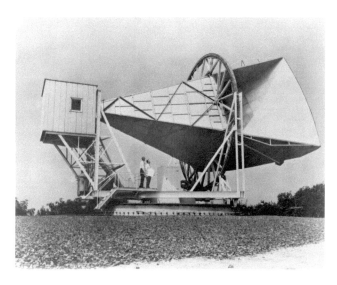

图6.5　位于霍姆德尔的号筒
型天线，建于 1959 年。这座
反射型天线属于 NASA 的"回
声"（ECHO）卫星计划的一部
分，其设计用途是侦测无线电信
号。（图片版权：NASA，摄于
1962 年）

1. Assuming that the Universe expanded from a sufficiently highly contracted phase, the early Universe would have been opaque to radiation. As a result the radiation field would have achieved thermal equilibrium with the matter—the Universe would have been filled with black-body radiation. This fireball radiation suffers the cosmological redshift, so that it is very much cooled by the expansion of the Universe, but it retains its thermal, black-body character.

图 6.6　皮伯斯论文中的一段。该文的主题是宇宙背景辐射如何影响早期星系的形成，首次给出了关于该辐射的细节的推导结果，并指出在像霍姆德尔的号筒型天线这样的设备上可以侦测到该辐射的哪些特征。（图片版权：P. J. E. Peebles，《天体物理学刊》即《Astrophysical Journal》1965 年，第 142 期，第 1317 页）

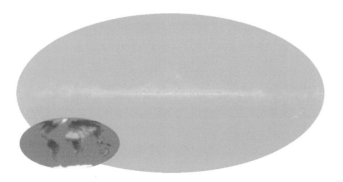

图 6.7　此图模拟的是彭齐亚斯和威尔逊二人使用号筒型天线测到的整个天空的信号分布结果。绿色表示恒定的微波背景信号，该区域几乎在所有方向上都大片地出现。白色表示的是另一种噪声信号，它们呈现很细的一个带状，对应于我们银河系的银盘平面，那里在微波波段有离我们更近的信号源，挡住了背景辐射。全图呈椭圆形，因为它所用的绘图投影方式跟世界地图是一样的——摩尔魏特（Mollweide）投影法。左下角展示了用这种投影法绘制的地球表面，以供对比。（图片版权：大图为 NASA/WMAP 科学团队；小图为 Wikimedia Commons 用户 Strebe，CC 3.0 相同方式分享）

呈现黑体辐射的特点。（见图 6.6）

彭齐亚斯和威尔逊并未看到皮伯斯的这篇论文，但是他们曾经把这个神秘信号的事情告诉过一位射电天文学家伯克（Bernard Burke）。伯克看到皮伯斯这篇文章的预印本之后，立刻将这两件事联系了起来：来自天空各个方向的微弱无线电信号，应该正是宇宙以"大爆炸"形式诞生时，一种极强的能量喷发事件在当今留下的痕迹！

普林斯顿大学科研团队给出的理论预测，看来正好可以与彭齐亚斯和威尔逊的实测数据吻合，并为之提供解释。得知这一点后，彭齐亚斯欣喜若狂，立刻联系了狄基，索取皮伯斯的论文，而这也正合狄基的心意。彭齐亚斯细读了皮伯斯的论文并做了补充研究之后发现，来自普林斯顿的这份成果岂止是神秘信号目前的最佳解释，它与实测结果简直就是吻合得天衣无缝。他立刻再次联系狄基，邀请他和他的团队成员造访贝尔实验室，亲眼看看这个信号，一起观测宇宙创始之际留下的背景噪声。（见图 6.7）

从这时起，大爆炸宇宙论不再只是一种关于宇宙起源的假说了，它成了能够预言和解释这种遍布天空、处处强度相等的微弱射电信号的唯一理论。也正是从这时起，我们开始真正明白，宇宙在很久远的过去确实有着一个开端。

* * *

但是，并非人人都接受这个发现。稳恒态理论阵营在得知这个低温、均匀的背景辐射存在之后，提出了一种新的解释：这种辐射有可能不是大爆炸的余晖，而是来自很久以前的恒星及星系的光，它们同样可以穿梭并遍布全宇宙。由于宇宙在膨胀，这些光线发生了红移，而由于宇宙也持续地创生新的物质，已经红移了的光线会跟这些新出现的物质发生作用，由此朝任意方向被散射，或被吸收后重新释放出来。（见图 6.8）

换句话说，他们认为，发现一个均匀、低温的背景辐射并不一定说明宇宙是从很久以前一个极高温、极致密的状态爆发并膨胀而来的，旅行了几十亿年的星光被膨胀中的宇宙内的物质所散射，其结果同样可能体现为这些辐射。

微波背景辐射的发现，让大多数科学家认可了大爆炸学说。此时，稳恒态派提出的这个少数意见就十分值得认真对待。在科学界，如果两种理论都能解释同样的现象，我们就不能轻率宣布自己看着更舒服的那一个或者形式上更简单的那一个是对的。我们应该做的是更加深入一点，找出一种事物或现象，让两种理论对它的解释有所不同，然后再通过观测或实验去进一步判别。

针对这个问题，大爆炸理论的预言是相当明确和具体的：如果宇宙起始于高温、高密度的状态，它留存到当今的背景辐射的光谱就应该属于特别的一类——完美的黑体谱。理论上说，如果加热一块完美的黑体（系指能够百分之百吸收辐射，完全不反射辐射的物体），当加热到特定温度后，它就会开始向外辐射。如果你见过红色的岩浆流（或者被炉火烧红的物体），那就说明它们被加热到了至少 525 摄氏度，这时它们吸收的热能中会有一部分开始转变为可见光。像早期的宇宙这样的事物，可以说更是特别近乎完美的黑体，同时也应该具有几乎完全均匀的性质，或说其密度各处一致。据此可以推断微波背景辐射的谱线应该高度接近黑体辐射谱，其偏差幅度不应大于千分之一。

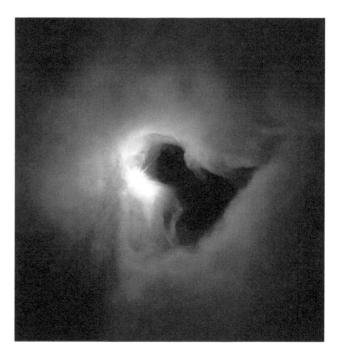

图 6.8　这是 NGC1999，它由一块吸收光线的尘埃云和一个反射星光的亮区所组成。稳恒态宇宙的支持者们表示，均匀的宇宙背景辐射，完全有可能是星光被遍布宇宙的云气和尘埃所吸收并再发射造成的。（图片版权：NASA 和哈勃遗产团队，STScI）

可是，恒星也属于非常好的黑体。比如太阳就以 5 777 开氏度的温度而特别近乎一个黑体，同时也是被我们研究得最多的一颗恒星。不过我们看到的恒星的光辐射并非来自一个固定的表面，因为恒星并非固体，而是一个等离子态的多层大球。拿太阳来说，其最外层叫作光球层（我们眼睛能看到的"阳光"就来自这个层），它的温度明显比内部的各层次要低，越靠近日核的层，温度越有显著的增高。换言之，即便我们忽略太阳（以及其他所有恒星）光谱中那明显的吸收线，其辐射出的能量也不应被视为来自一个纯质的黑体，而是要看作许多个不同温度的黑体的辐射总和。这样，我们只能说恒星"近似于"黑体。（见图 6.9）

原则上讲，通过测量微波背景辐射在不同频率上的密度分布，我们应该能把黑体辐射和星光辐射区分开来。在 1964 年，彭齐亚斯和威尔逊只能在单个频点上做测量，从而推断微波背景辐射的温度约开氏 3.5 度。但经过 20 世纪 60 年代到 80 年代其他人的多次后续测量，这个数值被修订为更接近开氏 3 度，后来又修正为开氏 2.7 度。而最重

图 6.9 太阳的辐射谱在 5 777 开氏度上可以很好地近似为黑体谱（灰色），但其实它（橙色）更接近于许多个数千度的黑体谱的算术和。虽然二者吻合得相当好（数据匹配度高达 97%），但在单个温度点上还是很容易发现太阳与理想黑体的差异。（图片版权：Wikimedia Commons 用户 Sch，CC 3.0 相同方式分享）

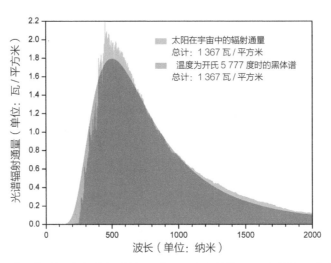

要的事实是，测量越是逼近仪器技术的极限，人们就越倾向于相信这种辐射谱与我们在地球上可以测到的理想黑体谱是一致的。

可是，要测出辐射谱与理想黑体谱之间的偏差，也绝非易事。微波背景辐射的能量谱在其峰值的频点上，能量密度达到最大值——每球面平方度 400 兆央斯基，这个计量单位是测量天球上单位面积内的能量流密度专用的。即便稳恒态的"星光"解释成立，能量谱与理想黑体谱的差距在这个点上也将只有每球面平方度 10 兆央斯基，要完成这种精度的测量仍是困难的。何况，这种对比差异在能量谱高的波段还是相对较大的，到了能量谱较低的波段就更小了。1989 年，人们终于得以对这个差异进行了终极测定，因为搭载着"宇宙背景探测器"（COBE）的卫星在这一年升空了，它的任务就是专门再测微波背景辐射的温度、能量谱，以确认它与理想的黑体谱之间有怎样的差异。经过几年的审慎研究，1992 年，该探测器的科研团队发布了研究结果，证实这个最新版的能量谱在各个频段上全都等于黑体谱，并且天空的各个方向皆然。该结果的数据精度达到了每球面平方度 0.01 兆央斯基。此外，微波背景辐射的温度也得到了最精确的数值：开氏 2.725 度，其误差范围只有开氏 0.00047 度。（见图 6.10）

至此，对大爆炸理论予以合理怀疑的人全都无话可说了。大爆炸理论由

图 6.10 大爆炸宇宙学理论的预言值（见曲线）与实际的微波背景辐射数据（见数据点，误差棒被以 400 个标准差的程度夸大了）是吻合的，此次杰出的测量终于得到了足够可信的答案。稳恒态宇宙模型的预言与此观测结果不符，由此彻底被认定无法解释微波背景辐射的性质。（图片版权：COBE/FIRAS 设备，经由 NASA/JPL-Caltech）（译者注：FIRAS 是 COBE 卫星携带的设备，全名为"远红外绝对分光光度计"，即 Far Infrared Absolute Spectrophotometer）

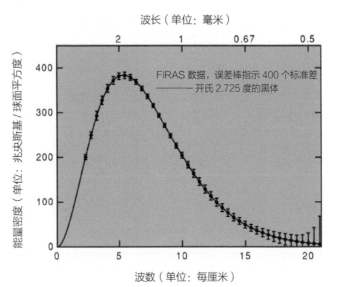

此不可逆转地获得了承认，稳恒态模型则因与观测事实不符而宣告失败。

* * *

微波背景辐射的发现和精确测量，无疑是 20 世纪物理学最伟大的成就之一。它最早在 20 世纪 40 年代由伽莫夫从理论上做出预言，到 1964 年由彭齐亚斯、威尔逊首先做了测算。随着人类科技能力的增长，越发精准的测量手段不仅用在了天空各个方向、各个频点的微波背景辐射上，还在大爆炸理论的另外两根理论支柱上大显身手，使其获得了令人欣喜的进展，那就是宇宙的哈勃膨胀，以及轻元素的初始丰度。

当哈勃于 1929 年首次发表他对宇宙膨胀的研究结果时，他只拥有一种测量技术（即利用造父变星），测量了 22 个星系的红移和距离，其中最远的距离也只有 700 万光年。如今，我们已经使用多种纯熟的技术测定了数十万个星系的准确距离，除了造父变星法，还有图里—费舍尔关系法、法贝尔—杰克逊关系法、表面亮度波动法等，最远可测距离超过了 20 亿光年！当然，适用距离最远的准确测距技术要数 Ia 型超新星法，它可以让我们估测出最远约达 100 亿光年的天体距离，这一测距纪录于 2013 年诞生，其对应天体是超新星 UDS10Wil。（见图 6.11）

哈勃当初测出的宇宙膨胀率大约是"每兆秒差距每秒 600 千米"（译者注：秒差距的定义请见图 1.21 的说明文字，"兆秒差距"系指 100 万秒差距），正负各有约 100% 的误差。应该注意，这一速度的单位意义相当特别，它指的是每单位距离之外的速度。这等于是说，特定的一个河外星系远离我们而去的速度，取决于三个因素：

1）宇宙的膨胀率。

2）该星系与我们的距离。

3）该星系的本动速度，即它在邻近天体的引力作用下，相对于我们的视线而移动的速度。

宇宙膨胀率的数值，随着观测技术的改进而不断被修正得更加精确。在目前全套的观测手段之下，这个数值被定在每兆秒差距每秒 68 千米，各项不确定因素加在一起

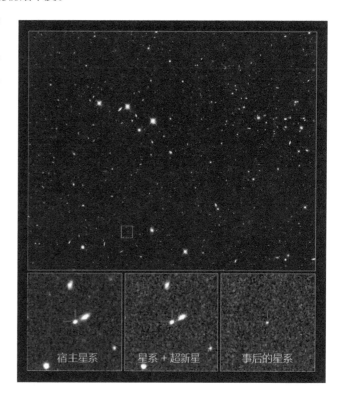

图 6.11　这里展示的是超新星 UDS10Wil，我们拍到的它的光芒，是它在宇宙的大小只有如今的 1/3 时发出的。如今，我们测量"红移—距离"关系的范围上限已经超过哈勃当年测量范围上限的一千倍，由此我们掌握的宇宙各处的膨胀率数值（不论近处还是很远处）也比过去精确得多了。（图片版权：NASA、ESA，约翰·霍普金斯大学兼 STScI 的 A. Riess，以及约翰·霍普金斯大学的 D. Jones、S. Rodney）

造成的误差也不过每兆秒差距每秒 ±4 千米。在各个方向、各个距离上，宇宙的哈勃膨胀都保持一致，因为宇宙过去的膨胀情况也都仅仅取决于物质和能量存在的形式。

与此同时，观测技术的进步也让我们得以测量各种轻元素的早期丰度。当然这个目标并不容易一举实现，因为毕竟测量对象是早在恒星形成之前的氢、氘、氦-3、氦-4、锂-7 等的数量。所以，这里唯一可用的思路就是测量遥远天体的光。除去微波背景辐射，这些信号仍然混合了恒星光线和恒星诞生或死亡时的光辐射，不过我们也仍有解决问题的希望。

尽管最早期的微波背景辐射测量显示当时宇宙在温度和密度上都是十分均匀的，但我们可以肯定事实并不绝对如此。因此如果宇宙物质呈绝对理想的均匀、平滑分布，没有任何区域的密度或温度与周围区域差那么一小点的话，就不可能让物质倾向于朝某些位置聚集起来，也就不会有某块空间内随着时间流逝而拥有更大的质量，从而逐渐富集为恒星原型，也就不会有后来的恒星、星系乃至星系团，不会有它们之间广阔的虚空地带了。我们的宇宙在初始阶段必须具有某种程度的密度不均匀性，哪怕这种不均匀的水平低到 1%、0.1% 甚至 0.01%。简单说，眼前的这个宇宙不可能是从绝对理想的均匀状态中开始的。

只要这种初始的密度波动确实存在，那么拥有最高环境密度的地方就会最先在引力作用下发生物质坍缩，进而形成恒星，而密度比较高但不特高的地方完成这个过程就需要更久。由此推断，宇宙中最早的一批恒星以及由它们组成的原始星系应该在大爆炸之后仅 5 000 万年到 1.5 亿年就出现了。至于那些弥漫着中性分子气体云的区域，就要耗费数亿年甚或几十亿年才能孕育出属于自己的首批恒星。随着我们窥探宇宙的视线越来越长，我们实际上也是在逐渐回顾越来越久远的宇宙历史，那里应该不仅存有极原始或相对比较原始的气体，还存在比那些气体离我们更远的光源。正如我们可以获取光源的发射光谱，将它们的光按不同波长散开去分析其所包含的元素那样，我们也可以获取吸收光谱，以分析这些存在于我们和光源之间的气体云含有什么成分。

有许多天体系统可以称为这种观测的对象，它们就是宇宙中最为强力的电磁辐射源：类星体。类星体的意思是"类似恒星的射电源"（该词组缩写为 QSRS），目前被认为是一种超大质量的黑洞，通常出现在星系的中心，其活动也要依靠不断吸收某种物质去维持。一开始，我们只知道类星体的电磁辐射量极大，后来发现它在可见光波段和 X 射线波段的辐射也特别强劲。类星体的各种辐射在穿越宇宙空间的过程中自然也会红移，同时，其中的某些成分也会因经过分子气体云（甚或多个分子气体云）而被吸收掉，剩下的成分继续一边运动一边红移，最终到达我们的眼睛。类星体的辐射，使我们能够探

知那些位于星系之间的气体云都含有什么元素，以及其丰度如何。（见图 6.12）

由于每一种原子核的"质量—电荷"数值搭配方式都是独一无二的，所以每种中性原子都有其名片式的吸收光谱。即便是同种元素之内的各种同位素，例如氢与氘，又如氦-3 与氦-4，其光谱特征也有着微小的差别。尽管我们很难找到属于非常原始状态的样本，但借助相对较早、处于不同阶段的许多样本的分析结果，我们完全可以推导出特别早期（尚无任何恒星诞生时）的宇宙中各种元素的数量。完成上述这些工作后，我们就得到了一幅富于逻辑性的、普遍适用的图景：恒星出现之前的宇宙中，按质量比来说，有 76% 的氢和 24% 的氦-4，以及大约 0.0022% 的氘（也可以写为氢-2）、大约 0.0011% 的氦-3、大约仅 100 亿分之 2 ~ 3 的锂-7。2011 年，人们又发现了第一个确凿的原始气体云，由此，上述推导出来的图景也无比骄傲地被证实了。观测显示，这块原始气体云内不含碳、氧和其他任何出现在恒星里的少数元素，而其氢、氘、氦的精确丰度值与此前所有相关观测都不矛盾。（见图 6.13）

* * *

1992 年发布的 COBE 探测器数据不但让大爆炸理论获得胜利，还带给我们一项新的突破：首次确信侦测到大爆炸时期辐射背景的不均匀性。虽然该探测器对背景辐射的定位误差可能达到角距 7°，但它仍然发现在整个天空平均开氏 2.73 度的辐射水平中有某些区域微微热一点或冷一点。该探测器通过同时测量正、负方向的温度，可以精准地掌握温差的分布情况，这一能力远强于它测量绝对温度数值的能力。虽然这种温差的水平小到只有正负万分之一开氏度，但这些热斑和冷斑足以告诉我们一个严肃的事实：宇宙并不是从完美的均一状态开始的！

但这并不等于说背景辐射本身是不均匀的，事实上，

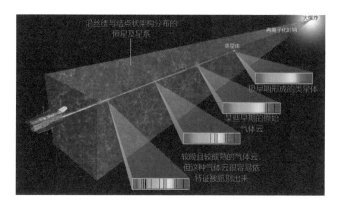

图 6.12　有些类星体形成于宇宙很年轻的时候；同时，天空中也不乏一些呈现着几十亿年前的原始光景的区域，在那些区域内，中性气体正在经历一个特别漫长的坍缩过程，以形成星团和星系。在我们的视角上，只要找到一个这样的气体云正好和更远的一个类星体重合，我们就可以侦测这些气体的吸收特征。（图片版权：NASA/ESA，STScI 的 A. Feild）

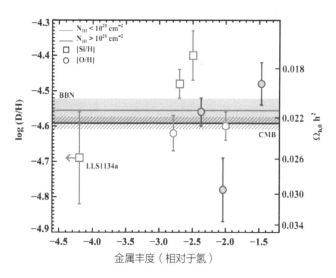

图 6.13　直到 2011 年，我们才发现了第一块被已知类星体的光线穿过的最原始时期气体云。由此我们不仅确认了当时氢与氦的质量丰度比为 3：1（完全符合预期），还得到了当时氘的丰度数据，其占比也与预言符合得不错（在允许的误差范围之内）。（图片版权：Michele Fumagalli、John M. O'Meara、J. Xavier Prochaska，载《科学》即《Science》2011 年，第 334 卷第 6060 期，第 1245 页）

背景辐射在各个方向、所有位置上都十分匀称，大爆炸发生之时，宇宙的任何一部分的内在温度都不比其他部分热一点或冷一点。这种不均匀其实来自某些区域的密度比平均值高一点或低一点。当然这种密度差并不很大，否则我们今天看到的宇宙大尺度结构将呈现出明显的不对称特点。也正是这个幅度大约只有平均密度 0.003% 的偏差，让宇宙的大尺度结构显现为今天的样子，同时让 COBE 的探测结果体现出了温度的波动。

可是，如何理解在一致的辐射环境中会出现并不完全均匀的密度分布，并造成能量上的热斑或冷斑呢？我们可以把年轻的宇宙中的密度分布想象成一片海面，那里的波浪具有的典型高度是几厘米（同时偶然会有几十厘米的），但是这片海向下有若干千米深的水。在波浪最高的位置上，海水的总深度也只比平均深度多出很少一点，而在波谷的位置上总深度也只比平均深度差一点而已。只要把许多个波峰和波谷处的深度平均一下，就可以得到适用于这片海的标准深度值。年轻时期的宇宙的密度状况很像这片假想的海，虽然有些区域的密度轻微地超出平均密度，或比起平均密度显得略有不足，但在很宏观的层面（即让密度整体平均之后）看来，其每个面积相仿的局部的密度也相差无几。（见图 6.14）

那么我们是如何掌握这些很细微的密度差别的呢？要知道，我们并没有办法直接测得各个方向上宇宙在恒星尚未形成的时期拥有的密度值，我们能做的只是接受来自各个方向的、本身连续一致的辐射。这些辐射从那个仿如海面的历史界面上诞生，其强度所带的微小的峰和谷，指示着那些密度稍高或稍低的区域。这些辐射自从离开最后的散射界面，其本性就四处皆同了：它们都拥有黑体辐射谱，光子的密度数值也都一样，温度也都精确一致。（当然，从技术层面来说，这些辐射本身仍然有着非常非常微弱的差别，特别是在最小尺度上看的时候。但是，只有对这个话题做极深入的学术讨论时，才有必要考虑这些。）尽管辐射的性质如此统一，可那个界面——那个在辐射在成为自由的光子流之前最后与之相互作用过的时间界面——并非光滑完美。辐射离开该界面（即度过该特定时刻）时，其所处的位置有特定的密度值，这个值是各处不尽相同的：大部分区域的物质凝集程度当时仅轻微高于或轻微低于平均值，当然也有很少数的区域的该值与平均值差异略大。

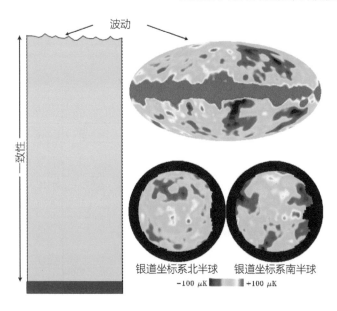

图 6.14 假如我们观察一片海面，可以看到它呈现出的波浪，浪的高度是可测的，但它相对于这片海的深度而言又是很小的。与此类似，如果我们观察微波背景辐射的温度波动，乍一看好像各个区域间差异明显，其实这个差值的幅度大约只有万分之一开氏度。参照微波背景辐射的平均温度开氏 2.725 度而言，这种温度波动对应于平均温度的幅度差只有 0.003%。微波背景辐射图中间的红色地带是银河系盘面对应的区域，在该区域内 COBE 探测器是无法侦测到有效数据的。（图片版权：本书作者，以及 COBE/DMR/NASA/Caltech/LBL）

宇宙的最初 38 万年里，每个光子都以极为惊人的频度与等离子体物质发生碰撞并散射，这种散射直到宇宙中所有原子都中性化之后才终止。光子告别了最后一个与之作用的离子之后，会做一个史诗般的、漫长的直线旅行，它的波长也随着宇宙的膨胀而被逐渐拉大。不过，光子要真正开始这个穿越宇宙之后到达我们眼睛的旅行，还需要先完成一项艰巨的任务：从由"最后散射"时的物质创造出的"引力势阱"里逃出来。具体说，光子完成这项任务有以下三种可能的情况：

- 如果光子当时所处的区域的密度属于平均水平，那么光子要逃出的"陷阱"的深度也是平均水平，所以它在这个过程中要通过引力红移丢掉的能量也处于平均数量。其后它穿越宇宙时，它携带的能量是与宇宙中所有光子的平均黑体谱一致的。
- 如果光子当时所处的区域的密度高于平均水平，那么光子要逃出的"陷阱"的深度也会多于平均，它在这个过程中要通过引力红移丢掉的能量也会因此大于平均数量。其后它穿越宇宙时，它携带的能量就会低于宇宙中所有光子的平均黑体谱。
- 如果光子当时所处的区域的密度低于平均水平，那么光子要逃出的"陷阱"的深度也会少于平均，它在这个过程中要通过引力红移丢掉的能量也会因此小于平均数量。其后它穿越宇宙时，它携带的能量就会高于宇宙中所有光子的平均黑体谱。

（见图 6.15）

因此，比如我们在微波背景辐射中观测到一个区域有偏热的温度波动，就可以知道该区域的密度在宇宙年龄约为 38 万年时是低于整体平均水平的。相反，如果我们观察到某个天区有偏冷的温度波动，就说明这个区域在当时的密度高于整体平均水平。随着时间轴的进展，密度偏高的区域就更有可能吸引到越来越多的物质，进而更容易出现诸如恒星、星系乃至星系团之类的结构；而密度偏低的区域就越发倾向于成为一片虚空。（见图 6.16）

COBE 探测器是第一个对整个天球进行辐射温度测定的仪器，后续的两个这方面的探测器 WMAP 和"普朗克"

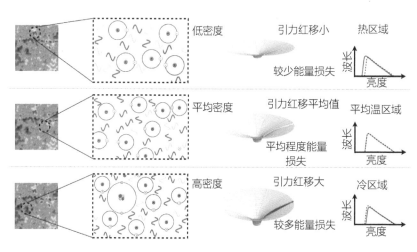

图 6.15　在微波背景辐射中观察到的温度差异，源于最后散射界面上的密度差异。温度偏低的区域对应着界面上密度较高的区域，那里的引力势阱更深一些，导致光子的引力红移更大一点；与之相对，温度偏高的区域意味着相对较低的密度、较浅一些的引力势阱，和较小幅度的引力红移。总之，密度相对于平均值的偏高或偏低，分别催生了温度相对于平均值较低或较高的区域。（图片版权：本书作者）

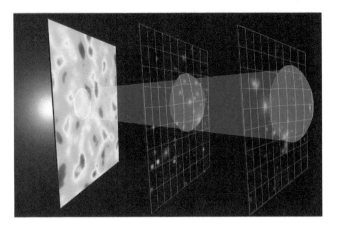

（Planck）则在多个频段上深入观测了这些"冷斑"和"热斑"，并将数据的量角精度提升到了少于 0.5°。人类总算得到了一幅关于早期宇宙的温度、密度的均匀程度的精细图像，由此深入掌握了当前宇宙大尺度结构的根源，以及它那以百万年、十亿年为单位的演化，为当今的恒星、星团、星系和各种巨大的星系际空洞找到了历史脉络。由于宇宙的膨胀、较轻元素的丰度、微波背景辐射的状况全都指向同一个结论，大爆炸宇宙学如今已经成为科学界的共识。（见图 6.17）

图6.16 微波背景辐射中的"冷斑"（以蓝色表示）本身并不比其他区域冷，但能表明这些区域内的物质提供的引力牵拉效果比其他区域更强；同时"热斑"（以红色表示）之所以被说成更热，也仅是因为该区域内的辐射当时所处的引力势阱相对较浅，结果保留的能量多些；平均区域（以绿色表示）内的密度是平均水准，所以该区内的光子温度也处于平均值。随着时间的流逝，"冷斑"内更容易形成恒星、星系和星系团，而"热斑"内的物质倾向于变得越发稀散缥缈。对微波背景辐射的回顾，让我们更加了解如今宇宙的大尺度结构在远古时期是如何埋下种子的。（图片版权：SDSS-III 团队兼南极望远镜团队成员 E.M. Huff，由 Zosia Rostomian 制图）

＊　＊　＊

　　如果我能够告诉各位，所有曾经不认同大爆炸理论，并为建设自己的理论不懈努力过的主流科学家，现在都已在全方位的观测事实面前承认了大爆炸理论的正确性，那我将很高兴。毕竟当年开普勒也曾经认为行星是沿着内接或外切于五种正多面体的正圆轨道运行的，但在看到无可辩驳的实测数据之后，他放弃了自己原先的观点，转而支持行星轨道呈椭圆形的理论。因此，或许你会觉得在如此确凿的大爆炸理论跟前，所有原来持不同意见的科学家一定都会改弦更张。我也觉得，这些逐步积累起来的数据，没有理由不以排山倒海之势让主张"光疲劳"的稳恒态论者和等离子宇宙学论者（以及其他一些小的学派）改变他们的观念，毕竟科学的进程就是不断淘汰陈旧且无效的理论，让当前最具解释能力的理论脱颖而出。然而，至今我们还能见到有的科学家拒绝接受大爆炸学说。

　　稳恒态宇宙模型的干将之一杰弗里·博比奇（即那篇正确给出恒星内部核物理过程的著名论文 B²FH 中的字母 B 之一）就一直不承认大爆炸学说，并且直到进入 21 世纪后依然坚称许多所谓的超远距离天体（例如类星体）其实离我们比较近。另一位主要人物霍伊尔（B²FH 中的字母 H）则将微波背景辐射称为一片辐射之"雾"，指出我们其实正神秘地生活在这片"雾"中。尽管自己的假说因无法解释为何星光被散射之后竟产生黑体谱而受到质疑，他也从未放弃，他的许多学生和追随者也都坚持站在他这边。另外，一位研究星系相互作用的前沿学者阿尔普（Halton Arp）坚持声称类星体的红移数值分布不是连续的，但他从未解释，为何数十万个这类天体的数据汇总显示并非如此。还有一位来自天体物理学领域、研究磁流体动力学（这个学科主要研究等离子体在像太阳内部的那种极端环境中是如何运动的）方向的学者阿尔芬（Hannes Alfvén），他具有革命性地指出，20 世纪 60 年代的许多天体物理学计算未能正确考虑各种电磁效应及其现象，而这类考虑在研究早期宇宙时尤其重要，因为早期宇宙经历过一个充满等离子体的阶段。他的论点虽然无误，而且对某些专题（比如与星系和黑洞喷流有关的磁场）的研究有重要价值，但仍然不能解释微波背景辐射，也不能解释大尺度宇宙中的引力现象。

　　像这样的杰出科学家还有不少，他们一方面从未认同作为热门理论的大爆炸学说的那些强有力的证据，另一方面也在这些证据的压力下继续坚持自己钟爱的假说。时至今日，尚未见到除大爆炸理论之外的任何一种假说可以同时做到以下事情：与广义相对论无矛盾；能解释宇宙的哈勃膨胀；能解释较轻元素的丰度；能说明微波背景辐射为何存在及其性质如何。虽然有一些知名科学家坚持穷尽毕生精力去反对大爆炸理论，但目前认真考虑这些反对声音的学者已经越来越少了。可以说，大爆炸理论的反对者的数量，少得已经快要等于反对"太阳系八大行星绕着太阳转"的人了。总之，正如普朗克（Max Planck）那段著名的话所说：

　　"一种新的科学理论获胜，并不在于它说服了所有反对者并使其归附，而在于反对者们最终会驾鹤西去，然后熟悉新理论的年轻一代成长了起来。"

　　而建立在铁一般的观测基础上的大爆炸理论，本身又是一片坚如磐石的理论地基。现在，学者们正在探寻其理论边界，以更深刻地理解宇宙为目标而前进。我们想要知道：宇宙的组成部分都有哪些？宇宙为何能够开始？未来的宇宙将走向何方？

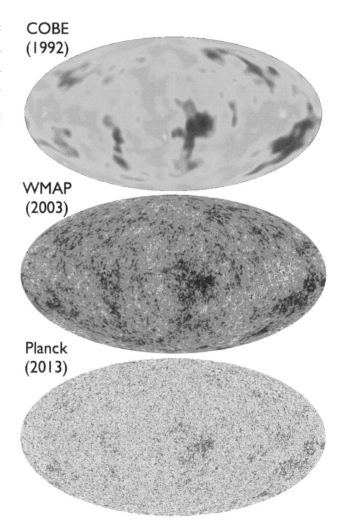

图6.17　这里并列的是三次对宇宙背景辐射的探测任务的主结果图，探测的年份也一并标出，可以看出测量精度越来越高。其中，COBE 数据的方位误差大于 7°，只包括了 3 个频段的测量值，而且这里呈现的结果图还是根据后两次测量的相应结果补充过的。WMAP 则在 5 个不同频段上工作，方位精度改进到了 0.3°。"普朗克"的方位精度则提升到了 5 个角分（即 0.08°），监测频段已经增至 9 个。（图片版权：上为 NASA/COBE/DMR；中为 NASA/WMAP 科学团队；下为 ESA 与 Planck 团队合作）

第七章

物质很重要：为何宇宙中物质多于反物质

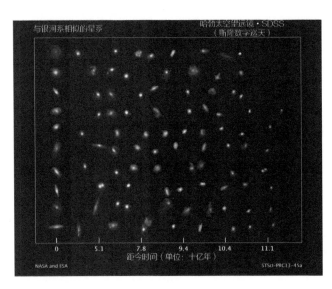

图 7.1 在宇宙的深远之处，可以找到一些很像我们银河系的星系，由此窥探银河系的过去岁月。那时的银河系应该比现在更小，所含重元素也更少，整体结构的演化不如今天这么成熟，但也有更多活跃的、正在形成的恒星。（图片版权：NASA、ESA，耶鲁大学的 P. van Dokkum，莱顿大学的 S. Patel，以及"3D 哈勃太空望远镜"团队）

大爆炸理论通过已知的物理法则，非比寻常地建构了宇宙在遥远过去的模型，由此外推并对当前我们所看到的宇宙现象做出了预测，并取得了巨大的成功。这个不断膨胀、冷却着的宇宙不仅在数十亿年间孕育了无数恒星、星系、星系团及其大尺度结构，还具有一个让人惊讶的特性，那就是每当我们望向它的越深越远之处，就等于在查看年代越久远的历史照片。我们观察那些遥不可及的星系和星系团时，看到的不仅是它们随着宇宙的哈勃膨胀现象而离我们远去，还有这些天体在宇宙年轻时和未经充分演化时的样子。这意味着一大堆事情，而且其中很多都已经从观测上得到了验证。（见图 7.1）

如果我们看到的宇宙更深处不仅温度和密度更高，而且也更年轻，那么当我们观察宇宙的更早期存在什么的时候，应该会看到很多的事情。在遥远的过去，因为还没有足够的时间，所以大型并合事件更少，引力坍缩事件也更少，而星系团的各个成员星系之间的距离也比后来更远。我们也应该能看到那时宇宙的背景辐射温度比今天观察到的开氏 2.725 度要高。我们还应该会看到那些遥远的恒星和星系的重元素含量不如现在，因为那时的宇宙还来不及让恒星演化足够多的世代。循此思路一直下去，如果能回望足够远的历史，应该还能发现真正最原始的星际气体云。那时的宇宙还没有任何一颗恒星诞生，也就更没有恒星死亡，从而也不会被恒星演化所产生的重元素给"污染"。

宇宙历史中这些顺理成章的演化链条，全都始于大爆炸，始于过去的宇宙比今天的更热、更致密，其膨胀速度也比今天更快这一事实。大爆炸理论刚被提出时，其预言还没有任何观察事实可以佐证，如今我们却看到这些预言和其他许多科学猜测一样，都已经被精度极高的实测结果所确认。宇宙之所以成为今天这个样子，是因为它经历了一系列重要的事件。下面，我们逆着时间顺序，将这些事件从晚近到古远排列一下：

- 带有形成生命所需之物质的岩质行星，只会出现在很多代的恒星死亡之后——因为它需要这些恒星耗尽燃料并瓦解，将其创造的重元素返还到宇宙空间。
- 要能形成上述的恒星，必须先有巨量的物质在引力作用下聚拢起来，形成冷且致密的分子云。这种分子云最终可以坍缩并触发恒星形成。
- 要形成上述冷的分子云，必须要让构成它的原子失去一些能量，不能让它们具有在宇宙早期阶段那样高的能量。所以，也需要一定的时间才能让它们的温度和动能下降得足够多。
- 要让这些原子得以存在，宇宙就必须先结束那种既高温又高密的等离子体阶段，否则那些能量足够强劲的光子不会让原子核和电子稳定地结合成中性原子。
- 要形成第一个稳定并且复杂的原子核，宇宙就必须先从一个比上述状态更加高温的状态中冷却下来，不然哪怕是一个仅比单个质子或单个中子复杂一点点的原子核——氘核（由一个质子与一个中子组成）都会被光子打碎，从而让核反应的链条无法运行下去。

在大爆炸理论看来，上述每个阶段，宇宙都顺其自然地经过了，即通过原子核、原子、分子云的演化，最后形成了恒星。随后，许多代恒星先后存在又灭亡，终于诞生了一些有岩质行星陪伴着的恒星，这些行星上提供了形成生命体所需的物质，我们的地球当然也在其中。

可是，上面这套叙述中仍然包含着一个尚未被彻底审视过的假设，即假定宇宙中的物质是由质子和中子开始的。这个假设看起来并不牢靠——要想明白为什么，我们需要将大爆炸理论继续向前反推，达到甚或超越人类能够探测的能量上限！（见图 7.2）

* * *

越向宇宙的深处（早期）去观察，就会发现粒子之间发生着越高频次的撞击。但这种撞击不论是否频繁，粒子之间都有着很多种相互作用的方式。比如它们可能发生弹性碰撞，彼此弹开，将碰撞之前携带的能量全部转为动能。它们也可能发生非弹性碰撞，即其中一方在撞击之后崩解，

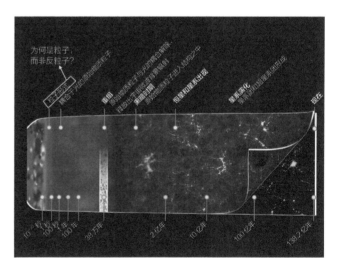

图 7.2 大爆炸理论使得我们得以推论宇宙非常年轻时的情况。它对宇宙演化进程给出了一套陈述，涉及复杂分子、重元素、恒星及其行星、星系的起源问题，以及原子核与中性原子如何在高温、高密的原始宇宙中诞生的问题等。但这整幅图景中还短缺一块拼图：宇宙中为何充满了物质粒子？（图片版权：ESA 与"普朗克"探测器协作，经本书作者调整过）

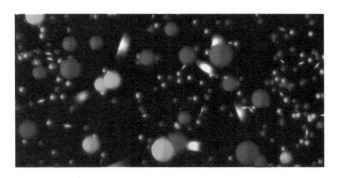

图 7.3　只要回溯到足够早的时期，宇宙中就会有一个因能量太高而无法形成任何单个的质子和中子的时期，那时，后来构成质子和中子的材料（如夸克、胶子等）都处于游离态。在只属于那个年轻宇宙的高温环境里，不仅光子和物质粒子可以在能量足够的情况下被自然创生出来，各种反粒子和不稳定粒子也都可以出现，于是会形成一"锅"由原始的粒子和反粒子组成的"汤"。（图片版权：美国布鲁克海文公立图书馆）

或者双方经由碰撞而合为一体。而假如碰撞事件的能量够高的话，双方还有可能自动变成新的粒子，如数量相等的物质粒子和反物质粒子。这种事件的发生无须外界的其他刺激，因为能量已经提供了足够的条件，而完成这种相互作用所需的能量之多少，正是由爱因斯坦最著名的方程 $E = mc^2$ 决定的。

我们如果能让时间倒流，回溯越来越早期的宇宙，不仅会看到物质粒子的平均动能升高，还会看到光子的平均能量也是如此。因此，可以用来产生新粒子的能量也将增加。这样下去，能量肯定会在某一刻升高到足以创造新粒子的水平。（见图 7.3）

但这不说明任何我们想到的粒子都可以被创造出来。当时还是有一些限定法则要服从的，尤其是粒子只能成对地创生，物质部分和反物质部分只能相等，并且遵循下述的规则：

- 宇宙中的每种粒子都有专门的一套能够描述它，并且能够唯一地描述它的特性，包括：静止质量、电荷、重子数、轻子数、轻子家族号、自旋值，等等。
- 每种粒子都有自己的一种镜像粒子，即一种反粒子。特定反粒子的质量和自旋与特定粒子相同，但电荷相反，重子数相反，轻子数及其家族数也相反。
- 有些粒子虽不带电荷（如玻色子），但也有其反粒子，那就是它们自身。
- 最后，当粒子和与之对应的反粒子相撞时，双方会发生湮灭，产生两个光子。每一个光子的能量等于"粒子—反粒子"对中的粒子的静止质量，这是由爱因斯坦的质能方程所决定的。

因此，如果我们继续回溯到早至宇宙年龄（即大爆炸发生之后）只有大约 1 秒的时候，就可以发现当时的能量之高足以自发创生正负电子对（即"电子—正电子"对）。而在比这更早的时段内，还可以自发产生那些更重的"粒子—反粒子"对，如 U 介子、π 介子、质子、中子等的"正一反"对。如果再继续追溯，则可以产生"标准模型"（Standard Model）中的所有已知粒子（及其反粒子）。这里说的粒子除了上面提到的之外，还包括夸克、轻子、胶子、重玻色子甚至希格斯玻色子！（见图 7.4）

但这里还有一个问题。如果宇宙在其起始是一片超高能的、由光子（它的反粒子就是它自身）和巨大数量的物质与反物质组成的"海洋"，且物质和反物质在创生出来时应该是等量的，那么为何当宇宙膨胀并冷却之后，就只剩下了物质而不见了反物质呢？或者退一步问，为何我们邻近的宇宙里只见物质而不见反物质呢？

情况真是如此吗？我们来探查一下。

* * *

首先来考虑一下，假如宇宙中的各种粒子相互作用对于物质和反物质都是对称的，情况会怎么样。毕竟在大爆炸理论的框架之内和现有的物理定律的前提下，那本来就是我们所希望的。那么这种情况会引导出一个我们如今看到的宇宙吗？我们所需要考虑的是宇宙开始于一个温度任意高、密度也任意高（致密）的状态，其中充满辐射，以及数量相等的物质和反物质，还按照广义相对论的法则不断膨胀和冷却着。如果这个宇宙就是我们的宇宙，它将会怎样演化？我们今天将会看到什么？

请想象那"锅"原始的粒子"汤"，所有粒子的运动都是如此剧烈——它们以极端相对论（ultra-relativistically）的水平在运动。这等于是说不仅其中质量为零的粒子以光速运动，而且那些有质量的粒子的速度也不可思议地达到了如今几乎难以企及的水平，或者更高，到了光速的99%。那时，粒子之间疯狂撞击，有时仅仅是相互交换能量，有时则创造出新的"粒子—反粒子"对，还有时因为撞击双方正好是对应的粒子与反粒子而发生湮灭，结果生成两个光子。与之相似，光子之间也频繁撞击，有时能制造出"粒子—反粒子"对，有时则不能。（见图7.5）

只要能量足够高，那么，可以自发生成粒子及其反粒子的反应、粒子和反粒子发生湮灭的反应，这两类过程就会以同样的速率发生，从而让宇宙中的粒子、反粒子、光子的数量在给定时间内保持平衡。但由于宇宙在膨胀，更重要的是，随着这种膨胀而冷却，这种平衡会改变。宇宙的膨胀导致粒子的撞击率下降，于是粒子的诞生率和湮灭率也都下降。而宇宙的温度变低则让粒子损失能量。当然，让

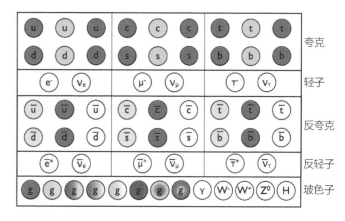

图7.4 这里列出了我们已知的宇宙中所有种类的基本粒子及其反粒子。所有可参与强相互作用的粒子均标以颜色；所有夸克、电子、U介子、τ子、W-玻色子都是带电荷的；八种胶子以及光子（记号为γ）是质量为零的，其他所有粒子（甚至包括中微子）的质量都不为零。在早期宇宙足够高温、高能的环境下，所有这些粒子和反粒子（甚至也包括其中不稳定的种类）都以差不多的丰度存在着。（图片版权：本书作者）

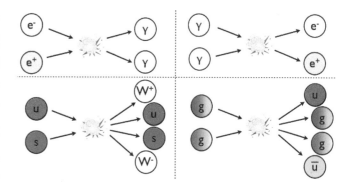

图7.5 当能量足够高时，任何粒子（包括光子）的撞击都具有足够的能力去自发产生"物质—反物质"对，而物质和反物质粒子也可以在撞击中湮灭，轻松变回一对光子。（图片版权：本书作者）

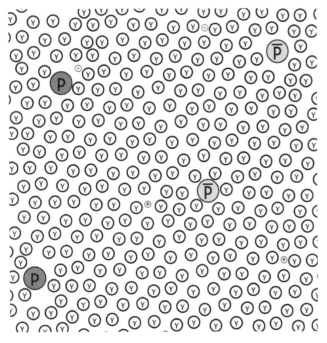

图 7.6 如果在宇宙的开局中物质和反物质就是完全对称的，那么宇宙将不会诞生出恒星、星系或任何我们今天能看到的大尺度结构。以物质和反物质完全对称为前提进行推演，最后留下的只有稀少得可怜的质子、反质子、电子、正电子，它们全都"浸泡"在由光子组成的"海洋"之中，其凝集度仅是这幅图中所示的 10^{18} 分之 1。（图片版权：本书作者）

粒子和反粒子发生湮灭并不需要额外的能量，但你的确需要足够的能量才能产生新的粒子。一个经验是，当一个粒子（或反粒子，或光子）的平均动能降到低于创造粒子所需的等效静质量（这一等效仍通过质能方程来算出）时，粒子的诞生率会迅速跌到零。以图 7.5 所示的几种反应为例，随着宇宙温度下降，左下的反应将最先停止，下一个停止的则是右下的，此后停止的是位于右上部的正负电子对的自发创生过程。当可以利用的能量越来越少，创生新的粒子也就越来越难，但像图的左上部所示的湮灭过程仍能毫无阻力地继续发生。当粒子间的湮灭已经发生得足够多之后，残存的就只有很少的粒子和反粒子了，二者数量仍然相等，它们没有湮灭仅仅是因为彼此距离太远，无法相遇。它们共同处于一片光子海洋中。

如果上述的这幅完全对称的图景能够代表我们的宇宙的实情，我们首先能看到的就是所有不稳定的"粒子—反粒子"对最终都湮灭成光子，剩下的蜕变为电子、正电子、中微子（以及反中微子）等稳定粒子。那些不稳定的夸克会全部衰变为上夸克和下夸克（以及反上夸克和反下夸克），进而凝结成数量相等的质子、中子、反质子、反中子。随着温度继续下跌，有质量的"粒子—反粒子"对的自发生成过程会停下来，而湮灭过程依然不受影响。"质子—反质子"对（当然也包括"中微子—反中微子"对）会继续湮灭，直到因所剩数量太少，无法实现"对对碰"为止。"电子—正电子"对的情况也与之相似。最终，中子和反中子会衰变（因为它们只有在成为重原子核的组成部分时才是稳定的），留给我们少量质子、电子、反质子、正电子，还有光子、中微子和反中微子。到这个阶段，宇宙的填充物当中绝大部分是辐射，只有很少的氢离子、反氢离子，另外就没有什么了。（见图 7.6）

很明显，我们的宇宙不是这个样子的！固然，我们看到的光子确实比物质粒子多得多——二者的比例大于 10^9 ：1，但是如果承认物质与反物质完全对称，这个比例将变成 10^{20} ：1！你也许会觉得，宇宙中可能有某种力量把物质和反物质隔离开来了，保证它们不能相遇并湮灭，但如果事实如此，我们应该能找到宇宙中的"物质区"和"反物质区"分别存在的明显证据才对：鉴于宇宙的大尺度结构呈现网状，而物质和反物质相碰会湮灭，我们将没有什么理由不能见证发生在恒星、星系以及星系际气体之间的湮灭现象。

可是，观测事实与上述猜测不符。人们曾经在深太空中仔细地排查，希望能为上述思路提供佐证，但目前观察到的恒星、星系和气体云都是由物质组成的，没有反物质存在的迹象。所以说，对当前宇宙面貌的阐述，如果放到过去的某些时候、某些区域，以某种方式去说，应该是不全面的。宇宙要么一开始就有着某种不对称性，物质多于反物质，夸克多于反夸克，轻子多于反轻子，要么一开始是对称的，但后来通过某种过程产生了不对称性。（见图7.7）

在科学上，我们通常要努力避免一种被称为"精细调节的初始条件"（finely-tuned initial conditions）的假设。这话的意思是说，我们不应该为了能让宇宙成为今天的样子，而去专门设定一套非常特殊的、"按需定制"的条件。我们应该争取的，是在动力学的基础上寻求解释。这才是依靠物理学的基本定律和机制去说明宇宙演化的最

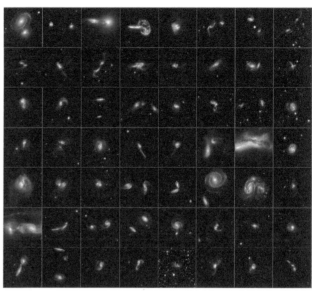

图7.7 对可观测的宇宙进行巡天的成果全都表明，宇宙是由星系及其周围的其他物质组成的。如果宇宙中的物质和反物质之间有一个分界面的话，它应该能产生出大量的伽马射线，从而被我们观察到，然而我们从未看到这类情况。同时，我们却找到了关于宇宙中相邻区域间的物质相互发生作用的大量确凿证据（如这幅图中展示的这些正在相互作用的星系），这说明我们的宇宙中物质是到处可见的，但反物质不见踪影。（图片版权：哈勃太空望远镜网站，NASA和STScI）

大希望所在。当然，这既是理论物理学最大的雄心，也是它最大的挑战。我们已经讲过，一个物理学理论要得到广泛的接受，不仅要能够解释原有理论难以解释的现象，还要给出新的、可能被证实或被证伪的预言。我们正在当前的未知国度内踏出第一步：我们认为，在过去的宇宙中，有某种事物造成了当前看到的这种"物质—反物质"的不对称，可我们现在还没有积累起充足的证据去准确说明这"某种事物"究竟是什么。

* * *

尽管还不清楚宇宙是怎么获得物质与反物质之间的不对称性的，但关于这个不对称的事实，我们还是有不少事情可以做。就观测而言，我们可以肯定的有以下这些事：

1）当前的宇宙中，物质确实多于反物质。

2）目前已经发现的所有恒星、星系和星系团，都由物质组成，而没有反物质。

3）通过在地球上的实验室中对宇宙中的情况进行模拟，在所能达到的能量范围之内，我们尚未在任何反应中观察到重子（如质子和中子）多于反重子（如反质子和反中子），或轻子（如电子和中微子）多于反轻子（如正电子和反中微子）的情况。

4）在目前最佳的测量技术下，我们测得宇宙中的光子数是重子数（以及轻子数）的16亿倍。

虽然重子的数量与光子相比看起来少得可怜，但请别忘了宇宙有多么巨大。假如要把宇宙中的所有原子都摆匀，让宇宙的密度各处一致，那么结果就是每4立方米的空间

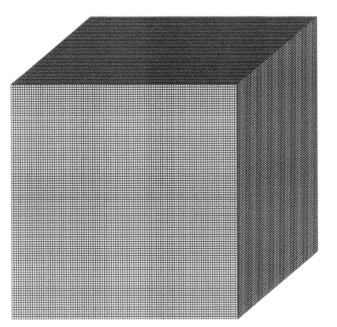

图 7.8 这个大方块代表 1 立方米的空间，其边长为 100 厘米。如图所示，1 立方米的空间包含的立方厘米数是 100 的三次方，即 100 万。在宇宙中，每 1 立方厘米的空间（对应于本图中的一个小格）平均包含 411 个光子，而要找到一个氢原子，则对应的空间是这个大立方体的 4 倍，即 4 立方米！（图片版权：本书作者）

之内会有 1 个氢原子。作为对比，自大爆炸时遗留下来的光子仅在每 1 立方厘米的空间内就要有 411 个。二者尽管数量悬殊，但就整个宇宙而言，其数量都多得令人惊叹，而且十分重要。（见图 7.8）

那么，物质多于反物质的情况是如何出现的呢？如果宇宙开始于某个物质和反物质总量相等的高能量状态，后来终于演化至物质比反物质多一点的低能量状态，那么宇宙一定是在膨胀并冷却的过程中发生了某些事情。苏联物理学家萨哈罗夫（Andrei Sakharov）经过研究，在 1967 年率先指出，只需发生三件事情就可以让上述过程成真。这三件事也是宇宙必须具有的三种属性，如今被称为"萨哈罗夫条件"。乍一看你可能不懂，不过别担心，我会给你解释：

1）宇宙必须偏离热平衡态。

2）宇宙的三种基本对称性中的两种必须被破坏，即电荷共轭（记为 C）、电荷共轭宇称（记为 CP）。

3）必须有某种相互作用去破坏重子数的守恒。

在逐一解释上述三个条件的含义之前，我们必须强调：这三件事必须同时发生，否则如今宇宙中的物质和反物质的数量仍然不会不对等。

热平衡态是三者中最容易理解的：如你在一个寒冷房间里打开一个暖炉，那么整个房间最终都会具有相同的温度。暖炉只位于房间的一部分，它之所以能让整个房间变暖，是因为被它加热的气体分子会获得更高的动能，并且在与其他分子相撞时将动能传递给对方，后者获得动能之后又会传递给离暖炉更远的分子，以此类推。假定这个房间内的空气不与四壁、天花板和地板交换能量，那么只要经过足够长的时间，整个房间一定会达到热平衡态，也就是房间内的每个部分都拥有相同的、稳定的温度。

但宇宙并不是一个稳定、不变的系统，因为它一边膨胀一边冷却。宇宙中的一个比周边温度略高的区域，受膨胀效果的影响，无法与周边区域持续地交换热量（以及各类信息）达数百、数千乃至数百万年之久。这样下去的结果就是，宇宙并不均匀，其各个部分的"粒子—反粒子"对的相对丰度也在持续的降温中变得不可能一致——具体要看它在降温过程中有多少能量可以用于"粒子—反粒子"对的生成。简言之，该条件是三个条件中最容易满足的一个：不断膨胀的宇宙，本身就是一个绝好的非热平衡系统！（见图 7.9）

那么，三个基本对称性中的两个同时被破坏应该如何理解？这确实稍有难度。请想象一个物质粒子，并且先把它想象成一个像地球那样自转着的小球，从北极上方看去，地球的自转是逆时针方向的。对这个粒子模型，有三种基本对称性可言：

- C- 对称性，即电荷共轭。这就好比用一个反粒子替代这个粒子：反粒子的质量、自旋都与原粒子相同，但其他属性（包括电荷、色荷、重子数、轻子数、轻子家族号）的数值都是相反的。

- P- 对称性，即宇称，也叫镜像对称。这就好比观察这颗粒子在镜子里的像，结果除了自旋（若对多粒子系统而言，则是轨道角动量）相反外，其余数值全都相同。例如，一个逆时针自转的粒子在镜子里是顺时针自转的。

- T- 对称性，即时间反演对称。所谓具有这种对称性是指，如粒子随时间流逝而发生反应或变化，那么即便时间倒流，这些反应或变化也可以倒过来实现。

宇宙中的绝大多数相互作用在下列三种变换中都是完全对称的：如果一个粒子和一个反粒子在特定情况下展现出相同的物理特性，它们就有 C- 对称性。如果一个粒子与它的镜像有着相同的表现，它们就有 P- 对称性。如果这些粒子不论时间正流还是倒流都有着相似的性质，那它们就有 T- 对称性。

除了彼此独立的各项对称性外，我们还可以观察到复合的对称性。如一个粒子如果在被镜面反射之后表现出与它的反粒子相同的性质，那就叫作 CP- 对称性。在许多情况下，即便 C- 对称性和 P- 对称性都被破坏，CP- 对称性也可以保留下来。最后，有一种理论声称宇宙中的所有物理系统都保有 CPT- 对称性。如果我们能找到这样一个系统——在该系统中一个向前运行的粒子的表现，与它处于时间倒流中的反粒子的镜像的表现有所不同，那么现有的关于宇宙运行的各种认识就都得推翻重来了！

在理解了这几种对称性的基础上，我们要怎样去领会萨哈罗夫的第二个条件呢？我们需要某些存在于早期宇宙中的、表现与其反粒子不同的粒子（可以表述为"C- 破缺"）。不止如此，我们还需要这些粒子在被镜子反射之后的表现不同于它们的反粒子（CP- 破缺）。为了清楚这些（见图 7.10），请再次想象刚才的那个小球型的、从其北极看来逆时针自转的物质粒子。这里我们进一步假想它是个不稳定粒子，当它衰变时，它会从自己的北极方向射出一个电子。若设 C- 对称性有效，则反粒子应该相对于自身的北极逆时针自转，且在衰变时必然从自己的北极射出一个正电子，假如这种期望并不总是实现，那么 C- 对称性就是破缺的。那么如果在此套用 CP- 对称性去看呢？那么反粒子应该是相对于自己的北极顺时针自转，并仍在衰变时从自己的北极射出一个正电子，如果事实并非如此（只要不总是如此），那么我们就只能说 CP- 对称性也是破缺的。到目前为止，我们共发现了三类能够明确表现出 C- 破缺兼 CP- 破缺的粒子，它们都是中性介子（夸

图 7.9 这里展示的是宇宙膨胀并冷却的过程中的许多阶段。宇宙的任意两个局部之间可能相距极远，想交换信息（光子、温度等）需要几十亿年，同时，每个单独的区域在每次经过临界转变而进一步冷却之后，都处于一个"亚稳态"。宇宙的膨胀和冷却过程很快，所以它在大尺度上不是热平衡的。（图片版权：NASA/CXC/ M. Weiss）

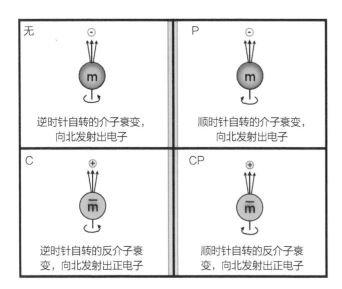

无	P
逆时针自转的介子衰变，向北发射出电子	顺时针自转的介子衰变，向北发射出电子
C	CP
逆时针自转的反介子衰变，向北发射出正电子	顺时针自转的反介子衰变，向北发射出正电子

图 7.10 一个普通的介子相对于它自己的北极，做着逆时针的自转，并能在衰变时从北极方向发射出一个电子。若运用 C- 对称性将它替换为它的反粒子，我们将看到一个仍相对于自己北极逆时针自转，但衰变时从北极放出正电子的粒子。如果事实不如此，那么 C- 对称性就破缺了。我们也可以对这些情况运用 P- 对称性，或叫镜像对称性，那样应能看到一个相对于自己北极顺时针自转，但仍从北极发射电子或者正电子的粒子。假如粒子和反粒子在所有这些情况下都未以相同的概率表现出相同的特性，那么 C、P、CP 几种对称性就都被破缺了。在真实世界里，介子看起来是 C- 对称性和 CP-对称性破缺的，它们与它们的反粒子有着不同的衰变率。（图片版权：本书作者）

克—反夸克对），包括奇夸克、底夸克以及（从 2012 年起加入的）粲夸克。由于这些粒子在那个膨胀并冷却着的、非热平衡的早期宇宙中存在过并衰变了，所以我们的宇宙符合了萨哈罗夫条件中的第一个和第二个。（见图 7.10）

那么，第三个条件呢？记住，当我们说"重子数"时，意思是用重子（例如质子、中子等）的总数减去反重子（例如反质子、反中子）的总数，每个质子的重子数算作 1（每个反质子的重子数则算为 -1）。为了产生出物质与反物质的不对称性，需要一种使重子数破缺的反应。并且，因为宇宙看上去拥有与质子数量相同的电子，应该也有与之相应的使轻子数破缺的反应，所以电子是为了每颗质子的产生而产生的。在所有已知的粒子和它们之间的反应中，我们通过实验室里的工作，还没能使这些粒子不依靠外部力量而破缺其重子数和轻子数，同时也不知道实现这一目标所需的条件。但根据关于基本粒子及其相互作用的"标准模型"，只要重子数（B）与轻子数（L）的差是守恒的（B − L = 0）是守恒的，重子数守恒和轻子数守恒都应该有可能被打破。萨哈罗夫的第三个条件，可以说是我们研究物质与反物质的不对称性时最大的不确定性的来源，也是三个条件中目前唯一有待实验验证的。

* * *

关于粒子世界的科学构想，以及宇宙的起始条件，是我们目前对宇宙中一切存在物的认识基础。如果在物理定律的框架下将这些基础认识代入最初期的宇宙，能推导出一个什么样的当今宇宙呢？穷尽我们的研究视野而言，宇宙始于一种高温、高能、高密的状态，其时物质和反物质的量是相等的。然后宇宙开始冷却和膨胀，能量水平随之下跌，当它跌破一定阈值之后，不仅粒子间的撞击减少，物质—反物质的创生相对于湮灭来说也不再频繁。由这些想法出发，若要宇宙中的物质最终多于反物质，它就必须同时满足萨哈罗夫的三个条件。（我猜测，即使变成反物质多于物质，也完全没问题！）我们复习一遍：

1）宇宙必须不是热平衡的。

2）作为基础对称性的 C- 对称和 CP- 对称必须破缺。

3）重子数守恒必须被打破。

而基于现有的物理法则以及所有已知的粒子及其相互作用，我们确实可以构建一个物质与反物质不对称的宇宙，不必在乎我们目前的局限性！

　　发生这种事情的方式其实相当直截了当。请设想我们让所有的粒子及其反粒子同伴都按相等数量产生，包括奇夸克、底夸克、粲夸克等较重且不稳定的夸克。在宇宙足够热的阶段，它们自发地生成重子（由三个夸克组成）、反重子（由三个反夸克组成）、介子（"夸克—反夸克"对）。随着时间推移，宇宙冷却，上述各类粒子都衰变了，但物质组和反物质组的衰变历程略有不同——这是 CP- 破缺的结果。每当我们得到三个比反夸克多出来的夸克（它们可以组成一个重子），也就会得到三个比反轻子多出来的轻子，所以在我们的宇宙中，对应于每个多出来的质子（由三个夸克形成），都有一个多出来的电子。换言之，宇宙就这样拥有了制造原子的机制！（见图 7.11）

　　不过，不要高兴得太早。在这些头绪中有一个最大、最重要的问题需要我们反躬自省：这样能够生成足够多的原子，从而足以解释我们当前观察到的这个宇宙吗？即使动用人类的全部知识，这个问题也很难回答得完满。尽管我们通过现在已知的机制得到的物质已经比反物质多出不少，但与通过实测宇宙而估计出的所需数量相比，这个物质数量仍然只有后者的千万分之一左右。当然，将来可能发现会提升 CP- 破缺数量的新型奇异介子和重子（如夸克、反夸克、"夸克—反夸克"对的更大质量的束缚状态），但这种提升的幅度与我们所需弥补的差异相比，依然是杯水车薪。

　　相反，如果要解释观测中发现的物质与反物质的不对称程度，或许需要突破我们现有的知识体系，发现一些新的物理学（或用一种很接近的说法，发现一些全新的粒子）。为了找寻这些未知之物，我们必须进入理论物理学的一个前沿领域（它同时也是人类知识的前沿）——重子生成（baryogenesis）。

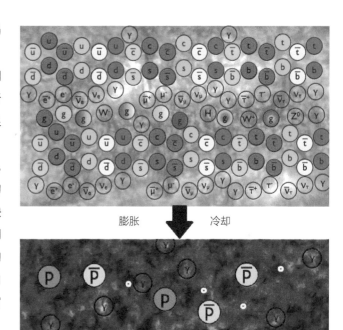

膨胀　　　冷却

图 7.11　只要以高能状态下的"标准模型"所允许的粒子和反粒子为开端，并允许宇宙在已知物理法则之内膨胀和冷却，就可以构建出一个物质和反物质轻度不对称的格局。这样，宇宙中的物质最终要比反物质多一点，尤其是重子比反重子多一点。但基于我们已掌握的事实，这点多出来的物质还不足以组成今天看到的宇宙。（图片版权：本书作者）

* * *

　　"重子生成"的含义从字面上就能看出来：重子的诞生，或者特指重子多于反重子。如果我们想增加宇宙在早期那个高温致密的阶段内生成的重子数量，就必须在两件备选的事情中做一件：要么增加 CP- 破缺的数量，要么加剧对重子数守恒的破缺。很有趣的是，实现这个目标虽然在理论上有多条途径，但它们有一个共同点：它们全都说明，在一个基本层面上，宇宙中应该存在着某些尚未被当前的我们发觉的东西！如果你注意一下统率着宇宙的那些粒子及其相互作用，就会发现，假若不给当前已有的知识加进某些额外的新内容，无论是产生 CP- 破缺的作用还是产生重子数破缺的作用，都没办法增加到所需的数量。但这个已成为必需品的新的额外内容是什么呢？这还是个未解的科学之谜。

实现重子生成有四种主要理论途径，它们全都需要进一步细化。话说，弥漫于最大尺度级别的、广袤宇宙空间中的物质的秘密，竟然停留在最小尺度级别的粒子及其相互作用之中，听起来有些反直觉，但这正是宇宙呈示给我们的自述！从一种特定视角来看，极早期的宇宙其实是一个超级粒子加速器，把自己的一切内容物，包括那些最不稳定、最短命的粒子，都打碎成了最基本的成分。为了理解物质和反物质之间的不对称从何而来，我们必须去推断，在那个能量高到无法以当今实验室技术模拟的幼年宇宙中，到底发生了什么。理论上说，如今观察到的物质—反物质不对称性可能有着许多种成因。虽然它们在细节上有着显著的不同，但每一种都可以局部地甚至全面地阐述物质为何超越了反物质而在宇宙中占据了优势。(不打算特别详细地了解这个话题的读者，可以放心地跳过本章剩下的部分。)

第一个途径是在"电弱力"（electroweak force）标度上发展出物理学的新内容。这个途径特别让人兴奋，因为这种力的能量标度正好对应着大型强子对撞机（LHC）在未来十年左右时间里要研究的领域。我们现在说的宇宙中的基本作用力有四种：强核力（强相互作用）负责将质子和中子结合在一起；引力作用负责万物之间的联系，保证着地球绕太阳运转，恒星绕星系中心运转；电磁力作用负责电能、磁性，这些也能将某些物体在物理上结合起来；弱核力（弱相互作用）负责放射性衰变。这几种作用力，都是以能量低于特定值为前提的。我们之所以能够看到这几种力到处发挥作用，是因为我们生活在一个能量低于"电弱标度"的环境中。如果宇宙的能量标度超过特定的阈值（宇宙年龄不到 10^{-9} 秒时就是如此），那就只有三种基本作用力，因为电磁力和弱核力在那种情况下会合为一体，形成电弱力。如果在那个标度上存在过足够多的新粒子及其相互作用，并且在那种状态下发生变迁，那么当宇宙冷却下来，三种基本作用力变成四种的时候，重子数量的破缺就会明显增加，从而创造出今天所见的全部物质（而非反物质）。（见图 7.12）

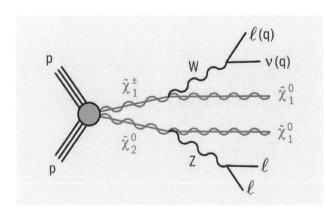

图 7.12 在电弱力标度上的新物理学，不论是否依靠未知类型的粒子及其相互作用（如这幅图包含的多种 χ 粒子），都可以增强重子的不对称性，从而可能创造出当今宇宙中的物质。（图片版权：CERN 快报 /ATLAS 2014 年合作成果 / 国际高能物理学刊）

第二个途径会在高能量的时候实现，它叫作"轻子创生过程"（leptogenesis）。我们已经指出，在标准模型中，只要破坏轻子数，就可以破坏同等数量的重子。正如我们最深入的理解表明的那样，在宇宙早期要产生一个重子不对称性是很难的事，但如果先制造出轻子的巨大不对称性，再使其中一部分转化为重子的不对称性，就简单得多了。这就是轻子创生过程的基本思想。目前，标准模型把中微子和反中微子都作为轻子的例子，但它们始终表现着两个非常诡异的特性。第一，中微子和反中微子都有着一种内在的角动量，通俗地说也就是有"自旋"的特性。不妨这样来想象：伸出大拇指，假设它指着粒子运动的方向，再弯曲其余四指，它们就可以比作自旋的方向。你可能会猜想，一部分中微子是"左手性"的（也就是说其自旋模式相当于大拇指向上时自旋是顺时针的），另一部分是"右手性"的（即自旋模式相当于从大拇指尖方向看去是逆时针的）。但是，当实际观察这些粒子时，科学家发现所有中微子都是左手性的，而所有反中微子都是右手性的！第二，我们发现中微子和反中微子都具有质量，其数值很小很小，但不等于零。跟第二轻的粒子——电子比起来，它们的质量不到电子的百万分之一。这一情况的成因目前还没有被很好地解释，而且根据已知的物理定律找不到足够令人满意的答案。但是，对这些复杂的疑难问题的一个解决方式就是假设一种新的、非常重的右手性中微子（及与之对应的左手性反中微子），认为这种粒子在宇宙早期曾大量被创生，然后衰变为轻子并导致了轻子的不对称性。轻子的不对称性随后又会转化为重子的不对称性，形成当今观察到的物质和反物质的比例。（见图7.13）

第三个途径需要对基本粒子的标准模型做一个特别的扩充，它叫作"超对称性"（supersymmetry，缩写为SUSY）。发现这一机制的是两位物理学家阿弗赖克（Ian Affleck）和戴因（Michael Dine），所以这个途径也被称为"阿弗赖克—戴因重子创生过程"。在超对称中，标准模型的所有种类粒子都有一种与自己一一对应的、不稳定的"超对称伙伴"粒子，其质量更大且携带有重子和轻子数，当然也会衰变。夸克和轻子等粒子所带有的场属于矢量场，而超对称伙伴粒子的场是标量场（译者注：如果一个场内每个点的属性都可以用一个标量来表示，那么这

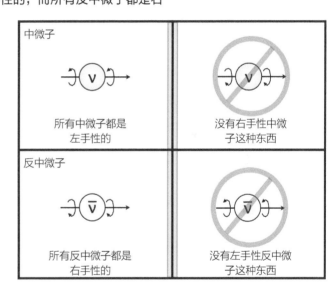

图7.13 我们迄今观察过的每个中微子都是左手性的，这就是说如果将你的左手拇指伸向中微子运动的方向，则弯曲起来的另外四指可以表示中微子的绕轴自转方向。与之相对，每个反中微子都是右手性的，也就是说如果用你右手拇指伸出的方向表示反中微子的运动方向，则其绕轴自转方向必如你右手另外四指弯曲起来所示。我们至今也没发现过左手性的反中微子和右手性的中微子，但可以推断具有那样的"手性"的中微子和反中微子将非常重，其在早期宇宙中经过轻子生成过程造成轻子的不对称性。而轻子的不对称性可以引发重子的不对称性。（图片版权：本书作者）

个场就是一个标量场），这使得这种粒子具有一种优势，即它们在高能的早期宇宙中可以很容易地处于激发态，从而引发显著的不对称性。如果超对称性能被证实，就可望在电弱标度上极大地增加重子数的破缺（从而也增加轻子数的破缺）。当超对称伙伴粒子衰变时，这种非对称性就转变为当前宇宙里的夸克和轻子了。当然不要忘了前提，即超对称性的设想是真的。

　　最后说一下第四个途径，它假定：正如电磁力和弱核力在早期宇宙的高能状态中会合并为电弱力那样，在更高能的状态中，强核力会并入电弱力！我们将这类的理论模型统称为"大一统理论"（GUT），它不仅引入了许多新型的粒子，还给了轻子数和重子数的 CP– 破缺与直接破缺以新的机会。（见图 7.14）

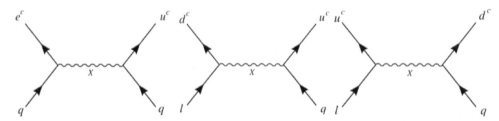

图 7.14　大一统理论假定存在某些超重的粒子，如与夸克和轻子配对的 X 玻色子和 Y 玻色子。如果这些粒子真的存在，将会造成轻子数和重子数的双双破缺。对于我们的宇宙创造物质的方式来说，这或许是最有可能进行真实概括的途径。（图片版权：Wikimedia Commons 用户 GreenRoot）

　　我们的宇宙创生重子的真实方式究竟如何？让我们怀着对这个问题的兴趣，重点看一下这第四个途径。

* * *

　　想象一下宇宙历史上那个温度和密度超过了我们目前考虑的所有情形的时刻，那时宇宙的年龄不仅不足 1 分钟、1 秒，甚至不足 1 微秒、1 纳秒，而是只有 10^{-34} 秒！为了真实地描绘当宇宙中只有两种基本作用力（万有引力、强一电一弱联合力）的时候可能会怎样，我们必须回溯到这个超早的阶段。在这个场景中，至少存在两类统一化的新型粒子：带 4/3 个正电荷的"X"，以及带 1/3 个负电荷的"Y"（译者注：这里所说的"X"和"Y"，原书是用加粗的字母 X 和 Y 表示的，以表明它是一种假定出来的粒子。后同）。当然，这里说的只是这些粒子的物质版，它们必然也有反物质版，即带 4/3 个负电荷的反 X 和带 1/3 个正电荷的反 Y。像我们已知存在的所有粒子那样，这些粒子将与它们的反粒子以相等数量产生,所以起初的宇宙中物质和反物质确实是完全对称的。（见图 7.15）

但随着宇宙的扩张和冷却，所有这些新设的粒子（包括 X、反 X、Y、反 Y）一旦没有及时湮灭掉，就都会衰变。虽然这些粒子及其反粒子必然集 C、P、T 三种对称性于一身，但它们应该是 CP- 破缺的。这一点意义深远，我们稍后会详细去看。

现在关注一下 X。它带有非同寻常的 4/3 个正电荷，所以有两个可能的衰变模式：变成两个上夸克，或者变成一个反下夸克加一个正电子。如果确实如此，那么反 X 就要能衰变成两个反上夸克，或者一个下夸克加一个电子。注意，这些衰变虽然分别破缺了重子数和轻子数，但重子数减去轻子数的总差值还是不变的，对 X 来说是正 2/3，对反 X 来说是负 2/3。（见图 7.16）

到这时为止，所有东西还都是对称的。但由 CP- 破缺造成的一件很神奇的事是，即使粒子和反粒子整体的衰变率是相等的，但是对于 X 和反 X，单个的衰变比例还是可能不同的。如 X 可能会有 50% 的机会衰变为两个上夸克，剩下 50% 的机会衰变为一个反下夸克和一个正电子，而反 X 则有 49% 的机会变为两个反上夸克，同时有 51% 的机会变为一个下夸克和一个电子。这样的话，每诞生出 50 个 X 和 50 个反 X，后来就会得到 151 个夸克、51 个轻子、148 个反夸克和 50 个反轻子。夸克—反夸克对，以及轻子—反轻子对将会湮灭，那么最终留下的就是 3 个夸克加 1 个轻子，或者等效的一个重子加一个轻子。这个路径就这样创造出了一种让物质多于反物质的显著不对称性！

与此类似，如果允许 Y 衰变为一个反上夸克和一个反下夸克，或一个电子和一个上夸克，允许反 Y 衰变为一个上夸克和一个下夸克，或一个正电子和一个反上夸克，就可以通过类似的 CP- 破缺过程得到一种类似的不对称性。只要总衰变率相同，CP- 破缺就会导致粒子与其反粒子有着彼此不同的变化路径，创造出净重子（以及净轻子）数——不论对 X—反 X，还是对 Y—反 Y 来说，都是如此。不过，要探测这些假定存在的粒子及其性质，所需的能量是很高的，超出了目前技术能力的上限。不仅地面上的对撞机无法完成这个任务，哪怕是当前宇宙自身产生的最高能的射线，也达不到这里需要的能量

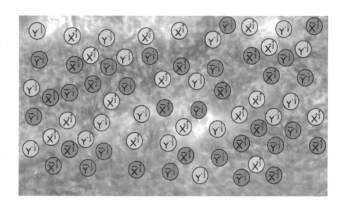

图 7.15 如果大一统理论的构想是有意义、有价值的，那么就有必要在已知的各种粒子之外增设一些超重的玻色子，即 X 和 Y 以及它们各自的反粒子。本图示意的是它们在由其他粒子组成的、早期宇宙的炽热之海中的样子，并标出了其适当的电荷数值。（图片版权：本书作者）

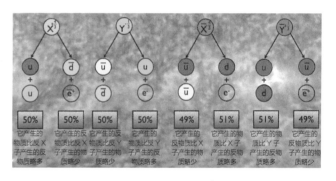

图 7.16 如图所示，如果允许 X 和 Y 衰变为夸克和轻子的组合，那么反 X 和反 Y 也将对应地衰变为反夸克和反轻子的组合。但如果 CP- 破缺成立，那么 X 和 Y 的衰变路径（或说以两种不同方式衰变的粒子各自所占百分率之比）就会分别与反 X 和反 Y 的衰变路径有所不同，于是重子、轻子的净产生量就分别高于反重子、反轻子。（图片版权：本书作者）

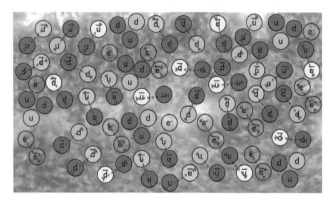

图 7.17 如果粒子能根据图 7.16 所示的机制发生衰变，我们就可以在所有不稳定的超重粒子都消逝之后，看到一个夸克数量明显超出于反夸克（而且轻子也超出反轻子）的宇宙。当多余的粒子—反粒子对全都湮灭（如本图中的红色虚线所示），就可以剩下那些超额的上夸克和下夸克，它们能以"上—上—下"和"上—下—下"的组合方式，分别形成质子和中子。与夸克同时剩下的还有电子，它们的数量与质子匹配。经过我们概述过的这个机制，在极早期宇宙内出现的所有 X、Y、反 X、反 Y 之中，只要有大约十万分之一以 CP-破缺的模式衰变，就足以解释我们今天观察到的这种物质与反物质之间的不对称；其他的绝大多数则可以顺利在宇宙的早期阶段湮灭，然后变成光子之类的形态，这也不与我们当前的观测事实相违背。（图片版权：本书作者）

水平。尽管如此，"重子生成"的可能性值得我们一直关注下去，或许它终将成为解释我们的存在的最主要原因。（见图 7.17）

大一统理论主张的重子生成过程，到底是不是物质—反物质不对称的真正原因，目前还不能下定论。其实，上面介绍的各种不同的机制，最终都有可能导致我们所观测到的物质。关于这个问题的思路非常多，我们这里来不及考虑的也还有不少。说到底，不论我们的宇宙中发生过什么，也不论其背后机制如何，对于宇宙为何由物质而非反物质组成这个问题，最终帮助我们参透玄机的应该是观察和实验，而不是哪种理论更为热门。

* * *

无论对理论家还是对实验学者来说，我们赖以存身的宇宙为什么仅由物质而不是反物质来组成恒星和星系，都是最亟须解决的问题之一。我们不能指望自己置身于一个"我们知道发生了什么事"的科学情势中。我们虽然知道足以造成这种情势的许多种可能性，但还是不能确切地知道真相究竟是怎样的。这就是在知识的疆界上探索宇宙的乐趣所在，当然也是挫败感所在：绝大部分（甚或全部）科学家皓首穷经、苦苦钻研的结果，都是误入歧途的。

但这并不丢人！在科学给予你的自由中，有一部分就是试错的自由；在证据出现的时候，只要你允许它引领你的思考方向，它就会带着你逐步接近最后的正确。曾几何时，人们认为宇宙中完全可能存在一些反物质多于物质的巨大区域，但是在事实证据的引导下，人们最终知道这种想法不再值得考虑。

同样道理，未来十几年的粒子物理实验结果应该会告诉我们，宇宙的物质与反物质间的不对称，究竟是否应该归因于电弱标度时期出现的物理规则。如果我们足够走运的话，还可能会看到超对称的存在被证明，同时，关于重子生成的四个最流行的理论图景中可能会有一两个被证实，或被质疑，或被毫无争议地否定。

而且，对于科学不能随时回答所有问题这一事实，也不必感到羞报。其实，在我们追问物质—反物质不对称性的起因的过程中，针对重子生成的原理，有可能衍生出更多的问题，这些问题可能会引领我们探讨宇宙中其他的那些尚无解释的现象，并给予我们提示。面对一个特定的主题，我们即便还不知道它的所有方面，但也可以通过已知的一些事情来引导我们，这也是科学的美、科学的力量的部分所在。至于另外一部分美和力量何在，就要说起科学的无尽性了：每个新的发现，都可能带来一整套新的、有待研究和细化的观念事物，带来宇宙的一个值得欣赏和理解的新的方面。关于宇宙，现在有一系列重大的未解之谜，如果自然界足够厚待我们的话，我们就有望在有生之年迎来其中一个最大谜团的答案！

第八章

追溯爆炸前：整个宇宙
到底是怎么开始的

如果你问别人"宇宙是怎么来的"，并且请人以科学的角度回答，那么"大爆炸"可能是最常见的答案。然而，从科学发展来看，"大爆炸"是个比较新的学说，只要回到几十年前，这个学说还饱受批判，再往前几十年，它甚至被不予置评。在我们证明大爆炸学说，并且目睹它的一次次成功的过程中，许多与之竞争的观点都没能很好地解答关于宇宙与万物的来源问题。我们说过，大爆炸的全部概念诞生于两个简单的事实：第一，爱因斯坦关于引力的描述，即空间和时间的肌理会受物质、能量的影响，发生弯曲变化；第二，我们测得的河外星系距离与它们的红移幅度之间呈现出的比例关系。经过多项观测，这两点都对观测事实做出了精准得出奇的解释，而将这两项证据结合在一起，就可以得到结论，说我们生活在一个时间和空间肌理随时间流逝而膨胀的宇宙之中。

当宇宙空间膨胀时，一切事物的能量都会下降。辐射的能量取决于它的波长，它的能量下降直接源于它的波长被拉伸；物质的动能取决于它的运动速度，它的能量损失直接来自它的速度减缓。物质还会遇到一个辐射不会遇到的情况，那就是在随宇宙膨胀而损失能量的同时，其分布密度（单位体积内的物质粒子个数）也在迅速下降，这同样是空间扩张导致的。这一图景正好能为我们揭示关于宇宙过往的一些精彩的可能性。宇宙随着时间的正向运动而变得更大、更冷、更稀疏、更低能量，意味着很久以前它是小、热、致密、高能的。

抓住这种可能性并引申之，就诞生了大爆炸理论。由此反向推断下去就会发现，越是看宇宙早期的样子（即越是向宇宙深处观察），星系退离我们而去的速度就越快，而且越是在我们视线的方向上表现出更强烈的红移。同时，也会看到那些星系的形态并未经过很充分的演化，它们彼此的距离在当时也比现在更小，所以更富有成团的特征。而如果再往更远方（即更远古）看，则会发现星系和星系团的数量又变少了，而且它们的规模也变小了，逐渐趋于根本没有生成的状态。这些会发光的天体，全有赖物质在引力作用下汇聚坍缩成团而诞生。而我们看得越远，就等于看到了更多时间之前的景象。于是，我们可以不断观察到宇宙在发展中更为早先的阶段，看到天体的陈年旧影，进而在更远的地方看见一个连中性原子还都没有形成的、能量很高的童年宇宙，看见一个能量高到可以让物质粒子和反物质粒子成对地自发创生的年代。

原则上讲，在上述阶段之前，应该还有一个危机四伏但无法绕开的阶段：同时把越来越高的密度、越来越高的温度和能量这些条件放进一个越来越小的宇宙里，最终将导致空间和时间在物理学意义上超过存在阈限，从而崩坍为一个"奇点"（singularity）。不难理解，这个奇点就对应着空间和时间的起始，对应着真正意义上的宇宙诞生的时刻。如果要问这个奇点的外边是什么，那么这种问法本身就没有意义，因为它外边根本没有空间，也就没有"哪里"；要问这个奇点之前有什么，也是没有意义的，因为在它之前根本没有时间，"何时"也就无从谈起。广义相对论的论述也只到奇点为止，被认定统率着现有宇宙的物理学定律并不适用于奇点的那种超温度、超密度的无限高能状态，不受限制的回溯必然导致出现难题。（见图8.1）

先不管这个难题，也不管大爆炸理论看上去多么不可理喻——别忘了到20世纪60年代为止它还被大部分物理学家看作非主流理论，但这个理论实实在在地对宇宙历史上的各阶段及其事件做出了许多成功的预言。它预见了宇宙微波背景辐射即CMB的存在，这个温度仅比绝对零度高几度的、均匀而微弱的辐射，正是宇宙诞生时的高温与高密度在历经上百亿年的冷却之后残存的光芒。这些辐射曾被游离态的电子之"海"（也包括一些游离的原子核，但主要部分还是电子）散射过，但在宇宙年龄约38万年时，中性原子形成了，这片"海"也随之消失了，此后这些辐射就没有再被散射。大爆炸理论还预见了宇宙最早具备的原子核大致有75%的氢与25%的氦-4（这是质量比，若按数量比算则是92%的氢与8%的氦-4），以及占比很小的氘、氦-3，还有极少的锂-7，它们都是在宇宙温度降到足以容许稳定原子核时出现的，若温度更高，则原子核生成之后会立即因高能粒子的撞击而溃散。2011年，人们首次侦测到了最早期的气体云，并证实其成分正如大爆炸理论所言。这些气体云是宇宙成分在早到未及有任何一代恒星诞生时的样本，其组成部分来自宇宙年龄不足4分钟的时候。

大爆炸理论还有不少预言可以看作从这些成果引申出来的命题。如最早一批恒星的形成，又如星系际介质的再离子化（有类星体光谱吸收线支持），又如因合并而出现的不同规模级别的星系（有超深空照相证据的支持）。再如，关于很远处的微波背景辐射温度的测定，通过苏尼亚

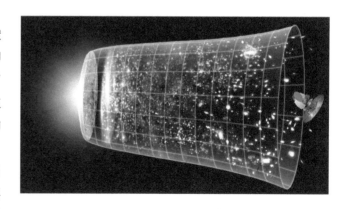

图8.1　如果我们回溯越来越遥远的过去，就会看到越来越高的能量和物质密度，最终到达"奇点"——在那里，现有的物理学定律全都崩溃了。（图片版权：NASA/WMAP科学团队）

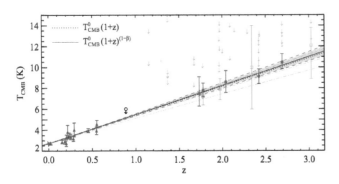

图 8.2　从遥远星系传来的光，会受到微波背景辐射的影响。由于越早的宇宙中越热，我们可以由此推断当时微波背景辐射的温度。通过实测发现，这个温度上升的曲线与大爆炸所预测的曲线（图中用圆点线表示）吻合得很绝妙，而且不论做任何必要的修正（图中多条虚线），对这种吻合度的影响都很小。（图片版权：P. Noterdaeme、P. Petitjean、R. Srianand、C. Ledoux、S. López，《天文学与天体物理》即《Astronomy & Astrophysics》，2011 年，第 526 期，第 L7 页）

耶夫—泽尔多维奇效应（Sunyaev-Zel'dovich effect）所测出的该温度随距离增加而上升的曲线，与大爆炸理论预计的曲线吻合得很好。每当技术达到可以检验大爆炸理论的某项预言的水平时，该项预言就会被证实，目前大爆炸理论关于宇宙的所有主要预言都已经有了观测结果的佐证。（见图 8.2）

　　不过，我们的技术力量尽管很强大，也不是没有极限的。在上述已经得到确认的结果之外，大爆炸理论关于更早期宇宙的一些预言目前还没能被确认，如宇宙的中微子背景（需要回溯到宇宙年龄仅 1 秒时），又如物质—反物质不对称性的缘起（需要回溯至宇宙年龄从 10^{-36} 秒到 10^{-12} 秒的阶段），再如，如果我们要验证关于奇点的预言，要证实那个现有物理定律不起作用的阶段，就要回溯到宇宙年龄只有 10^{-43} 秒的时候。当然，将来或许会发现这些关于宇宙特别早期的推论并非全都准确。大爆炸理论虽然有许多预言已被肯定，取得了广泛的成功，但它也带来了更多的重大疑问。而且，随着我们越来越努力地接近宇宙更年轻时候的样貌，这些疑问中有不少看起来都在演变为理论窘境。

* * *

　　在彭齐亚斯和威尔逊首次发现微波背景辐射时，他们是相当惊奇的，因为他们从未认为会有这种信号存在。但熟悉相关机制的宇宙学家们将这个信号与宇宙联系了起来，将它看作与宇宙起源有关的重要线索。当发现这种辐射在天空上有均匀性（即在各个方向都基本一样），并有着与黑体辐射一致的能量谱后，很多与大爆炸相左的学说在科学上都开始站不住脚了，从而逐渐被淘汰。可是，也正是这个横空出世般地支持大爆炸理论的证据，带来了一个让人头疼的新问题，否定了我们对大爆炸理论的顺水推舟的期待。这个问题就是：微波背景辐射的温度，凭什么在各个方向上是均匀的？

　　让我们来仔细想一想。请面朝东方的天边，把目光集中在一个很小的区域上，这个区域的面积不要大于你手臂伸直时看到的你自己的小指指甲。然后假想你的视线在这个方向上穿过大气层，越过银河系内的恒星，越过已知的河外星系，瞬间跨过上百亿光年的距离到达了前文说到过的最后散射界面，在那里，宇宙中的离子化物质转变成了中性原子。你在那里还可以看到宇宙年龄只有 38 万年时的那些光子，它们的光谱明确地告诉你它们的温度。此时，你应该不会惊讶于这个小区域内的温度的高度统一，其中正在形成中性原子的粒子也都经历了彼此很相似的宇宙史。它们相当密集，因此有机会彼此撞击并交换光子，从普遍意义上来说，也可以说是交换信息。
所以，这个小区域内温度彼此一致是不足为奇的。

　　现在请你转向西边，看着西边的一块同样面积的小区域，然后在北面、南面、天顶也各想象一块这样的小区域。现在你知道这几个小区域之间的温度也是没有差别的。然而这个信念其实非常令人困惑。按理来说，你不能指望它们各自的温度全都一样，因为它们彼此距离遥远，以至于任何信号（包括光）都来不及在宇宙的年龄限度之内在它们之间传递信息。（见图 8.3）

　　但不知为什么，我们观测结果铁证如山：在那些彼此根本无法交换信息的区域之间，在那些根本没可能得到热交换机会从而使彼此温度趋于一致的区域之间，温度确实是一致的！按常理推断，这些彼此遥远到不能联系的地方，温度相差一倍甚至两倍也不奇怪，可实际上它们之间的温差小到了只有十万分之几度的水平。这个问题被称为"天际疑难"（horizon problem），意思就是说这些彼此在对方天际之外的区域，本无相互作用和交换信息的任何渠道，却在不明原因之下意外地有着彼此极为相似的性质。

　　与此相似，宇宙的"哈勃膨胀"也带来了一个尴尬的问题。想表述这个问题，需要更多一点的背景知识。你应该还记得，我们在广义相对论的语境中，把空间和时间联合起来，看作一种四维的"肌理"，并且认为物质和能量的现实分布决定着这些肌理的具体形状。不过物质和能量并不只是使时空肌理发生弯曲这么简单，由于空间自身也在膨胀，所以存在于空间之内的物质和能量还在随时间流逝而改变着空间的膨胀率。空间肌理的膨胀率必然是从某个初始值开始的，物质和辐射的存在及其密度与类型，不仅过去影响着膨胀率的变化，今后直到遥远的未来也会一直影响下去。宇宙自身的膨胀倾向，与物质和能量带来的引力牵拉，是两种宇宙学上的基本力量，它们二者竞争的结果决定着宇宙的命运。

　　这两种伟大的力量正在不断角力，双方都试图主宰宇宙的发展方向。原生的膨胀趋势一开始肯定是极端强烈的，它要把所有曾经存在于特定区域内的物质和辐射全都拉散，终至旷寥和寂灭。而所有物质和能量也有极强的彼此聚拢的倾向，它们能在这场宏大的斗争中势不可当地将宇宙的膨胀速度拖慢——或许还有可能让形势发生逆转。在这一图景的基础上，我们可以想象得到宇宙的三种可能发展趋势：

　　1）引力最终获胜：虽然初始的膨胀率快得似乎无可匹敌，但物质和能量的总量也带

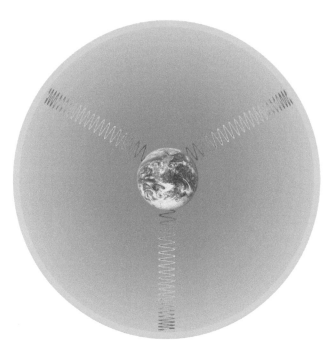

图 8.3　不论天空的哪个位置，微波背景辐射的温度都是开氏 2.725 度，但这些位置之间距离极为遥远，远到了不可能彼此交换任何信息的程度。但不知为何，宇宙仍然有着各个方向相同的平均辐射温度。这个难题也叫作"天际疑难"。（图片版权：本书作者）

来了难以想象的巨大引力，足以再将膨胀率逐渐拖慢，最终完全减小到零！此时宇宙的直径达到最大值，而引力当然不会因此就停止其作用，于是整体局面会翻转过来，宇宙会渐渐收缩，让万物的温度和密度都再次高涨起来，直至最终互相挤压毁灭，这叫作"大坍缩"（Big Crunch）。

　　2）膨胀最终获胜：初始的膨胀率快得无可匹敌，虽然物质和能量的分布密度足以让初始膨胀速度减缓一些，但不足以彻底胜过如此迅速地扩张着的时空。引力仍会一点点地将宇宙的膨胀速度降低，可是这个速度最终不会降到零。只要扩张速度是正数，哪怕再小，也会让宇宙带着它含有的全部物质与能量继续增大下去，进入无限稀散的深渊。这一图景有许多的别称，如"热寂"（Heat Death）、"大冷却"（Big Chill），以及我个人最喜欢的——"大冻结"（Big Freeze），总之就是宇宙会永远扩张并冷却下去。

　　3）临界情况：你还记得"金凤花姑娘和三只熊"的故事（译者注：由英国作家罗伯特·骚塞创作的一个著名的童话，在中国也以多种改编版流传）吗？特别是故事里的三碗粥（一碗太烫，一碗太凉，还有一碗刚刚好）、三把椅子（一把太大，一把太小，还有一把刚刚好）和三张床（一张太硬，一张太软，还有一张刚刚好）？将前面的两种宇宙图景做个完全的折中，不难想象一个刚好处于临界状况的宇宙——在这个宇宙中，多出一个质子都会使宇宙最终陷入大坍缩，而缺少一个就会使宇宙无限膨胀下去，但物质的数量却刚刚好。在这种可能性中，初始的膨胀率与物质和能量的密度之间有一种神秘的潜在平衡，结果宇宙的膨胀速度函数极限渐进于零，到达零之后不会收缩。这种情况被称为"临界情况"，有时也被戏称为"金凤花姑娘的宇宙"（Goldilocks Universe）。

　　这三种情况分别对应着宇宙的时空肌理的三种不同形态。第一种情况，也就是引力获胜从而令宇宙重新收缩至"大坍缩"结局的情况，对应着一个曲率为正的宇宙，其四维的形态若类比到三维空间，则近乎一个球面。第二种情况，也就是膨胀获胜从而让宇宙永远扩张下去以至"大冻结"的情况，对应的是一个曲率为负的宇宙，其类比形状像一个马鞍状平面，沿着马的侧腹形状翘曲，在马的脊柱方向上也两端翘起。第三种情况，也就是临界的或者说"金凤花姑娘"的情况，在降低维度之后对应着一个平坦的宇宙，其曲率绝对为零。（见图 8.4）

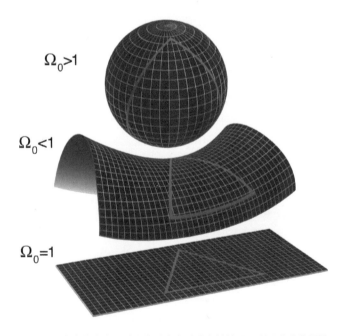

$\Omega_0 > 1$

$\Omega_0 < 1$

$\Omega_0 = 1$

图 8.4　宇宙曲率为正（上）或为负（中）的情况，以及曲率为零的平坦宇宙（下）。它们依次对应着宇宙的不同结局（重新坍缩、永远扩张、正好临界），并且会引出几种彼此不同但都可被测出的几何学体系。（图片版权：NASA/WMAP 科学团队）

如果宇宙空间的肌理有其自身固有的曲率，那么对物理学来说就是一件很有趣的事情了，因为从原则上说这种曲率应该是可测的！假想一下，你往离地球很远的地方发射了两部信号收发机，并测量了二者的夹角，同时这两部机器也都测量了地球和除自己外的另一部机器之间的夹角，然后汇总三方的数据，加起来看一下。你的第一感觉肯定是三者总和为 180°，对吧？因为你知道三角形的内角之和就是 180°。但是，如果宇宙空间不是平直的，得数就不会是这样！我们举个例子来讲一下如果空间是弯曲的，会发生什么情况：假设三个人甲、乙、丙都站在地球的表面（这是个曲面而非平面），其中甲在北极，乙在厄瓜多尔的首都基多，丙在巴西的港城马卡帕（Macapá）。现在，在乙看来，甲和丙的夹角是 90°；在丙看来，甲和乙的夹角也是 90°；但在甲看来，乙和丙的夹角则是 21°。三者相加是 201°，而非 180°！

我们用这种方法去实际测量空间曲率，道理也是一样的。但我们即使是动用最高的技术精度，结论也没有改变——宇宙确实是平直的。这一事实本身已经足够诡异了！这说明宇宙的密度真的对应于金凤花姑娘的情况，它的数值准得不可思议，仿佛真有人细致地调节过。只要宇宙的物质比现在少 $1/10^{25}$，也即少 0.000 000 000 000 000 000 000 01%，它如今的直径就应该是实际的 2 倍；而如果宇宙物质比现在多 $1/10^{25}$，那么它早在几十亿年前就应该在坍缩中结束了！出于某种尚未能解释的原因，我们的宇宙真是平坦得出奇！这个疑问也叫"平坦疑难"（the flatness problem），也是大爆炸理论难以解决的情况之一。（见图 8.5）

最后，我们知道描述宇宙需要一种新的高能物理学（最有可能的情况是增加一种新粒子），以便解释目前看到的物质与反物质之间的不对称性。现在各路理论家为解释这一情况给出了许多种一般性的预言，其中一种就是在宇宙的早期曾经有一种超重的粒子相对丰富。务实地说，依据这些模型，至少有一种新创出来的粒子应该是稳定的，也就是说它直到今天也还存在，而且数量并没稀少到测不出来。如果宇宙真像大爆炸理论所做的一般性推测说的那样，有过一个高温、高密的，能量水平超高的阶段，这些未知粒子那时就应该能被创生出来，其中稳定的种类也就能留存至今。要特别一提的是，其中一种稳定粒子应该能以超重的磁单极子的形式被我们观察到。

正如电荷有正负之别那样，磁场也有南北两极之分。我们通常知道，电荷可以单独

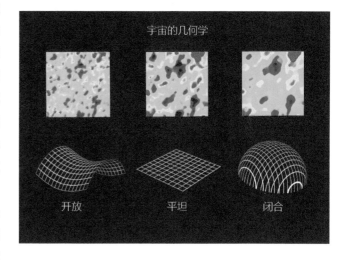

图 8.5　不同的空间曲率，会反映为微波背景辐射中温度轻微波动的不同模式。通过对这些波动的分布图案进行几何学测算，我们认识到宇宙的平坦程度简直不可思议，就可观测的宇宙范围而言，宇宙空间的曲率被限制在整体的 0.4% 之内。（图片版权：NASA/WMAP 科学团队）

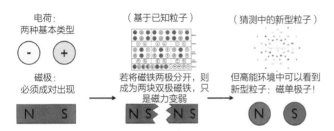

图 8.6 以地面实验室可以达到的能量水平，我们看到日常熟悉的粒子都有电荷和磁极，电荷可以单独出现在粒子上，磁极却只能成对出现，没有哪个粒子只有一个磁极。不过，在特别高能的环境中，如宇宙早期的环境中，理应有一种我们尚未见过的磁单极子出现，它就像只带一种基本电荷"正"或"负"的粒子那样，只带一个磁极"南"或"北"。虽然大爆炸理论认为这种粒子应该存在并且有一部分留存至今，但实际上，科学界耗用了大量时间和财力之后仍然没有确认这一点。（图片版权：本书作者）

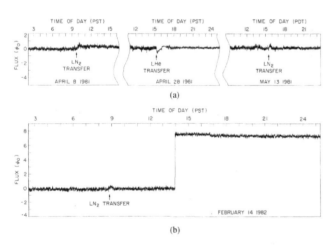

图 8.7 这幅图代表的就是 1982 年点爆科学界的疑似磁单极子事件，从中可以清晰地看到一个与理论上推测的磁单极子性质非常相像的信号。不过，此后这么多年再无第二个类似信号出现。如今，绝大部分科学家都已经不再看重这次事件的意义。（图片版权：Blas Cabrera，《物理评论快报》即《Physical Review Letters》，1982 年第 48 卷第 20 期，第 1378 ~ 1381 页）

出现，磁极却必须成对现身，不能"耍光棍"。不过，在超高能的情况下，尤其是在电弱力与强核力合一的情况下，磁极的基本类型"南"或"北"确实可以像电荷那样不必成对！不同于既有磁南极又有磁北极的"磁偶极子"，这种拥有极高能量、只有一个磁极的粒子叫作"磁单极子"。即便"南"磁单极子和"北"磁单极子互为对方的反粒子，相撞就会湮灭，但只要数量足够，肯定会有一些磁单极子逃脱了湮灭的命运，留到了如今，并且能够被地面上的实验设备侦测到。（见图 8.6）

寻找磁单极子的工作从 20 世纪 70 年代初就开始了，然而全无成效。1982 年，事情曾有转机，斯坦福大学的物理学家卡布雷拉（Blas Cabrera）侦测到了一个疑似磁单极子的粒子。这件事在学界引起了一阵兴奋，不少单位开始建设更大型、更敏锐的探测设备，这不光是要验证卡布雷拉的结果，更是想深入认识磁单极子的秉性。可惜的是，此后三十多年时光匆匆过去，人们再也没有得到第二个疑似磁单极子的记录，卡布雷拉的结果因此也只能被当成一个孤立的异常数据，存疑不问。这个找不到磁单极子的困境被叫作"单极疑难"，它也是大爆炸理论预言落空的实例之一。（见图 8.7）

* * *

如果我们忽略这三个疑难，不把它们当回事，看起来似乎也没啥不可接受的。有人会说，我们大可以认为宇宙"就是"以这种初始条件开始的，别问为什么，如：宇宙诞生时，其各个局部的初始温度"就是"相等的啊，谁管它们之间能不能完成热传导；空间和时间的肌理"就是"天然平坦无瑕的啊；也没必要说磁单极子"就是"要按照我们预期的数量存在啊，甚或"就是"有什么不可能知道的物理规律把磁单极子隐藏起来了啊，又或许磁单极子的构想本身"就是"离谱的，即便在极其高能的环境中也不会诞生这种东西啊……大爆炸理论的殿堂已经足够漂亮了，剩下的几个疑问就藏到地毯底下吧，眼不见心不烦。

但是，这样一种态度"就是"一种非科学的、可怕的态度！如果我们只是自我安慰道"天际疑难、平坦疑难、单极疑难，都只是我们的宇宙天然具有的特性"的话，那么科学前进的征途就会戛然而止。我们将再无可能去研究宇宙在极早期的炽热、致密、极快速膨胀状态之前是因何开始的。有些问题，一旦我们认为它注定是无法由科学来回答的，那么我们也就不再可能以科学的态度去探索它，关于它的说法也就都成了"自圆其说"的神谕。

所以我们不能缴枪！纵然我们不能直接观察宇宙的那个超乎想象的极早阶段发生了什么，而且也不能在实验室条件下复现那时的过程，但这里仍然潜藏着科学进步的巨大机遇。只要理论追寻的脚步没有停歇，科学的大道就会在前方延伸下去。与其简单地甩下一句"情况本来就是如此"，不如扪心自问还有哪些事件和变数可能造成这些"本来如此"的情况。

换句话说，我们可以列举出足以造成这些状况的物理学条件，然后思考这样的条件看起来是一副什么样子。观测和实验教给我们的东西到达一个限度，让科学征途遇到一堵墙的时候，正是我们全面梳理理论体系，探讨其各种新的可能性的好时机。其中很多的理论可能性会显得很荒谬，将引发一些与我们的观测事实明显相左的预言；还有一些可能性虽然能给已经观察到的事实提供说得过去的解释，但推导引申之后会走进死胡同，无法带来既新鲜又可以用观测去检验的预言。但是，其中最佳的可能性将能同时满足以下三项引人注目的条件，而广义相对论当年被提出时也是同时满足这三项条件的：

1）它所试图取代的那些旧理论能说明的事实，它也必须都能说明；

2）它能够说明一些旧有理论不能说明的观测事实；

3）最重要的是，它能够对事实做出一些新的预言，这些预言此前未经检验，而且在理论上和实践上都是有可能被检验的。

如果能找到一种既可以创造出大爆炸理论的各种初始条件，同时又不影响该理论主要观点的动态过程，同时依据这种过程可以做出一些有可能被观测验证的新预言，那就有希望了！

* * *

从 20 世纪 70 年代末开始，确实有许多世界顶级的理论物理学家在构建这类的解决方案。当然这并不是说抛开大爆炸理论另起炉灶，毕竟大爆炸理论取得了太多成功，此外没有哪个理论能像它一样能同时说明这三项事物——哈勃膨胀、较轻元素的丰度、均匀且呈黑体谱的微波背景辐射。大爆炸理论说明，宇宙必然经历了一个热度、密度都超高，且极速膨胀的早期阶段，才能演化出今天呈网状的星系团大尺度结构。但是，该理论的"软肋"看来就在这个早期阶段之前的"极早"时期，如果能在上述高温、高密的阶段之前再辨认出某种更早的阶段，疑难或许就解决了。1979 年 12 月，有一位年轻的理论家正在思考这个问题，他名叫古斯（Alan Guth）。

　　当时空中到处是物质和辐射时，其膨胀会以一种很特别的模式进行：随着物质和能量密度的降低，膨胀率也会降低，然而密度的降低正是由宇宙的膨胀导致的，所以膨胀率的下跌是不可避免的。可是，理论上并非所有的时空都会随着时间的流逝而降低其膨胀率，这方面的一个经典案例叫德西特（De Sitter）时空，它的膨胀率不是由物质或辐射决定的，而是由它自身固有的内在能量决定的！它的醒目之处在于，将宇宙的主宰从物质或辐射改成了空间自身的内在能量密度。按原有看法，单位体积内的能量会随宇宙膨胀而减少，但若按德西特时空的观点，只要空间自身蕴含着巨大的能量，那么能量密度就不会随着宇宙膨胀而下降，宇宙的每个单位体积内的能量密度将保持不变。由于膨胀率的变化与能量密度的变化是相关的，所以德西特时空的膨胀率数值也是持恒的，而这将推导出一个比大爆炸理论中更加壮阔的图景，即呈指数式膨胀的宇宙！（见图 8.8）

　　与我们曾经考虑过的诸多情况相比，指数式膨胀是个截然不同的局面。试想，如果宇宙中最主要的内容是物质，那么随着空间的膨胀，物质密度会降低，所以膨胀率也会按照特定规律不断降低。设宇宙在诞生后经过特定一段时间后，达到了一个特定的大小，以这个大小为参考值，那么经过两倍的时间后，其各个方向上都会比参考值大 59%，经过四倍时间后则比参考值大 152%，经过十倍时间后也只比参考值大 364%。这就是说，虽然宇宙还在变大，但其增大率在不断降低。如果改设辐射为宇宙最主要的内容，那么膨胀率的这种下跌趋势还会更加严重，因为不仅辐射的密度会随着膨胀下降，而且单个量子的波长也会随着宇宙膨胀而增加，从而导致量子自身所带的能量也下降了。在宇宙被辐射主宰的情况下，按前述的例子算，宇宙在经过两倍的单位时间后，各个方向上只会比参考值

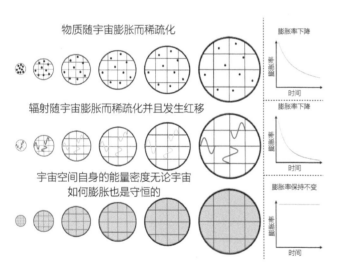

图 8.8　在以物质和辐射为主的宇宙中，能量密度随着宇宙的膨胀而下降。但如果主宰宇宙的是其空间自身蕴含的能量，那么能量密度就会保持不变，不随时间流逝而降低。因为能量的密度和宇宙的膨胀率息息相关，所以由物质或辐射占主要地位的宇宙的膨胀率会随着时间流逝而暴跌，虽然它们依然在膨胀，但膨胀的速度必然越来越慢。但是在由空间固有的内部能量所主宰的宇宙中，宇宙膨胀率从不下跌，于是宇宙将以一种迥然不同的态势——指数态势加速膨胀下去。（图片版权：本书作者）

大 41%，四倍时间后比参考值大 100%，十倍时间后只能比参考值大 216%。但是，如果我们能允许宇宙在其自身固有能量的作用下进行指数式膨胀，允许膨胀率保持不变，那么宇宙的扩张速度之高会达到让人感觉不适的程度。在指数式的膨胀情景中，宇宙将被其内禀性质的能量所主导。仍以前述的例子计算，则两倍的单位时间之后宇宙在各个方向上都比参考值大 172%，四倍时间后比参考值大1 909%，十倍时间后比参考值大出惊人的 810 208%，即超过参考值的 8 000 倍。一言概之，指数式膨胀模型会让宇宙在短时间内大过其他所有模型给出的预期！（见图8.9）

　　古斯的大见识在于，他设想这种指数式膨胀存在于大爆炸发生之前。也就是说，在那个高温、高密、被物质和能量充满的早期宇宙之前还有一个阶段，这个阶段的名字就叫"宇宙暴胀"（cosmic inflation）。下面来考虑一下，这种暴胀状态将会给前文所说的、威胁着大爆炸理论地位的三大疑难带来何种影响。

　　1）天际疑难：如果没有古斯提出的这个更早的阶段，就没有理由去期待宇宙中各个相距遥远的局部空间具有相同的属性。因为我们可以设想这些局部曾经彼此相连，因而共享了相同的信息，只是在指数式暴胀的作用下彼此远离了，这才形成了我们如今看到的天空各个方向背景辐射温度相同的局面。也就是说，它们看上去没有可能互通信息，只是因为我们无法见证暴胀阶段发生的事情。而假如暴胀阶段确实存在，那么这些目前彼此远隔上百亿光年的地方，就曾经在暴胀时期"亲密无间"，只是随着时空的膨胀而被分开了。

　　2）平坦疑难：如果没有什么特别的原因，宇宙本应有着极大的正向曲率或负向曲率。毕竟，如果认为宇宙膨胀率和物质/能量的密度是两个不相关的指标，那么它们之间这种毫无来由的精妙平衡听起来就太像天方夜谭了。但只要引入暴胀阶段的概念，那么不论宇宙的初始类型是平坦的、开放的还是闭合的，都可以被拉伸开来，由此让我们在可以观察的范围内觉得宇宙是平坦的——这与范围之外的宇宙是否平坦无关。在整体上说，宇宙确实可能有着极大的正向或负向曲率，但我们认知的宇宙仍然可以是平坦的，正如一个从未走出过自己所住街区的人不可能去察觉大地是不是个曲面一样。

　　3）单极疑难：只要宇宙真的曾有一个温度和密度都高到任意程度的阶段，如今必定会留下各种的证据。目前，这种证据苦寻不到。而暴胀宇宙理论的出现，给宇宙拥有的

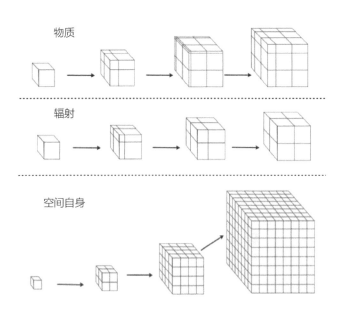

图 8.9 这三幅图展示的都是宇宙中单位体积的空间在单位时间的两倍、三倍、四倍之后膨胀的幅度，且假设三者的膨胀率初始值都是一样的。自上至下，分别表示的是宇宙由物质主宰、由辐射主宰、由空间自身内蕴的能量主宰时的情形。前两种情形中，膨胀率随着时间流逝都迅速地慢了下来，而第三种情形中膨胀率是一个常数，导致宇宙的时空以指数式态势疯狂膨胀。（图片版权：本书作者）

图 8.10　在暴胀模型中，目前距离极为遥远以至无法交换信息的各个空间区域，在很久以前的暴胀阶段结束时完全可能是彼此相连的，所以"天际疑难"就被解除了（上）。而不论宇宙最初的形状如何，由于暴胀把宇宙拉伸得足够大，我们如今可见的部分内已经不可能分辨出时空是否弯曲了，所以"平坦疑难"也被解除了（中）。又因为暴胀阶段之前存在的粒子都已经被推离到了很远的地方，使如今的我们无法看到，同时暴胀结束后宇宙的温度又没有高到足以创造新型粒子的程度，所以"单极疑难"同样被解除了（下）。（图片版权：本书作者，基 于 Wikimedia Commons 用 户 Frédéric MICHEL 和 Azcolvin429 的素材）

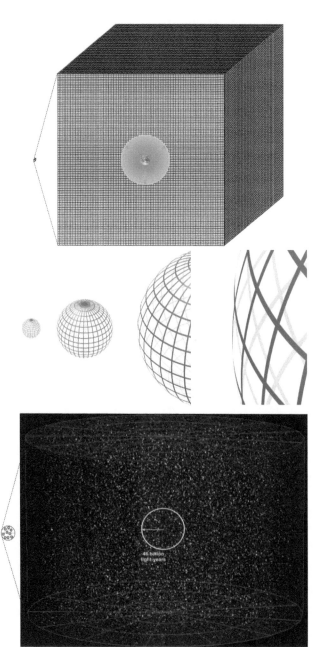

能量水平设定了一个上限。这么说的原因在于，不论暴胀阶段之前发生过什么，暴胀阶段必开始于特定的能量水平上——因为该阶段结束时，这些能量会转换成物质和辐射。至于发生于暴胀阶段之后的高温大爆炸，其温度上限也不可能超过（甚至不可能达到）空间暴胀时自身的能量密度，因为一旦物质和辐射开始创生，能量密度就必然随着宇宙的膨胀而下降！（见图 8.10）

　　这里必须指出的是，古斯最初的创意，并不足以达到在科学理论上"新桃换旧符"的条件。尽管他的理论有许多闪光点，但他提出的第一个暴胀模型其实推导不出一个各处密度均匀、各方向性质一致的宇宙。也就是说，原有的理论模型能够解释的诸多观测事实中，有一个是古斯解释不了的。不过，古斯的暴胀假说展现出了极为强大的发展潜力，于是许多科学家立刻投身于优化这个理论的工作。只过了一年，这个缺陷就被两个科研力量各自独立地弥补了：一个是林德（Andrei Linde），另一个是由阿尔布莱希特（Andy

Albrecht）和斯坦哈特（Paul Steinhardt）带领的团队。到 20 世纪 80 年代初期，暴胀模型已经变得扎实可用了。

如何能更形象地说明暴胀过程？暴胀阶段为什么会结束？我认为可以假想一个高悬于地面上方的、非常平坦的平面，而且它由无数个小方块规整排列而成，相邻的方块之间被某种看不到的力量推挤在一起，所以方块暂时不会落下，但方块之间并未粘连。然后再想象一个很重的球（如保龄球）在这个平面上滚过，与此同时，宇宙在暴胀。球每滚过一个方块，宇宙就多了一些用于暴胀的时间，大小变成原来的两倍以上；当球滚过 64 个方块后，暴胀的幅度已足够引入当今宇宙中可能存在的最小粒子，并且伸展出当今可见的整个宇宙。诚然，这颗球此后还有可能在平面上继续滚动，不过我们这里只考虑它最少需要滚过的方块数就够了。然后，在某个时刻，滚动的球可能压到了某个受力比较薄弱的方块，或者可能已经积累了足够的作用能力，总之它终于将一个方块压脱了。紧接着，从球所在的位置开始，就会发生摧枯拉朽般的连锁反应，众多相邻的方块纷纷脱落，掉向地面。当球和方块全都掉到地上时，暴胀阶段就结束了，这同时也标志着当前这个到处看着都差不多的宇宙拉开了帷幕，此时的宇宙中充满着物质、反物质、辐射，其能量水平则是由那些假想的方块掉落前的高度决定的。（由于假想方块掉落之前的高度没有达到特定值，所以能量水平不够高，也就没有给我们留下磁单极子。）于是，暴胀之后的宇宙就进入了一个有很高温度和很高密度、不断扩张但也不断冷却着的阶段，这个阶段就是我们说的"大爆炸"。（见图 8.11）

* * *

就这样，1982 年，宇宙起源的研究领域展开了一幅新的画卷。这时，新理论不仅能够复制大爆炸理论的全部能力，而且能对大爆炸理论处理不了的一些问题给出备选的解释。我们给宇宙史加上了一个早期暴胀阶段，处于该阶段的宇宙并不是由物质或（和）辐射为主宰的，而是由空间自身内在的能量所主导。由此，我们就可以说明高温的"大爆炸"为何具有目前了解到的那些初始状况。自此，我们不仅可以在理论上构建出一个高温高热的、在扩张中降温的、生发出物质和反物质的不对称性的宇宙，不仅可以解释较轻元素通过大爆炸的核反应的生成、中性原子和微波背景辐射的产生，以及随后物质在引力作用下坍缩为恒星、星系和星系团的过程，还可以解答一直困扰我们的三道难题：

1）为何宇宙的起始温度处处相等？

2）为何宇宙空间的状态看起来等于完全平坦？

3）为何找不到超高能量时期的遗迹？

图 8.11　在暴胀阶段中，假想的球滚过了由假想的方块紧密挤成的假想平面，这个平面代表着空间自身蕴含的能量。在滚动过程中，空间的膨胀率呈指数式持续增加。但最终，随着球在某一个方块处压掉方块而落下，形势会发生变化：所有的方块都会在很短时间内快速崩落。当球和所有方块都落到地上，其能量降至最低值，空间自身内在的能量就会转换为物质、反物质和辐射能，导致膨胀速率减缓，也标志着高温的"大爆炸"开始了。（图片版权：本书作者）

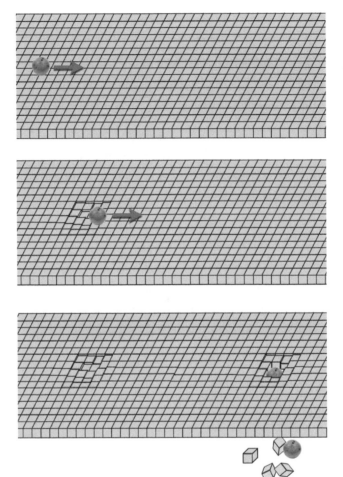

在这个新的图景中，大爆炸发生之前有了一个宇宙暴胀时期，而后来的早期宇宙的高温度、高密度、被物质和辐射主宰的情况，成了暴胀阶段的必然结果。宇宙的高温不仅不能没有上限，而且其温标的上限也被暴胀阶段结束时给规定了。借刚才提到的"坠落的方块"的假想情况来说，大爆炸的强度是由那些击中地面的方块提供的，它们把宇宙"再能量化"（re-energize）了，这个过程也叫"宇宙的再加热"（cosmic reheating）。

到目前为止，新的思路表现得很好。一个新理论立足的三条规则中，前两条目前都已经符合了：首先，新理论已经复现了原有理论的所有预言；其次，它已经解释了先前无法解释的现象，如宇宙背景温度的一致性、空间的平坦性、超高能时期遗迹的失踪。但是，如果不能做出一些新的预言，同时又没有找到一些此前既未被发现也未被预言过的新现象，那么暴胀理论就还不能被说成一个值得研究的物理理论新进展！所幸，暴胀理论指出了两个有可能观测到的特征，二者都来自一个意想不到的领域——量子物理！你可能觉得量子物理这个领域所做的

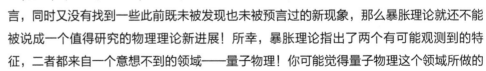

事情会与天文学或天体物理学领域截然不同，毕竟它的研究重点的尺度是亚原子级别的，但你不要忘了暴胀期间发生了什么：宇宙的膨胀率当时快到超乎想象，空间本身内在的能量密度也超乎想象的高，而最重要的是，开始时仅对应于亚原子尺度的微小空间，会在很短（大约处于 10^{-32} 秒的级别）的时间内被拉伸到宇宙尺度上，跨越宇宙的直径。

　　在日常经验中，只要测量工具的精度够高、品质够好，就可以做出特别准确的测量，而且在测量的过程中，被测对象不会发生物理上的变化。比如，人的身高不会很快变化，如果你用卷尺量，结果可能是 176 厘米，如果改用更精确的设备如激光测量，结果的数值会更精确，如 175.73 厘米，当然这并不是身高变了。可是，在量子的世界里，不但被测距离自身可能改变，甚至你的测量行为本身都会影响其他一些指标，如动量（即物体的质量乘以它的速度）！这涉及量子物理的一个原理，即"不确定性原理"。这个由海森堡（Werner Heisenberg）最先提出的原理表明，量子的相关物理量之间总是存在一种成对的不确定关系，例如在位置和动量二者之间，你对其中一个测量得越精确，那么另一个的所得误差就越大，且根本没有可能把其中任何一个的不确定性降到零。（见图 8.12）另一对具有这种固有的不确定性的物理量是能量和时间：事件发生的时间标度越短，其能量的不确定性就越大。

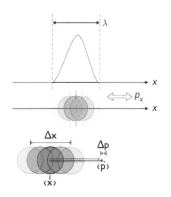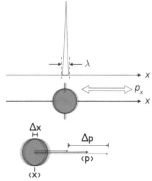

　　让话题回到宇宙暴胀。由于暴胀过程中宇宙空间的肌理在很短时间内急速扩张，其能量的固有不确定性也是巨大的。因为当时宇宙中所有的能量都是空间自身内在的能量，所以能量的波动会导致空间中不同区域自身的能量略有差异。虽然这种波动相对于能量的整体来说还很微小，但由于对应的时间标度很短，波动的意义是重大的。还记得我们用"平面滚球"的比喻来具象化的那个暴胀过程吗？现在请你想象在那个平面上增加一点瑕疵——这很像大洋中部的海面：虽然水深可以达到几千米，洋面的形状相对于整体水深来说可以看作一个平面，但实际上的洋面必然带有几厘米高的波浪。这些波动给空间的肌理造成了极微小的扰动，然后也会转化为空间自身蕴含的能量的轻微不均匀。暴胀使得空间的肌理以指数形式被拉伸，这些波动的分布也会由此横跨宇宙。从亚原子的微小尺度到可观测宇宙的巨大尺度，这些波动在所有尺度上发挥了影响。（见图 8.13）

　　当暴胀结束时，这些波动就停留在了纵贯可观测宇宙空间的巨大尺度上。根据暴胀理论的预言，这些量子涨漪将以两种不同的方式出现，并对我们的宇宙造成两种不同的影响：

图 8.12 在通常的经验中，像位置和动量这种物理量，我们可以随心所欲地去测量。但其实二者之间存在一种内在的关系，该关系突出表现为它们的内在不确定性。当我们把一个粒子的位置测得越准确，那么我们测到的其动量的准确度就越低，反之亦然。另外，我们仅想知道其中一个物理量的精确值也是不可能的：二者的固有不确定性之乘积，有着一个不为零的最小值。另外两个物理量——能量和时间之间也能体现这种不确定性原理，虽然本图没有提到它们。（图片版权：本书作者，基于 Wikimedia Commons 用户 Maschen 的素材）

图 8.13　内在于空间自身的能量，其量子波动的几何尺度通常很小（当然其能量的波动范围会因量子世界里的时间标度极小而变得很大），本来无法在可测层面上给宇宙造成什么影响。不过，在暴胀过程中，这些波动会随着空间肌理自身的拉伸而变大，导致这些内在于空间的能量涟漪不论大小还是能量级别都巨大化了（上半部分）。由于新的量子波动只在最小的尺度上出现，而空间在暴胀过程中会以指数般上扬的速率毫不停歇地扩张，我们必须将该种波动纳入各级尺度的考虑，才能精确地描述空间中能量分布的不均匀状况（下半部分）。（图片版权：本书作者，基于 Wikimedia Commons 用户 Roger McLassus 的帮助）

　　1）在暴胀结束时，这些各种不同尺度的能量波动有着几乎相等的强度，即使其中最小尺度的波动，强度也仅比最大尺度的略小一点。到大爆炸阶段开始时，这些波动就转化为物质和能量分布的轻微不均匀。根据当前的观测结果，我们可以期待在各种不同的空间尺度上看到几乎相同的密度波动分布方式，而微波背景辐射就是这种不均匀性的呈现方式之一。详细地说，更大尺度的波动对我们的帮助也略大一些。这种不均匀的幅度不会超过万分之几，而小尺度与大尺度波动之间的幅度差异也只有上述幅度差异的百分之几。

　　2）在引力场中也应该存在这种波动，这就产生了"引力波"的概念。引力波也会在各种不同尺度上影响当今的宇宙。当前，引力波天文学的发展还处于婴儿期，停留在初步研制和试验引力波探测器的阶段。（笔者写作本书时，人类还未曾从任何方向直接探测到哪怕一个单独的引力波信号。）不过，引力波可以影响微波背景辐射中的光波的极化特征，这在 WMAP 和"普朗克"探测器的数据中都有过蛛丝马迹。虽然我们在理论上知道这种极化特征的概况，但它的强度却有着很宽泛的备选范围，取决于我们选择哪一种具体的暴胀模型。一些比较乐观的具体模型可以让我们在十年之内探测到它，其余较为悲观的模型则给不出什么实验或观测方案去尝试探测。

　　由于这第二个特征很难单独出现，我们对直接侦测到引力波的期待也不太强烈。但是对微波背景辐射的波动的测量，早在 20 世纪 80 年代就已经被天体物理学家们筹划起来了。（见图 8.14）

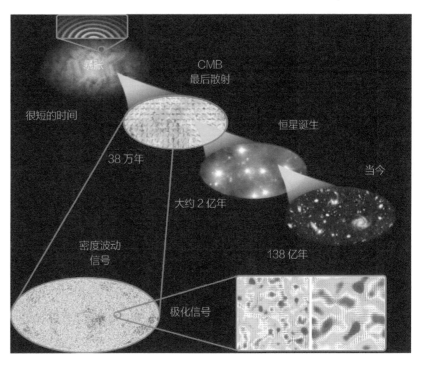

彭齐亚斯和威尔逊依靠架在地面上的大型射电望远镜就发现了微波背景辐射，但很可惜，要探测其波动是没法这样来完成的。如同事后证明的那样，地球的大气层虽然能让可见光顺利通过，但对红外线和微波的频段来说是一扇相当污浊的窗户。如果想避开大气效应的干扰，或具体地说，想测定有可能小到万分之几（甚至更小）的温度波动的话，观测就必须要到太空中去进行。1989 年，"宇宙背景探测器"即 COBE 升空，我们知道它携带的设备 FIRAS（译者注：图 6.10 介绍过）测量了微波背景辐射的黑体谱轮廓。但 COBE 上还携有另一件设备"差分微波辐射计"（Differential Microwave Radiometer，简称 DMR）。要知道，我们想测定的温度波动的幅度非常小，以当时的（乃至现有的）技术能力来说是无法直接精确测出的，所以 DMR 采取了一种特别的办法来替代：它每次测量都同时对准天空中两个不同方向，然后检查其差异。用这种方式，可以记录到比单独测量某个天区更为准确的数据。（见图 8.15）

20 世纪 90 年代初，COBE 发布了第一组结果，一上来就明确肯定了微波背景辐射中的波动是存在的！它发现的波动并未达到暴胀理论允许的上限，但也相当接近了：波动幅度为 0.003%。虽然 COBE 数据的方位精度比较低，误差范围最小也有 7°（差不多是伸直手臂后四个手指并拢的张角），但它毕竟证实了在它可测的各种尺度上都有原始强度彼此相仿的波动。这样，人们首次为暴胀宇宙学的一个新预言找到了正面的证据，这个新的学说通过了第一次考验。

在 COBE 大放光彩之后，先后又有两代这方面的探测卫星升空，测量了微波背景辐射的不均匀程度并发回了数据，这就是前面提到过的 WMAP（2001 年由 NASA 发射）和"普朗克"（2009 年由欧洲空间局发射，2013 年发布数据）。WMAP 可以把温度波动的方位精确到 0.5 度的角距之内，而"普朗克"可以把这个误差缩小到 0.07°！（可参看图 6.17 展示的对这几个探测器误差的对比。）WMAP 和"普朗克"带给我们的新

图 8.14　时空自身在量子尺度上的微小波动，通过暴胀被拉伸到了宇宙尺度上，使得密度分布和引力分布都出现了涟漪状的波动。这种波动可以在很多事物中显现出印记，如微波背景辐射里的波动，即通过宇宙相邻区域的密度差异而形成的温度差异（左下小图），又如这些温度波动中的极化信号（右下小图）。缘起于暴胀的密度波动会持续发展，在随着时间而变化的引力影响下，形成如今看到的恒星和星系。（图片版权：本书作者，引用了 ESA 的"普朗克"探测器的成果，以及由美国能源部、NASA 和美国国家科学基金会合作的微波背景辐射研究的成果）

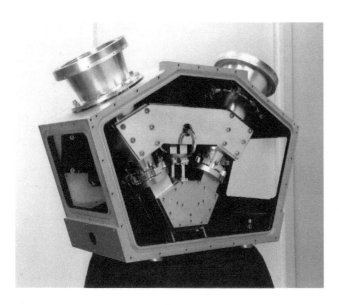

图 8.15 这是 31.5GHz 的差分辐射计，请注意它顶部的两个对着不同方向的号筒型天线。这种设计可以让 COBE 在直接测量单点温度看不出差异时，通过对两个任意天区的比较来发现温差。（图片版权：NASA/COBE/DMR 团队 /LBL）

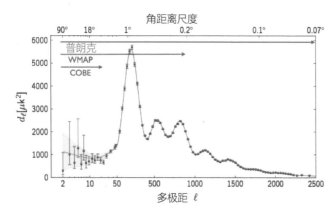

图 8.16 COBE 的能力范围只能测出这条曲线左端比较平坦的那部分，从而体现出波动的能量谱与尺度的无关性。更小尺度的数据能给我们提供更多关于宇宙发展史的信息，所以 COBE 和此后的跟进测量让我们的认识不断进步。（图片版权：欧洲空间局和"普朗克"合作；P. R. A. Ade 等，《天文学和天体物理》2014 年，第 571 期，第 A1 页。）

知可以总结为：

- 宇宙诞生时的密度分布的波动性，不论尺度是大到横跨宇宙还是小到可测尺度的极限，通通具有非常相似的能谱特征。

- 暴胀结束时的"再加热"过程，即那个赋予宇宙高温、高密度的过程，实际上给宇宙当时的温度规定了一个上限，这与暴胀理论对单极疑难的预期回答是一致的。

- 在微波背景辐射分布中，某些尺度上的强度差异比其他尺度上更大，这将帮助我们了解物质和辐射在宇宙最初的 38 万年里是如何相互作用的。

- 如果把这些数据的全体与已知的物理规律（后详）结合起来考虑，则大尺度上的密度波动其实略大于小尺度上的。这将帮助我们去知道哪一种具体的暴胀模型更能描述我们的宇宙。（具体说来，有一个叫作"标量谱指数"即 scalar spectral index 的指标，简写为 n_s。如果能量谱的形状与尺度完全无关，则 $n_s = 1$；实际测得的 n_s 约在 0.96 和 0.97 之间，大尺度的密度波动占有轻微的优势。这与林德、阿尔布莱希特、斯坦哈特预计出的暴胀模型非常吻合。）（见图 8.16）

这些信息足以让暴胀理论做出的前两个新预言得到确认！先后几个探测器的数据毫无疑问地向我们显示，宇宙在遥远过去的温度和密度不可能不受限制。以我们手头最佳的证据来看，大爆炸并不是宇宙史上第一个事件，它的开端也并不是奇点。大爆炸阶段之前有着暴胀阶段，当时宇宙的能量蕴含在其空间自身之中，而空间肌理的膨胀是指数式加速的。

* * *

发现宇宙在大爆炸之前还有一个阶段，是科学的一个巨大成就，在某种意义上说甚至是一次史无前例的飞跃。此前也有很多理论框架可以涵盖更早的理论，并能解释旧理论说明不了的问题，但是这些框架全都离不开对宇宙进行极为精细的专门设定——如对膨胀和引力之间的平衡的设定，又如对彼此相隔甚远的天区之间温度均衡的设定等。只要离不开"精细调节"，就不能说取得了理论飞跃，就不算是发现了理论的新大陆，就无以推动真正的进步。许多旧理论的预言，在观测事实面前被证明是不完整的甚至不正确的；与之相比，大爆炸理论虽然没有遭遇预言出错的情况，但也没能判断出相关的具体物理量。所以，人们只能简单地推演大爆炸理论的各种可能性，然后说："除非有什么因素给宇宙设定了这些条件，不然很难理解为什么会是这样。"这一状况就是孕育暴胀理论的土壤。暴胀理论的最大亮点，就在于针对宇宙诞生时有着密度波动，以及宇宙应该有过一个温度上限等状况，做出了属于自己的新预言，并且被观测证实了。（见图8.17）

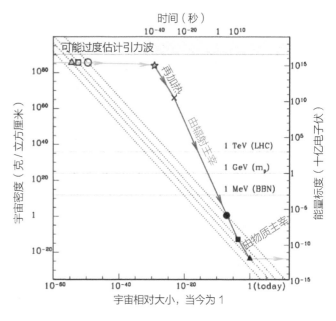

图8.17　暴胀阶段结束时（即高温大爆炸开始时）的能量密度水平不小于今天的 10^{20} 倍。但比这更重要的是，对我们可观测的宇宙范围而言，其早先能够达到的温度水平有一上限。暴胀理论的这一重要预言已经被针对微波背景辐射的观测所证实。（图片版权：美国能源部、NASA 和美国国家科学基金会合作之微波背景辐射研究成果）

　　但是，关于暴胀还有很多事情尚未清楚，如该理论的第二大预言对象"引力波"会给我们带来什么。理论上讲，引力波是可以被观测到的。我们观察微波背景辐射时，发现温度波动的幅度只有万分之几开氏度，还不到该辐射实际温度的万分之一。但是，这个信号里还掩藏着另一种更微妙的信号，即光子的极化信号。光子是一种电磁波，也就是一种电场和磁场在相互垂直方向上的交替震荡。因此，光子从以特殊方式配置过的带电粒子群中穿过时，其电场和磁场都会受到影响。众多光子的极化方向可能会在天空的某个特定区域内呈现圆形对称，或呈现一种非对称的剪切型排列，前者称为 E 模式极化图案，后者则称为 B 模式极化图案。如果我们能从微波背景辐射中测出这两种模式的极化图案，而且其尺度从特大到特小都有，我们就可以复原出这些信号的产生过程。（见图8.18）

　　这里面对的困难在于，有太多因素都会产生出这些信号：带电粒子、遥远星系、暴胀残余的引力波，以及离我们相对更近的银河盘面，都可以释放出与微波背景辐射中的波长相仿的极化光子。不过，只要能成功分析出 E 模式和 B 模式极化光子背后各种成因所占的比重，就应该能找出以 B 模式存在的、由引力波留下的信号，它由暴胀产生，在各种尺度的博场上都有相似的图案特点。侦测到这些信号，有助于我们辨别最能用于实

图 8.18　光子从处于特定配置中的带电粒子群中穿过时会被极化。这种极化的 E 模式是镜像对称的，但 B 模式不是。实际的辐射情形（图的下部，取自 BOOMERANG 实验）显示两种模式的极化信号都存在。（图片版权：上部、中部为本书作者；下部选自 W. Jones 的博士学位论文，加州理工学院，2005 年，编号 AAT 3180590）

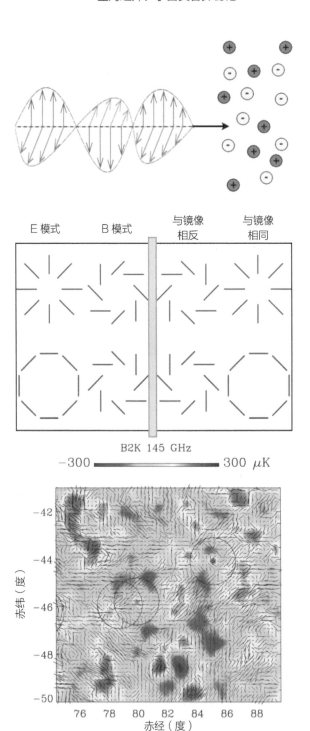

E 模式　　B 模式　　与镜像相反　　与镜像相同

B2K 145 GHz

−300　　　　　　300 μK

赤纬（度）

赤经（度）

际描述宇宙的两大类暴胀模式：一是预计引力波强度会很低（即微弱的 B 模式）的"新暴胀"（new inflation），二是预计引力波很强的"混沌暴胀"（chaotic inflation）。（见图 8.19）

　　目前已有或正在筹划的与此相关的实验、天文台项目和太空探测器项目有很多，以精确测量 B 模式为目的的项目除了"普朗克"之外，还有知名度低些的 QUIJOTE、ACTPOL、POLARBEAR、SPIDER、SPTPOL、QUBIC、EBEX、ABS、BICEP2 等。2014 年，BICEP2 团队登上过科学新闻头条，因为他们声明自己侦测到了原生的、能被混沌暴胀所解释的 B 模式，并宣称侦测到的信号级别很高，属于一个在统计学上概率不超过百万分之一的罕见情况！可是，正如很多轰动一时的科学声明一样，这个声明很快被发现有问题，"普朗克"的团队有证据显示，前者并未适当地修正银河系自身的前景信号的影响。混沌暴胀仍然是宇宙创生时的暴胀类型的候选者之一，但 BICEP2 的数据对它并不有利，因为数据表明引力波的尺度比混沌暴胀预测的要小得多。为了彻

底搞清宇宙的诞生状况，我们还需要更多、更好的数据。（见图 8.20）

* * *

可是，不论宇宙在诞生之初发生的是哪一种具体类型的暴胀，我们也不应再秉持着人类固有的那种好奇心去追问暴胀发生之前的事情了！因为暴胀期间宇宙扩张得超乎想象地快，而暴胀阶段末期（亦即大爆炸发生期）的那个大约只有 10^{-30} 秒的区间，就深远地影响甚至决定了我们可观测的全部宇宙，这部分宇宙的边界离我们"只有"138亿光年。所以，在 138 亿年前，在比那个指数式暴胀的阶段的末尾更早的时候，无论发生了什么，都已经远远超出了人类的观测力所能及的范围，因此我们无法再去测量。

这对科学家来说是个相当令人沮丧的情况，因为这意味着我们虽然很想获知更多的关于暴胀阶段在其最后 10^{-30} 秒之前的信息，却注定要束手无策。就我们而言，宇宙的暴胀阶段只能是这样一个比"刹那之间"还短促的阶段，而其实它的长度可能长得多，甚至是无限长的——但我们必定找不到证据去解答这个疑问了。对宇宙暴胀进行一些理论模拟和近似，看起来应该是优先考虑，这样就

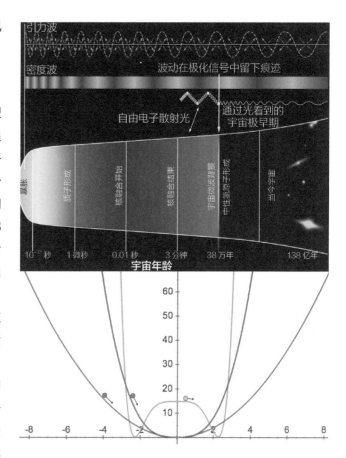

可以检查一下哪些情况可能将非暴胀状态引入暴胀之中。事实上也有很多理论家在这方面颇费工夫，可惜没有谁的结果能给出定论，而按这些构想推导出的它们应该在当今宇宙中留下的印记，也没有哪个获得可靠的观测支持。因此目前最负责任的说法只能是暴胀阶段持续了至少 10^{-30} 秒，但这个持续时间的上限是无法确定的，或许它真的在时间上是无限长的，谁知道呢？

不过，关于可观测范围之外的宇宙中有什么东西，依然有一种理论方案可以给我们一些提示。我们可以假想一个会暴胀的宇宙，然后考虑它在时间之流中如何演变，以及为了停止它的暴胀而需要发生什么事情。为简单起见，我们来考虑前述的"新暴胀"的情况。我们将情况图形化，设定一座平坦的高原，其两侧都是深谷，高处与深谷之间是陡峭的斜坡。现在，设当我们在高台部分移动时，暴胀发生；而当我们从高台滑落到任何一侧的山谷时，暴胀停止，并将内在于虚无空间的能量转化为物质、反物质和辐射。

可能你会出于直觉把这个情景想象成一个球可能从山上滚落的场面，这也没问题。

图 8.19　暴胀理论的所有模式都预言了密度波动和引力波的出现（上），但其中"混沌暴胀"模式（下，红线和蓝线）预言引力波比密度波动大得多，而"新暴胀"模式（下，橙线）则认为这个比例要小得多。（图片版权：上部为美国国家科学基金资助的 BICEP2 计划，与 NASA、JPL、凯克基金、摩尔基金有关；下部为本书作者）

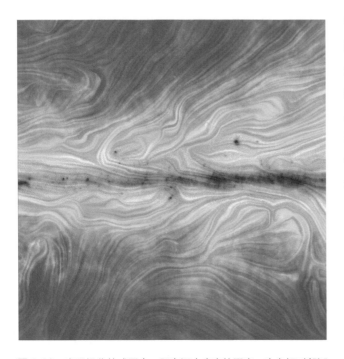

图 8.20 光子极化的成因中，既有远古宇宙的因素，也有相对邻近的因素，如银河系内部物质的影响。这幅图片根据"普朗克"探测器的数据制作，展示了银河系的磁场叠加在宇宙密度波动前方的样子。（图片版权：欧洲空间局"普朗克"团队合作成果，感谢法国国家科学研究院及奥尔赛市巴黎第十一大学空间天体物理研究院的 M.-A. Miville-Deschênes）

请先想象球在平坦部分顶端，然后慢慢滚向侧面。在这个阶段，情况没有发生什么重大变化，球的高度一直稳定，处于一种近乎静止的状态。注意这个阶段要对应于暴胀发生：宇宙以指数式的加速在膨胀，被拉伸得非常平坦，相应的波动尺度都被扩张到了宇宙的尺度上。在经过足够长的时间后，球接近了深谷，于是形势突然起了变化，该变化不但可以被感知，而且简直是天翻地覆。简单说来，就是球掉进了谷底，原有的高度（即原本内在于空间的能量）已经失去，转化为在谷底附近滚来滚去并最终静止的动力（即粒子的能量）。

这里先等一等。毕竟我们是人，不是球，不会在高原上随便滚动，所以横跨宇宙尺度的波动（包括作为标量的密度波动和作为张量的引力波）被拉伸的状态应该也不会结束啊？要知道，事实上我们是量子场——我尽量解释一下，在最深的物理学基本层面上，不但你和我，连所有的作用力、粒子，以及宇宙内所有物体，本质上都是量子场，这里自然包括所有引发暴胀的场。随着时间流逝，量子场的性质之一就是使其自身固有的"位置不确定性"逐渐成长。不管是什么物体，其"或然性"都是随时间而不断铺展开来的！（见图 8.21）

接下来更有意思。如果我们处在高原顶端（即最肯定的暴胀状态）慢慢滚动并以指数速率创造新的空间，我们是不会接近山谷的，或至少有一定的可能性完全避开山谷。在太空中的某些（大约占一半的）区域，量子场的数值使得远离山谷的可能性高于逼近山谷。这种持续暴胀的状态，多在高台最平坦的区域发生。相对于使你掉进山谷的那些情况，量子场的效果在这种情况下能掌控住局面。如果空间在以指数式比率扩张，那么新的正在发生暴胀的空间就会不断被创造出来，暴胀阶段就会永远持续下去。不论岁月如何流逝，新空间总是在增加，且暴胀的势头也不会停止（某些具体情况下，还可能越来越比过去远离停止的势头）。

换言之，很多人头脑中对暴胀场面有一种典型的想象：在过去的某个时刻，空间的某个区域开始以指数式的增速膨胀，在这个过程中，空间的每个局部都均匀地暴胀个不停，最后所有的暴胀都同时停止了，然后大爆炸全面展开。但如果把已知的物理学定律和我们对暴胀的科学认识结合起来看，这种典型想象不会完全合乎情理！实际情况应该是，空间某个区域的指数式膨胀引发了更多的新区域开始这一过程。随后，某些区域的暴胀会停止（然后进入大爆炸阶段），另外一些区域的暴胀则持续下去，并进一步引发其他区域开始暴胀。这些更新的暴胀区域中还是只有一部分会停止暴胀（并开始大爆炸），剩下的依然引发新的暴胀区域。由于暴胀发生得相当迅速，所以这个过程在整体上有可能无限持续下去。

如果把暴胀当作量子场来处理，计算量子场分布的比率，并将其与"滚落进山谷"的那些场的平均值的比率相比，就会发现在所有切实可行的物理

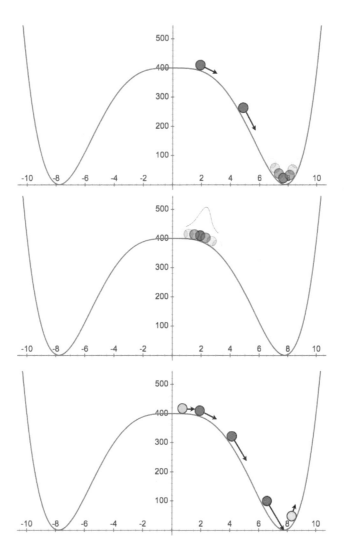

图8.21 本图的上部演示的是经典物理学体系中的暴胀模型，小球慢慢地向着山谷滚动。不论小球需要多长时间才能滚到陡坡处，最后都会滚下坡去，掉进谷底——这时就好比暴胀阶段结束，进入"再加热"阶段和高温的"大爆炸"。但如果用量子物理体系来看（如图中部），小球在慢慢滚动的同时，其波函数（以及由此决定的在高地上的位置）也会随时间而随机震荡。即便设滚动速度与图的上部相同，小球在给定的时间长度内掉进山谷的可能性也增加了。所以图的中部展示的小球位置是随着时间流逝而出现在各个位置的可能性。图的下部用五种不同的颜色代表"地形"中五类不同的区域，以区别其事件的类型。其中某些区域的暴胀已经结束，另一些正在结束，还有一些仍在持续并且远没有要彻底结束的意思。（图片版权：本书作者）

学场景中，空间都会有某些区域永远暴胀下去。也可以说，即便暴胀最初只起源于宇宙的一个微小的局部，它也会在宇宙的某些局部持续进行下去。是的，有许多区域像我们所在的区域那样，暴胀在某个时刻结束了，然后发生了带来物质、反物质和辐射的大爆炸，但这些区域之间被分隔开了，隔开它们的正是那些继续暴胀的区域；是的，随着时间的流逝，会有越来越多的区域看到暴胀终止，但是指数式的空间膨胀持续地创造出足够多的新空间，确保了会有足够多的大爆炸事件在宇宙的各个彼此不相连通的区域发生。这就引出了所谓的"多重宇宙"（multiverse）理论，即我们可以观测到的宇宙远非唯

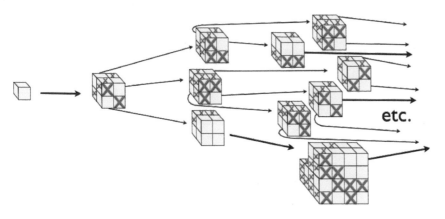

一宇宙的理念，这也是暴胀理论带给我们的一个精彩的、坚实有力的科学结论！（见图 8.22）

* * *

说了这么多，我们该做何总结？虽然大爆炸理论有着多项成功之处，我们仍然无法将宇宙历史倒推至任意高温、任意高密度的状态。宇宙巨大、冰冷且至今持续膨胀，自是不假；我们能向宇宙更小、更热、更致密的时代做一些回溯，也是不假；宇宙曾经有一个时代比现在更为均匀，当时的星系也比现在更小、数量更多，其形态更为幼稚，当是不假；存在一个恒星完全没有形成的早期阶段，亦是不假；曾几何时，宇宙因温度太高不能容许中性原子稳定地形成，从而充满由原子核和电子组成的等离子体，还是不假；在那之前还有个连原子核都因温度和能量过高而无法稳定存在，宇宙乃一片自由质子和自由中子之海的时代，仍是不假；而在上述这些阶段之前，在当今地球上难以再现的特高能量水平之上，巨量的物质和反物质粒子曾经成对地创生，各种基本粒子和它们的反粒子也能成对地创生或湮灭，依然不假。不过，我们还是不能回溯到一个万物密度高到不受限制的时间点上，无法印证那个全部物质和能量都凝缩在一个奇点里的状态。而以我们能掌握的事实来说，我们的宇宙在我们可以观测的范围之内，从未有过那种状态。

图 8.22　宇宙即使只有一个局部启动了暴胀，也会由此开始创造新空间的过程。很多区域内的暴胀是会结束的，创造出高温大爆炸（图中以红叉表示），但同时也有许多区域内持续发生暴胀（图中以单纯的蓝色方格表示）。在这些空间中，没有停歇的暴胀以指数式的速率使之扩张。由于正在暴胀的区域在任何时刻都多于此前，我们能看到的宇宙之外肯定存在着我们看不到的、永远在膨胀着的宇宙。（图片版权：本书作者）

取而代之的认识是，在大爆炸阶段之前还有一个宇宙暴胀的时期，当时主宰宇宙的不是物质、反物质和能量，而是内在于宇宙的空旷之中的能量。这种能量无比巨大，它足以在暴胀时期结束时从虚空之中跑出来，激发高温的大爆炸并转化为粒子、反粒子和光子。暴胀时期的存在也解释了为何当前看到的宇宙是平坦的——因为不论更早的宇宙形状如何，暴胀都将它拉伸得与真正意义上的平坦状况无法区别了。暴胀理论也解释了为何宏观上宇宙的温度处处相等——那是因为不管这些局部在今天相隔多么遥远，它们当初也曾经彼此邻接，只是在暴胀期间随着指数式的伸展而跨越了宇宙，从此天各一方了。而且，暴胀论还能解释为什么极端原始之时的超高能量未能在宇宙中留痕——因为宇宙的温度从没有高到那种不可思议的程度，所以在暴胀结束时也不足以留下那种印迹！

此外，暴胀还解释了我们为何能看到宇宙婴儿期的能量密度波动的尺度与强度。这个由暴胀理论提出的新预言，已经被证实与观测数据高度吻合。不止如此，暴胀论也预测

了引力波的波动范围，并指出应该能
在微波背景辐射的极化状况中发现其
线索。尽管至今未能侦测到相关的信
号，但我们知道该信号会有哪些特征，
今后空间探测器、地面观测站和相关
实验室技术提升了，就应该能确切检
验这种信号是否存在了。（见图 8.23）

而且，宇宙的暴胀还有一项离奇
但迷人的结果，那就是我们所在的宇
宙代表着空间中一个暴胀结束了的区
域。尽管这类区域应该还有很多，但
它们都被持续暴胀着的区域分隔开来
了，而这些分隔区中有些已经连续暴

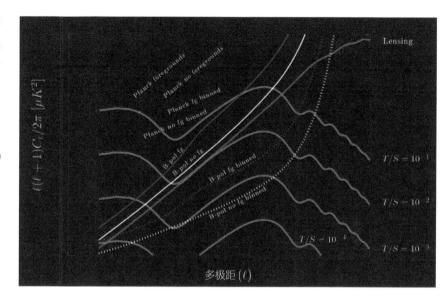

胀了至少 138 亿年！只要将已知的物理定律用于暴胀状况的物理条件，并且假设暴胀具
有量子性（这种假设看上去很有必要），就自然会得到上述命题。由此可以推导出多重
宇宙的存在，我们的宇宙只是众多停止了暴胀并发生了大爆炸之后的宇宙之一。

最后还要强调，对我们可观测的这部分宇宙造成影响的，只是暴胀阶段的最后 10^{-30}
秒左右，那一瞬间导致的波动，引发了恒星、星团、星系和宇宙大尺度网状结构的形成。
这是我们目前所知的宇宙史，但我们并不知道暴胀阶段在这个最后瞬间之前还有多长，
不知道暴胀是否从无限久远之时就已存在，还是其他什么状态引发了暴胀。而对渴求这
些问题答案的人来说，一种不安的感觉已经腾起，因为回答这些问题所需的数据并不会
在我们宇宙的可观测范围之内出现。我们看到的宇宙宏阔而又神奇，但它的内容物之规模、
它已经存在的时间都是有限的，而它包含的信息也不可能是无尽的。大爆炸并不是宇宙
的开始，而只是暴胀阶段的后续。我们对暴胀阶段的了解也仅限其末尾的大约 10^{-30} 秒，
再早是什么情况，我们目前不仅不知道，而且还不知道如何去知道。

图 8.23　暴胀发生时的类型或
模式，与引力波的频谱没有直接
的相关，但能明确反映在引力波
谱的振幅中。引力波信号如果真
的出现，应展现为微波背景辐射
的 B 模式极化。对于现有的多
种可能的模型，B 模式的特征都
依赖于暴胀的特殊性，以目前正
在进行或策划的实验来说，不无
侦测到这些特征的可能性。图中
几条蓝色的实线表示的是多种混
沌暴胀模型与新暴胀模型中的引
力波信号幅度。（图片版权："普
朗克"科学团队）

第九章

起舞幽寂中：暗物质与
大尺度网状结构

借助我们所知道的关于宇宙从早期阶段至今的一切，你或许可以想象，通过将物理学定律运用于正确的初始条件之上，将足以在理论上重建出一个属于我们的宇宙。其间即便有小的疑问之处，也只要填充一些细节即可弥补。如果我们从时空的扩张出发，经过大爆炸的高温与高密度状态，构建出物质与反物质之间的不对称性，再经过宇宙冷却、反物质被湮灭而剩下物质的过程，让首批原子核乃至中性原子诞生，那么物质在引力作用下凝聚成团，并最终形成我们今天看到的这种恒星、星系和星系团，看上去就是水到渠成之事。我们不如说，如果试图复现宇宙成长史，却不首先选用这套知识，那简直不可理喻。毕竟，要对宇宙自首批中性原子诞生以来的演化进行推导，这套理论可是不二佳选。

但这里还要盼望一件重要的事：对宇宙中物质的大尺度结构，我们的理论预言能否与观测事实匹配。如果不能，情况就麻烦了。即便我们这道这种棘手情况有可能是科学进展的先兆，但它也可能变成累世难解的谜案。若是后一种情况，那将令科学界十分沮丧。要想结合对宇宙大尺度结构观测的结果，去理解宇宙演化至今的方式，出发点就是宇宙中那些与我们毗邻的区域，即离我们最近的一批星系和它们组成的星系团。这将同时检验两方面的理论：一是引力的理论，二是我们对宇宙应有怎样的成分的推测。（见图 9.1）

* * *

面对像星系乃至星系团这样大型的天体结构，要想知道其物质总量，我们有两种互不依赖的探查思路，即分别依靠星光和引力。我们已经知道恒星的工作机制，为此不但研究过太阳，也研究过银河系中海量的恒星，其类型从矮星到与太阳类似的恒星，再到高温的蓝色年轻恒星和老年的巨星一应俱全。由此，不论是看到单颗恒星的光，还是看到一群恒星共同的光，我们都有办法判断恒星的质量和年龄。这个办法也可以扩展到星系研究上：通过测量一个星系在各个波段上的亮度，可以推测它含有的恒星的总质量。当遇到那些比较典型的星系或星系团（如由数十亿到数千亿颗恒星组成的星系，以及由数千个星系组成的星系团）时，我们可以运用亮度测量法得出其所有成员恒星的质量总数。

　　星系是个巨大的、有边界的恒星系统，所以我们也可以利用彼此类似的恒星的运动，结合关于引力的知识去求出其质量的总和。我们知道，关于牛顿引力的知识，如果与对行星绕日运动的测量结果结合，就能求出太阳的质量；与此类似，广义相对论的知识，如果与对恒星在星系中的公转的测量结果结合，就能估算出整个星系的质量。当然我们还可以观测星系团中的成员星系如何运动，由此算出这个星系团需要有多大的总质量才不致解体。总之，依靠引力，我们也可以算出星系或星系团的总质量。

图 9.1　室女座星系团是宇宙中离我们最近的星系团，它有超过 1 000 个成员星系，离我们大概 5 000 万至 6 000 万光年。这张照片中，有些巨大的椭圆星系和螺旋星系非常醒目，但还有些很小但并非一个单纯光点的、有"烟雾"感的天体也是该星系团的成员。在实际研究宇宙大尺度结构时，像这样离我们较近的星系团起到的作用是至关重要的。（图片版权：Wikimedia Commons 用户 Hyperion130，CC 3.0 相同方式分享）

　　你也许会觉得，既然太阳的质量占整个太阳系的 99.8%，那么，对星系乃至星系团这种巨型结构，只测其恒星的光就足以接近星系的总质量了。然而实测结果说明，这种想法大谬不然。我们根据对星光和对引力的实测算出星系总质量，竟然相差大约 50 倍。换言之，这个结果说明，星系的质量中大约只有 2% 是以恒星形式存在的。那么，另外 98% 到底是什么？

＊　＊　＊

　　最先注意到这个问题的是前面提到过的瑞士天文学家茨威基，他是个思维特异、敢于革故鼎新的人，20 世纪 30 年代是他成就最辉煌的时期。茨威基乐于追随很多非主流的创意，如他觉得"光线老化"理论胜过相对论，发展了关于超新星晚年核心部分坍缩为致密的中子球（即中子星）的思想。他还曾指出大质量天体会将其背后更远处的星系的图像放大或扭曲（这一次他倒接受了相对论），创造出类似光学透镜的视觉效果，这一预言最终在 1979 年被确证，就是今天说的引力透镜效应！他对主流科学界拒斥新鲜想法的作风十分憎恶，常以天马行空的猜测自娱，其科研观测和计算工作也全部亲力亲为，因此被称为科学界的一匹独狼。甚至有一则传闻说，他在某次夜间观测时为了减少大气扰动，竟拿起一支来复枪，透过望远镜圆顶的狭缝对天射击，以尝试能否整顿空气的运动。虽然我们估计他这个招数完全没用，但可由此看出他对尝试新鲜事物是多么狂热！（见图 9.2）

　　但要说茨威基最出名的事情，或许要数 1933 年对后发座星系团的观测。这个星系

图 9.2　这是后发座星系团，它比室女座星系团更重、更紧致，距离我们 3.3 亿光年。此图显示的是该星系团的中央核心区。它也是第一个被发现通过星光和通过引力测出的总质量数值相差悬殊的星系团。虽然天文学家曾在很长一段时间里没有严肃对待这种差异，但它仍帮助我们发现了大量弥漫于宇宙中的一种新型物质——暗物质。（图片版权：亚利桑那大学雷蒙山天空中心的 Adam Block，CC 3.0 相同方式分享）

图 9.3　虽然后发座星系团的成员星系彼此距离遥远，但运动速度并不慢，常在每秒几千千米的数量级上，这说明星系团的总质量很大。而通过发光强度算出来的总质量与之相比，简直是芝麻比西瓜。（图片版权：G. Gavazzi，《天体物理学刊》即《Astrophysical Journal》，1987 年，第 320 期，第 96 页）

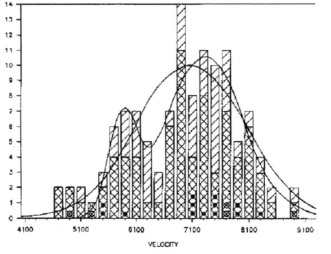

团规模超大，拥有数千个星系，离我们大约 3.3 亿光年。茨威基通过测量这些星系的谱线的红移或蓝移，不但得出了这个星系团远离我们而去的平均速度，还掌握了每个成员星系相对于该平均速度的速度。在追加测量了各个成员星系与星系团中心的距离之后，他还得到了各成员星系相对星系团中心公转的粗略状况。由于既熟悉星系团的运作机制，又知道星系需要引力才能维持成团的状态，他就计算了整个星系团需要多大的总质量才能保证成员星系不会四散逃走。而当他把计算结果与根据星光推算出的总质量数值进行比较时，他也被震惊了，两个数值相去甚远！面对这个巨大的质量差值，他用德文创造了一个新术语 dunkle materie（英文是 dark matter），即"暗物质"。（见图 9.3）

　　茨威基注意到的这个十分严肃的问题，本应得到当时大量天文学家和天体物理学者的关注，但或许是出于他本人的怪僻名声，又或许是出于当时天文学权威们的个人原因和偏见，这个问题竟然在此后的几十年里都未解决。必须承认，根据引力和根据亮度算出的星系团两种总质量之间的差距，当初被茨威基高估了大约 3 倍——他估计的二者差距为 160 倍，而如今认为的差距只有 50 倍。但即便是 50 倍的差距，也丝毫没有理由让人轻易忽略这个问题。

因为大家不打算严肃看待茨威基的发现，所以出现了许多否认这一结果的解释思路，如某些星系附近有其他的大质量天体在摄动，又如这些差值都应归因于气体和尘埃等不属于恒星的零散物质，再如那些恒星周围的行星数量比我们想象的多太多，以及有很多的暗弱到看不见光的恒星在提供剩余部分的引力等。可惜的是，这些思路也都没有经受检验。茨威基的这个重大发现，就这样被搁置到了 20 世纪 70 年代。

* * *

在茨威基发明"暗物质"一词之后近四十年，学界对另一个独立的重要现象的研究，突然间复兴了暗物质的概念。这时，望远镜技术的进步，已经让我们不仅可以测出银河系内的单颗恒星或单个河外星系的红移或蓝移，还可以测得单个河外星系内不同位置的红移或蓝移。请想象一个绕着自己中心自转的螺旋星系，其外圈的运转速度较慢，内圈的速度较快。如果它像著名的"旋涡星系"即 M 51 那样正面对着我们，即其成员星的公转运动所在平面正好垂直于我们的视线，那么我们就不会在它身上看到因其转动而产生的红移或蓝移。但如果这个星系的盘面斜对着我们，甚或正好用其边缘对着我们，像 M 102（即 NGC 5866）那样，那么当它旋转时，它的一半就会有朝着我们的相对运动（有蓝移），另一半则有背离我们的相对运动（有红移）。（见图 9.4）

观察螺旋星系表面亮度，可以发现其中心部分最亮，越靠近边缘亮度越低，由此，我们会推断其质量的分布也是以核心区域为最多，向外依次减少。如果用太阳系与星系做个类比，就会得到更为极端的情况——整个系统 99.8% 的质量位于中心，由此也难怪水星不仅是离太阳最近的行星，也是绕太阳运行速度最快的行星。离太阳越远的行星，公转的速度也会相应地减慢。与水星每秒 47 千米的速度相比，地球则是每秒 30 千米，木星只有每秒 13 千米，而海王星仅有可怜的每秒 5.4 千米。由于星系中的

图 9.4　像 M 51（左）这样正面对着我们的螺旋星系，其盘面垂直于我们的视线，所以其成员星绕着星系中心自转的运动并不会在其光谱中留下红移或蓝移的成分。但其他很多螺旋星系的盘面斜对着我们，在极端情况下甚至正好侧对我们（如 M 102，右），相对于我们的位置来说，这些星系的旋转就会造成它一半在接近我们、另一半在远离我们的效果，而这也就导致了其众多成员星相应地显示出一半蓝移、一半红移的格局。（图片版权：左为 NASA、ESA、STScI 的 S. Beckwith 与 STScI 哈勃遗产团队 /AURA；右为 NASA、ESA 与 STScI 哈勃遗产团队 /AURA）

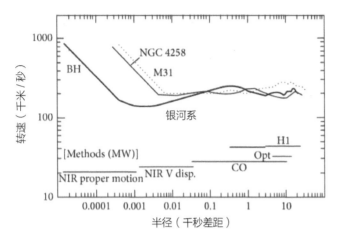

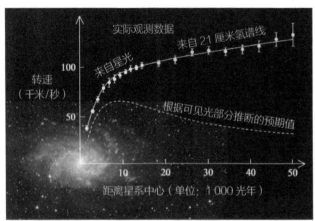

图 9.5 鉴于星系中可见物质的分布越靠核心区就越集中的情况，本来可以充分期待星系中恒星和气体的绕核运转速度也是越接近核心区越快。但是，我们在大多数星系中观测到的情况并非如此，星系各个位置的转速比较均衡，即便是远离星系核心区的恒星和气体也不例外。本图的上半部是银河系、仙女座大星系（M 31）和 NGC 4258 在不同半径上的转速分布，其横轴是与星系核心区的距离，以对数形式表示，亦标出了在不同区域所用的不同测量方法。下半部则以更形象化的方式展现了三角座星系 M 33 各区域的转速。根据其恒星分布预期的转速分布曲线如虚线所示，速度在越靠边缘处应该越低，但实际数据严肃地向人们表明，除了在广义相对论的框架下的普通物质之外，还有其他东西在发挥着影响力。（图片版权：上为 Paul Gorenstein 和 Wallace Tucker，载《高能物理进展》即《Advances in High Energy Physics》，2014 年，文献编号 878203；下为 Wikimedia Commons 用户 Stefania.deluca）

恒星大部分也是聚集在中心区域，我们可以期待：我们观测到的星系各部分的转速分布格局，应与太阳系类似。

1970 年，伽莫夫的女学生、天体物理学家鲁宾（Vera Rubin）打算进行这一测量。她的第一个目标是仙女座大星系，特别是其所含的气体云。该星系斜对着我们，其盘面与我们的视线夹角约 30°，而且还是少数离我们越来越近的星系之一，这使得测量其转速相当容易。但是，测量结果让鲁宾感到惊奇：从离中心近处到边缘，该星系中的气体云转速非但不是逐渐降低的，在某些情况下还是逐渐提高的！

此后大约二十年里，鲁宾和许多同行逐渐发现这个现象不但是确凿的，而且在每个可以做此测量的星系中都存在。他们证实，星系边缘的转速并不一定低于更靠近中心的部分，而是处于星系整体的平均水平。考虑到星系中恒星物质大量聚集在核心区域的事实，这个结果令人震惊！（见图 9.5）

鲁宾对诸多星系进行单个观测的结果，让学界又开始重视茨威基关于星系团的研究。这两项成果的结合，标志着现代天体物理学的一次危机爆发了。

* * *

此时，人们一方面可以把由各种已知存在的基本粒子组成的"物质"作为整体进行观测和统计，另一方面掌握了引力和广义相对论的法则，它们准确描述宇宙的能力已经通过多种可行的办法验证过了。但事实表明，不但有比预想更多的引力影响着星系的运动，而且这种未知的力量成分并不依可见物质的分布密度而分布。这可给理论系统带来了大麻烦。当时，人们尽最大的努力也只能给出三种思路：

1）我们已知的物质粒子或许具有某些尚未被发现的奇特性质。如它们汇聚成团时有一些特定的方式，而我们此前没有注意到或没有充分理解这些方式，导致了数据的反常。换言之，星系中的物质可能不是按我们预想的规律分布的。

2）引力定律可能有问题；或者广义相对论不适用于星系尺度或更大的空间。假如能像当初对出现瑕疵的牛顿运动定律做出调整那样，对当前的引力法则进行修正，或许就能在不破坏广义相对论先前所有成功的基础上解释新的观测事实，并做出可供后续检验的理论预言。

3）最后也有一种可能，即我们此前的理论并没有错。物质粒子的性质并未超出我们已经认识的范围，只是我们还没有认识所有种类的粒子，而广义相对论在各种尺度上也都是正确的引力理论。也就是说，除了这些之外还可能存在目前观察不到的、某种新的物质形式，是它们产生了额外的引力。

上述第一种思路承袭了当年反对茨威基的人的衣钵，即认为造成此现象的是一些我们还没能观察到的普通物质。第二种思路颇具革命性，但需要解释的东西未免过多，广义相对论成功之处颇多，要对其做出比较重要的调整，且调整之后要继续保持其对原有已解决问题的解释能力，难度自然不小。第三种思路显得最为古怪，因为它不但需要构想出一种全新的"物质"，还要让这种东西在宇宙的引力世界里占据主导地位，这无疑要靠一些非同寻常的证据才行。（见图 9.6）

好在从茨威基到这时的四十年来，人们已经积累了足够多的证据，有能力在这三种截然不同的思路中做出辨识。

* * *

不管怎样，最简洁的解释是我们应该最先考虑的。如果既不用修改现有的引力法则，也不用创立一种新的粒子或物质的概念，就能解释目前所有的观测事实，那自然是最好的结果。但是我们也必须诚实、严肃地对待问题，这就要求我们不仅要考虑宇宙中已知的所有事物，还要考虑虽然未知但确实可能存在的事物！恒星因为会发光，当然是最容易被看到的物质形式，但物质的其他形式还有很多。依靠众多技术专家的聪明才智，人们逐渐构建起了探测宇宙物质各种形式及其所占比重的方案。

以原子为主要成分的普通物质，有哪些方式在宇宙中显示自己的存在呢？可以是像自由电子、质子和原子核这样的离子化粒子，也可以是在星系之间和星团之间，以及

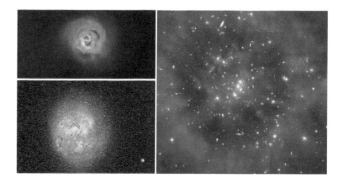

图 9.6 不难理解，宇宙中确实有很多物质并只是简单地以发出星光来显示自己的存在，如有很多气体就必须在 X 射线波段才能看到，例如在此图左上部的英仙座星系团中。由此看来，引力法则在极大的空间尺度上确有可能需要调整，以便解释根据广义相对论预言的星系和星系团动力学状况与实测不符的问题，如此图左下部所示。又或者存在着一种新型的、与已知的物质粒子完全不同的"物质"，它们分布在星系或星系团周边，形成一个巨大的扩展包围带，如此图右半部的 CL0024+17。（图片版权：左上为 NASA/CXC/SAO/ E. Bulbul 等；左下为 NASA、ESA、STScI 的 A. Field 和 Z. Levay，拉斯坎帕纳斯天文台的 Y. Beletsky 和 STScI 的 R. van der Marel；右为 NASA、ESA，以及约翰霍普金斯大学的 M. J. Jee 和 H. Ford）

图 9.7　依靠 X 射线以及中性氢原子的光谱特征，人们发现不论是像星系和类星体之间的星系际空间（上），还是星团和星系的内部（下），都有大量的普通物质存在。但是，把这些气体分子和等离子物质都加起来，总质量也只能达到恒星物质的 7 倍左右，还是填不上"两种方式算出质量数值相差 50 倍"的窟窿。（图片版权：上为 Christopher Martin 以及加州理工学院的 Robert Hurt；下为美国国家射电天文台伦琴卫星项目组的 A. Chung）

星系和星团内部以气体云形式弥漫着的中性原子。同时，大量的"失败恒星"也可以是物质的存在方式，这些质量较大的物质团块只是还不足以在其核心区启动核聚变而已。此外还可以是跟行星差不多大或更小的、自身不发光的物质团，或者是尘粒状的、可以遮挡其他天体光芒的暗星云。此外，超新星遗迹里也会有不少物质，像白矮星、中子星和黑洞都是物质的聚集，它们同样不发光，但可以产生极强的引力作用。

要鉴别这三种可能性的价值，有一种方式是直接测算各种物质形式的占比，这就好比给宇宙做一次"人口普查"。通过多种技术手段，以上述每一种形式存在的物质，我们都可以侦测得到。对离子化的粒子，不论其多么稀薄，都可以通过电磁波谱中的 X 射线波段和紫外线波段察觉到，因为哪怕是最缥缈的等离子体都会在这些波段上发出电磁波。像"XMM- 牛顿"和"钱德拉"这样的太空探测器一直在观测 X 射线，也证实了确实有很多物质粒子以弥散的等离子态存在。这种状态的物质也叫 WHIM，即"暖热星系际介质"的英文缩写。但是，宇宙中有多少物质以 WHIM 形式存在呢？我们已经发现 WHIM 的物质量仅为恒星物质总量的 6 至 7 倍。显然，这种数量的 WHIM，不足以解释前述星光、引力两种观测方式的得数之间近 50 倍的差距。另外，WHIM 也基本只在星系或星团之外出现。（见图 9.7）

气体分子云所含的物质量也不容小视，不过，它们与等离子态物质的一个区别在于，它们主要位于星系和星团的内部。我们可以在一系列红外波段上直接探测到这些气体云的存在。重要的是，在星团或星系经历新恒星频繁形成的阶段时，我们可以通过测量它释放出的 X 射线来推算气体云物质的占比。对大量星系和星团进行该测量后，结果显得相当一致：气体形式的物质占比都在 11% 到 15%。按前述通过星光、引力两种方法得到的结果看，恒星物质只及引力效果所需的 2%。现在数字变大了不少，但还是远不能完全解释通过引力得出的物质总量。

那些未能达到正常标准的恒星（如褐矮星，或者比木星稍大一点的气体星球）只能在光谱的红端发出很有限的光辐射，有的甚至完全发不出可见光。所以，用普通的望远镜即便不是完全看不到，也很难发现它们。不过，通过红外望远镜进行的细致搜索可以定位这种天体。事实说明，这些天体跟其他不少能力不足的天体一样，其核聚变只够生成稍重的氢同位素，即氘。像褐矮星这样的天体，质量比正常的恒星小得多，其对星团或星系总质量的贡献虽不至于完全忽略，但也远小于 1%。所以，这类天体的存在也远不足以补全我们在理论上遗失掉的那部分质量。（见图 9.8）

图 9.8　这张星场图的中心是太阳，周围用圆圈标出的都是褐矮星，这类星球在很多方面都接近了恒星，只是质量不足。褐矮星的数量并不算少，但它们的亮度很低，且都由普通物质构成。对于宇宙理论中丢失的那许多质量来说，即使算上褐矮星的质量也起不到实质作用。（图片版权：NASA/JPL- 加州理工学院 / WISE）

　　要侦测到质量更小的遥远星球（例如像月球或普通大行星这样的星球），通常有两种方法：凌星法和微透镜法。一般来说，绕着恒星运转的行星在所有波段上发出和吸收的光芒，与其主恒星相比都微不足道，所以通常很难看出一颗恒星是否拥有自己的行星。但是，只要这种遥远恒星的数量足够多，那么其中总会有一些会偶尔从其主恒星和地球之间的连线上经过。依据它与主恒星的距离不同，可以分别采取上述两法。当其与主恒星较近时，它会在一段特定的时间内（即划过恒星圆面期间）挡住主恒星光芒中的一小部分，使其亮度轻微下降；当其离主恒星较远时，会产生微弱的引力透镜效应，使我们看到的主恒星亮度短暂上升。通过这两种方法观测到的行星数量加以推算，物质的总量又有所增加，然而还是不可能达到我们需要的总数的哪怕 1%。这类星球被我们称为"晕族大质量致密天体"（缩写为 MACHO），然而对它们的研究依然没能消除关于星系质量理论值差异的疑问。

　　宇宙尘埃也很有趣，我们可以通过其吸收特性去发现它们的踪迹。如果一片尘埃云由彼此差不多大的颗粒组成，那么它就能吸收光谱中特定波长的光，所以我们通过测量光谱吸收线就可以推算出这片尘埃云中的物质颗粒大小。虽然含有尘埃云的星系都很引人注目，但即便是尘埃云最丰富的星系，尘埃质量也只有整个星系质量的 1%，所以尘埃的存在对解决星系质量问题也没有什么帮助。

　　除了上述天体之外，还有已经坍缩的各种天体，如白矮星、中子星和黑洞。黑洞是宇宙中质量最大的一种天体，某些大黑洞的质量可达太阳的几十亿倍甚至上百亿倍。可惜的是，黑洞并没有朝星系团的中心聚集的倾向，所以很难用来解释我们看到的星系运转特点。此外它们的总质量也是干脆不够，这些恒星遗骸的总质量远不如现有恒星的总质量。况且，这些低光度、大质量的天体也很容易通过微透镜法和其他方法被侦测到，因此不

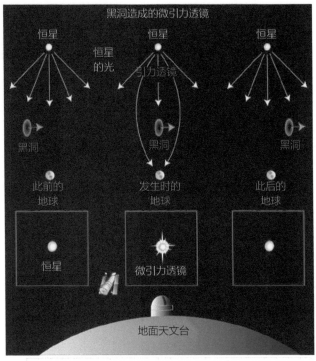

图9.9 当一个小而致密的较大质量天体从我们和另一颗恒星之间经过时，就会发生微引力透镜现象。恒星的光会被大质量天体弯曲，造成从地球上看去亮度增加的效果，亮度随后会恢复原有的水平（上）。小到如普通行星，大到如质量数倍于太阳的天体，都可能被观察到发生这种微透镜现象。现象发生时，其亮度变化曲线总是具有相似的特征（下）。虽然这种现象很有趣，但造成这种现象的大质量天体并不足以对宇宙中"丢失的质量"负起责任。（图片版权：上为 NASA/ESA，下为 OGLE/Jan Skowron）

难判断出它们所含的物质对星系引力的贡献明显比不上现有恒星的贡献。（见图 9.9）

即使把这么多种质量来源的贡献都加起来，再加上天文学家发现的其他所有各种质量来源，其效果也只能解释前述的整体引力效果的 13% ~ 18%。宇宙中的质子、中子和电子，组成了我们认识的普通物质；但是，在把由这些物质组成的东西一网打尽之后，谜题仍未得到回答。

* * *

先不要再管前面所说的形形色色的普通物质了，因为我们还有一条巧妙的路径可以用来探究这个谜案。你应该还记得，前文说过，宇宙在很久以前曾有一个时期因为温度过高而无法拥有独立的原子核，任何质子和中子几乎在结合成原子核的同时，就会被携带着很高能量的光子击中而"分手"。不过，随着宇宙的扩张，光子的能量也会降低，所以质子和中子在某个历史时刻之后终于可以结合成轻元素及其同位素了，于是产生了氘、氦-3、氦-4、锂-7 等。

基于我们已经理解的物理法则可知，这些同位素在早期的比率取决于许多项参数，但其中只有一项参数是不能确定的，那就是重子（即质子和中子的总和）数量与光子数量之比。理解这一点需要稍微做些梳理：通过测量属于不同时期的恒星的数量，并由此倒推至宇宙中尚未有恒星诞生的时代，我们可以测出氘、氦-3、氦-4、锂-7 在早期宇宙中的数量。在某些特殊情况下，我们还能测量更远处（更早期）的、带有光源（如类星体）的原始气体云，它直接决定着诸如氘和氦-4 这样的物质的丰度。而只要通过观测宇宙的微波背景辐射，我们就能测出过去的宇宙中任意阶段的光子密度（即单位体积空间内的光子数量）。

关于这些独立可测的数量，我们已有一整套数据。但是，还有一项数量未知，即重子的丰度，也就是宇宙中质子和中子的总体丰度。由于重子比电子重将近 2 000 倍，如果我们能掌握重子的密度，就可以求出宇宙中所有普通物质所产生的整体引力影响。确定了普通物质的密度之后，就能看出它们的引力程度与我们在星系和星系团中观察到的引力程度是否对得上号了。（见图 9.10）

不出大家预料，情况与对各个独立要素的观测结果相符，所有普通物质的总质量，只及要解释星系和星系团内部运动状况所需的总质量的大约 1/6。尽管恒星包含的普通物质远非宇宙中普通物质的全部，但仅凭普通物质无法解释我们观测到的引力效应，已是板上钉钉之事。这迫使我们向普通物质之外的东西寻求答案。

* * *

我们已经掌握的普通物质的性质中有这样一条：它会与光子发生相互作用，如吸收、释放光子，或与光子撞击。这条性质对许多科研课题的作用奇大，如：

- 激发一种元素的原子，观察它发出的光的波长，从而测定其光谱。
- 观察通过一片气体云的光线在哪些频率上被吸收，从而确定其中存在哪些元素。
- 通过测量气体云中被激发的原子释放出的 X 射线，侦测两块气体云的高速碰撞。
- 它使得相对较热的系统能把热量和动能传递给相邻的且相对较冷的系统。

只要回溯到宇宙的最初岁月，就能发现在那个万物都更加炽热、致密的时候，物质与光子互动的性质拥有一种难以预料的惊人作用。

详细看一下，宇宙诞生时有某些过重的区域，也就是空间中那些物质和能量的密度略高于平均密度的区域。这类过重区域在各种尺度层次上都存在，其大小从纳米级到米级、千米级、光年级甚至百万或十亿光年级的都有。如果假定只有不移动的（或移动很慢的）、低温的物质，那么最先形成的应该是最小尺度的过重区域，这种区域会在引力作用下生长为更大的区域。由于引力和其他所有事物一样都受限于光速，所以形成最大尺度的过重区域需要花掉相当长的时间。这个思路看上去

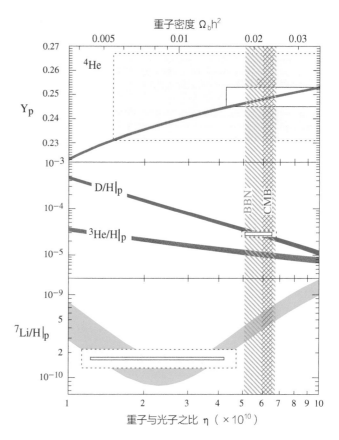

图 9.10 天体物理学工作测出的氦-4 丰度（图中 Y_p）和氘丰度，漂亮地印证了大爆炸学说中的核合成预言以及 WMAP 和"普朗克"探测器的观测结果。普通物质（包括质子、中子和电子）的总体质量，与宇宙显现出的引力效果所需的质量相比还是太小，差了大约 6 倍。图中锂-7 丰度的理论值和实测值略有偏差，但这可能是出于这种原子核本身容易被毁坏的性质。（图片版权：Beringer 等，即"粒子数据组"。载《物理评论》即《Physics Review》D86，010001。2012 年）

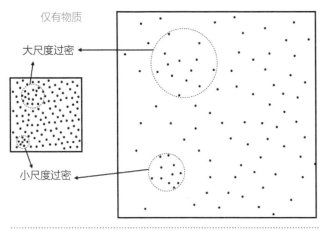

仅有物质

大尺度过密

小尺度过密

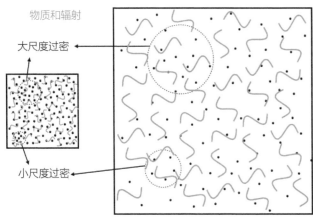

物质和辐射

大尺度过密

小尺度过密

图 9.11 假设宇宙中只有物质，那么最小尺度上的密度偏高区域将以最快速度形成物质团块，因为引力可以迅速将本来就相对邻近的物质牵引到一起。较大尺度上的过密区域完成这个过程就要消耗较多的时间，因为引力需要更久才能把本来彼此离得更远的物质汇聚起来。不过，如果宇宙中除了物质还有辐射，则辐射的热能会有向外推散物质的倾向，这导致小尺度结构被破坏，无法发展成更大的物质团。假定我们的宇宙真是这样构成的，那么我们就不应该见到任何一个哪怕是最小的星系出现。（图片版权：本书作者）

不无道理，它将推出单颗恒星先于星系出现，而单个星系先于星系团出现的结论。

　　但如果把辐射也考虑进去，情况就不一样了。我们的物质将被投入一片光子之海，由此发生与之有关的相互作用。不论过重区域在什么时候出现，来自光子的压力都会随之增加，这自动导致下面两件事的发生：

　　1）光子会推开物质，减弱其过度聚集的倾向，使过重区域内的物质密度向着平均水平回归；

　　2）光子自身流出过重区域，会使区域内的能量密度向着平均水平回归。

　　简单说来，在一个有着更多以辐射形式存在的能量的年轻宇宙中，其小尺度的过重区域会逐渐消失掉，物质会趋于均匀。（见图 9.11）

　　该现象应该能以两种不同的方式显示其存在。第一，当我们观看仅有 38 万年历史的年轻宇宙留下的微波背景辐射时，应该能从其波动图形中发现一系列特别的效果。在最大的尺度上，也就是在那种受光速所限而使引力作用还不能在 38 万年内到达的距离上，会出现切实具有"尺度不变性"的波动。由于光子来不及推开这种最大尺度上的过密物质，也来不及从这种最大尺度的过重区域中流出，我们在最大尺度上不会发现所谓特别的效果。在比这稍小的尺度上，应该能发现引力把物质拉进过重区域的程度有一"峰值"，但还来不及让这个"峰值"本身上升到其上限，光子也还没有足够时间从中流出。观察的尺度越小，就应该看到这种分布上的波动衰弱得越明显，其图像的峰谷幅度也该缩小得越来越快。当然，这些推理的前提是宇宙仅由普通的物质和普通的辐射组成。假如在普通物质之外还有一种未知的新物质，它不与辐射发生相互作用，那么它就可以切实提升上述的后来那些峰值，将波动频谱上的这些细节从近乎零的水平增强到显著的、可以被测量的程度。这种暗物质虽然不能跟辐射有相互作用，但只要它存在，当前就应该可以通过宇宙的小尺度结构观测到，而且它也会在早期的微波背景辐射的波动中露出踪迹。

当前的技术水平能让微波背景辐射分布的测量精度达到0.07°（见前文的图8.16）。虽然我们在其频谱中确实发现了这些波动特征，但波形曲线中的那些下降段落的幅度远远小于假定只有普通物质和能量存在的情况。同时，峰值多了不少，如果认为宇宙中只有普通物质和能量，那么这些峰值就不应该出现。所以这个分析结果证实了宇宙中的能量还有一个此前没能确认的部分：这是一种不会像质子、中子和电子那样被光子推挤开的物质类型。而结合其他一些具体的证据，更是会得出一个令人疑惑的数字：物质中有80%～85%都属于某种类型的暗物质。这与"标准模型"的推断相比真是天差地别。

除此之外，还有一个更要令人诧异的现象：不仅是初始的小尺度波动受到了物质和辐射互动的影响，宇宙的大尺度结构随着时间的推移也在剧烈地变动着！特别值得一说的是，如果假定常规的物质和辐射是宇宙的主角，则最小尺度上的宇宙结构不可能存在。辐射保持着足够的热量及其压力的阶段将不只是数十万年，而是会变长数百万倍，让星系和星团在那么长的时间里都无法形成。利用像哈勃望远镜这样的超级强力的工具，结合放大效应和引力透镜效果，我们得以详细探查了这些遥远事物，并且从中发现，小型的、暗弱的星系其实在宇宙很早的阶段就存在了。（见图9.12）

除了小尺度上的问题之外，一个只由物质和辐射组成的宇宙，即使是在哪怕稍微大一点的尺度上，其结构都会呈现出明显的被压制倾向，不会允许星系们各自聚成许多个星系团。假使没有一种新的暗物质，我们的宇宙中会出现一个非常巨大的星系团，而成员星系较少的小星系团则几乎不可能存在，更不会有规模很小的星系（可事实上，银河系所在的星系团的成员就不多）。这些特征被称为密度平滑（密度涨落消失）或者重子声学震荡（BAO）等，它们都源于普通物质与光子的相互作用。面对理论与现实的这一落差，我们依然只能猜想在普通物质之外还有某种新的暗物质，后者戏剧性地改写了宇宙的演化史。

我们所做的最大尺度上的宇宙结构巡天，可以极为精确地分辨和鉴别上述可能性。我们不仅可以回溯宇宙的初生期，还可以使用计算机去模拟星系、星系团和更大尺度的宇宙结构的形成过程。我们能够假定许多种不同的暗物质，以及它们数量占比的许多种不同情况（当然也包括占比为零的情况），然后分别重建宇宙的历史，将其与观察事实

图9.12　此图左侧明亮的红色星系扮演了一个引力透镜的角色，它把它后面极远处的星系的光给拉伸并变形了。这些超级遥远的暗弱小星系的存在，说明宇宙在很早的时候就孕育了它们。而如果宇宙的成分仅有常规的物质和辐射，这种情况按说是不可能发生的。（图片版权：ESA/哈勃望远镜与NASA）

图 9.13 此图上部的两幅小图，表示的是在大尺度上包含大量暗物质的宇宙模型的模拟结果。左上小图展现的是所有的物质，而右上小图用黄颜色梳理出了模拟数据中对应于质量较大（指质量不小于银河系的 15%）的星系的部分。下部大图是一张由欧洲空间局的"赫歇尔"太空望远镜实拍的红外照片，这个有海量星系群集的天区被叫作"洛克曼洞穴"（Lockman Hole）。模拟结果与实测结果在统计学上的相符，决定性地、无可辩驳地证实了：想要精确地描述我们的宇宙，大量的暗物质是必需的。（图片版权：上为室女座联盟 /A. Amblard/ ESA；下为 ESA/ 赫歇尔太空望远镜 /SPIRE/HerMES）

进行比对——在各种尺度上，我们都能得到严谨的细节。

通过充分的模拟，我们发现：一个不含暗物质的宇宙模型，与我们实际看到的宇宙是迥异的，而且二者的差异不可调和。如果宇宙中的物质都只是重子而已，则其密度震荡的幅度要远远大于观测事实，而小尺度上的能量总量（这是专业术语，意思等于星系的总数）会明显小于我们实际所见，同时，大尺度结构的不少细节也未与事实吻合。但只要把暗物质加入这个模型，并将暗物质数量设定为普通物质的 5 倍，理论模拟的结果就会和观察事实吻合得很好了。（见图 9.13）

就此而言，只要在理论中加入适量的暗物质，各种疑问似乎都会迎刃而解。

* * *

此外，还有一种测量方法可以给探求星系或星系团中的物质总量提供线索，而且这是一种可以直接实施的方法。这里不再需要依赖数值模拟或迭代计算，因为广义相对论做出过一个简明的预言：从极远处发出的光线，在传播中经过有大规模质量聚集的区域时，会被放大、扭曲、拉伸，依质量分布的具体状况不同，这个光源在我们看来可能呈现为环状，或者呈现为好几个像。这种现象就叫"引力透镜"，其概念可以追溯到前文提到的那位特立独行、仿佛先知的天体物理学家茨威基。该现象分为两大类，即强透镜和弱透镜。虽然茨威基早在 20 世纪 30 年代就预见了这种现象，但人们第一次取得观测上的证据已经是 1979 年的事了。不过，自此之后人们就发现了海量的引力透镜案例，它们的形态千奇百怪，不仅能让我们运用广义相对论的物理学推算出透镜天体的总质量，还帮我们掌握了许多星系、星系团和类星体的具体的质量分布情况。

强透镜是比较容易察觉，也比较好理解的一类引力透镜，即便是菜鸟观测者也能准确地辨认它的特征。当我们望向宇宙深处，汇集着很大质量的天体几乎随处可见。其中一些天体，如说恒星，自身就会放出很多的光。而另一些天体放出的光就比较少了——至少相对于它们的巨大质量而言，其发光能力是很弱的。这些天体中的典型有中子星和黑洞，但此外也不乏更巨大、更弥散的天体，如一个侧对着我们的、充满尘埃的星系，其总质量可能是太阳的一万亿倍，但其展现给我们的发光能力仅有太阳的十亿倍——总发光量确实极为巨大，可是单位质量的发光量就小得可怜了。由于自身引力很强而发光相对偏少，这种星系充当起强引力透镜来可以说是威力四射。而如果与我们的距离足够，一整个星系团也有可能充当这样的一个透镜天体，其效果之佳可想而知！（见图 9.14）

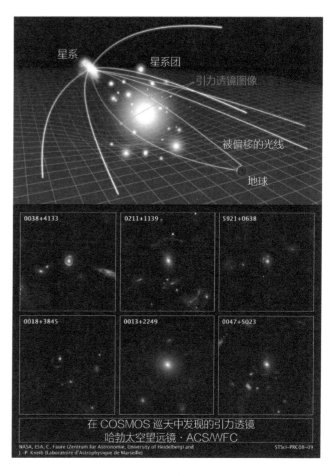

只要这样的一个天体处于作为观察者的你和一个极为遥远的观察对象之间，强透镜的景观就形成了。如果观察对象是遥远的恒星、星系或类星体，你将看到它的像被放大和拉伸（可能伴有畸变），呈现为围绕着透镜天体的一个光环，或者两个、多个类似的像——它们在被弯曲的时空中沿着不同的光路到达了你的眼睛。根据强引力透镜生成的图像，可以准确推断出透镜天体内部的质量分布格局，所以强引力透镜不愧是我们测算遥远天体质量状况的一种卓越工具。

弱引力透镜虽然发现得较少，但或许是天体物理学家眼中更为重要的一种主要工具。强透镜天体通常是点状的、致密的，而弱透镜天体往往有更明显的延展面——如星系团，其巨大质量分布在面积相对更大的天区之中。在弱透镜背后的更遥远的天体，其光芒是穿过（而非绕过）透镜天体到达我们眼中（或望远镜中）的。弱透镜不足以将背景天体的像放大、拉伸，也不可能使其呈现环状或多个"分身"，其能力仅限于依自身质量分布的具体状况而使背景天体扭曲为某种椭圆状。对单个背景星系来说，这种扭曲的意义并不大，因为背景星系自身可能是任何形状；但考虑到弱透镜天体的延展面背后有许多背景星系，而这些星系的形状在统计学上是随机分布的，弱透镜方法的价值就大为提升了。根据弱透镜的成像，我们不但可以推知充当透镜的星系团的总质量，还可以得到其质量的分布状况。（见图 9.15）

图 9.14　足够强的引力源可以明显地弯曲时空，让它背后的星系或类星体发出的光芒以很多条不同的光路到达我们眼中，从而使我们看到的背景天体呈现圆环状，或者被分离为好几个像（上）。哈勃太空望远镜发现了许多的强引力透镜，这里展示了其中六个（下）。（图片版权：上为 NASA/ESA；下为 NASA、ESA，海德堡大学天文中心的 C. Faure 与马赛天体物理实验室的 J.-P. Kneib）

无透镜效果　　　　　有透镜效果

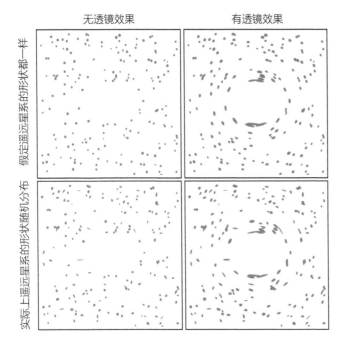

假定遥远星系的形状都一样

实际上遥远星系的形状随机分布

图 9.15 在一个巨大的有延展面的星系团背后，分布着更为遥远的众多星系，假定其形状都是圆点（左上）。此时，前景星系团的引力会形成弱透镜，扭曲众背景星系的像（右上）。当然，实际中的星系形状更为多样（左下），但这不足以影响透镜图像的基本特征，我们仍能从众多背景星系的透镜效果中获得用的数据（右下）。（图片版权：Wikimedia Commons 用户 TallJimbo, CC3.0 相同方式分享）

借助强透镜和弱透镜，我们又一次发现宇宙中的物质总质量应该比"标准模型"给出的物质粒子总质量多出 5 ~ 6 倍。

* * *

我们通过几种彼此独立的观测展开求证，结果是殊途同归。所有论证都认为：仅凭已知的物质和引力定律（广义相对论），不足以解释整套观测事实。在理论中单纯加入一种暗物质，设其不与物质和辐射相互作用，且丰度是普通物质的 5 倍，看似可以解释观测事实，不过，这意味着要认同宇宙中大部分物质是不可见的，这可是个认识上的巨大跳跃。此外还有一种可能性值得考虑：如果解决所有谜团的诀窍不是在理论上增加一种新型物质，而是修改引力法则呢？毕竟广义相对论仍然只在不超过太阳系范围的小尺度内被检验过，在星系或更大的尺度上，引力的定律仍然可能有待修正，所以需要去修正的或许根本就不是物质的构成！

在 20 世纪 70 年代末，星系的自转问题已经拥有了大量数据，但依旧没有解决。当时，人们已经测出了几十个星系的旋转状况。通过恒星、气体和尘埃的分布，人们明确地知道普通物质在螺旋星系中大量聚集于中心区域，而边缘区域就少得多。如果暗物质不存在，那么普通物质就是引力的主导者，则越是在星系边缘，星系转动的速度就应该越慢。而在实测数据中，不但星系边缘的转速不比其核心区慢，而且直到完全没有可见光的星系周边区域都是如此！假定这种现象是暗物质在作怪，那我们就必须认为每个星系周围都有一个巨大的由暗物质组成的晕带，其面积要远远超出星系可以发光的部分。但这也能开启另一种思路，即如果所有物质都无外乎已知的由原子组成的物质，只不过引力定律需要做一点调整，将会如何。由此出发，就必须考虑一个很有启发性也很精彩的相关问题：动力系统内的加速度凭什么只能取决于物质和能量呢？或者说，如果将一个很小但不为零的加速度添加到系统内的各个部分，会怎么样？

这样想下去，除非这种额外的加速度小到在太阳系尺度内测不出任何效果，否则就一定要改写牛顿的引力定律了，而且不是爱因斯坦的那种改写方式。这种仅比零多出极小一点的加速度，不但可以解释当前观测到的各个星系的旋转情况，还正好能和解释这些运动所需的加速度幅度相吻合。这一想法叫作修正牛顿动力学（缩写为 MOND），它

的出现也标志着暗物质理论最主要的
竞争对手，即修改版引力理论的诞生。
修正牛顿动力学由米尔格罗姆（Moti
Milgrom）于1980年首先提出，虽然
它目前还没能完美地涵盖广义相对论
并替代暗物质理论，但它作为一个新
的开端，毕竟展现出了发展成一种更
加完备的理论的潜力。（见图9.16）

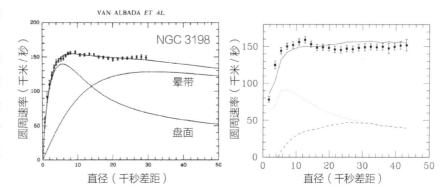

　　这一想法宣称：与其假定出一种
占物质总量80% ~ 85%且迄今未被发现的、有别于所有已知粒子的新型物质，远不如
在现有的引力理论上做一点调整看起来靠谱。毕竟想当初，广义相对论也是为了让引力
理论能够解释水星轨道进动问题而被创造出来的。可是，广义相对论到今天为止也没跟
任何观测事实发生冲突，所以没有必要去调整，这也就让修正牛顿动力学很难有机会晋
升为一种切实可行的理论。

　　关于引力运作的方式，不少人都尝试过增添新的研究思路，其中最有影响的尝试如
莫法特（John Moffat）提出的引力调整理论（MoG），又如贝肯斯泰因提出的张量—
矢量—标量理论（TeVeS），但这两者在大尺度问题上的表现都比不上结合了广义相对
论的暗物质理论，而且它们和其他修正过的引力理论全都无法很好地推导出引力透镜、
宇宙网状结构、微波背景辐射等方面的具体观测数据，也就是说，它们在宇宙大尺度结
构领域的表现尤其差劲。要想拯救这些理论，唯一的办法就是在其体系中引入大量的暗
物质，可一旦引入了暗物质，这些理论的设立初衷（即不要暗物质）就不复存在了。诚然，
在单个星系的转速分布问题上，修正牛顿动力学的预测能力确实胜过暗物质理论，这使
得它依然是一个富有魅力的探索方向。不过，它毕竟不能严格地复现原有的成熟理论的
全部成功之处，所以依然无法登上主流理论的殿堂。

　　无论如何，"我们现有的引力理论不够完美、尚需细微调整"这种想法，作为对抗
暗物质理论的主力军，只要暗物质尚未被直接观测到，就会保有持续的吸引力。结果到
了2006年，人们找到了一个虽非直接但很有说服力的间接证据，使得暗物质的存在看
起来更有可能了。

＊ ＊ ＊

　　面对真实的宇宙，我们只能做一些片面的、被动的观察。现在请想象一下，如果整

图9.16　星系转速分布曲线的
形态，既可以用一个弥散包围
在星系周围的暗物质层来解释
（左），也可以通过给牛顿引力
理论里的加速度做一个非常微小
的调节来说通，后者的推演结
果有时还比前者更好（右）。
在左图中，星系盘中的普通物
质和星系外围的晕状暗物质分
布曲线已经分别呈示出来；在
右图中，星系盘面内外的气体
物质分布以虚线表示，恒星物
质分布以点线表示，而实线表
示的是根据修正牛顿动力学推
导出的曲线。后来2008年发布
的后续测量数据又将此图的右
侧扩展了不少。（图片版权：
左为T. S. van Albada、J. N.
Bahcall、K. Begeman和R.
Sancisi，载《天体物理学刊》
即《Astrophysical Journal》
1985年，第295、305页；右
为G. Gentile等，载《天文学
与天体物理》即《Astronomy
& Astrophysics》2013年第
554、A125页）

图 9.17 通过星系内的恒星，可以观察到星系、星系团乃至一系列星系团中的可见物质，至于暗物质，可以通过星系团给其后更远的天体形成的弱引力透镜效应被察觉。这里展示的是由哈勃太空望远镜拍摄的四个不同的星系团，它们在天空中彼此邻近，其中的暗物质分布推算结果被用粉颜色表示出来（其周边区域内的暗物质分布亦如此表示）。（图片版权：NASA，ESA，温哥华不列颠哥伦比亚大学的 C. Heymans，英国诺丁汉大学的 M. Gary，因斯布鲁克的 M. Barden，以及 STAGES 团队）

个宇宙就在你的实验室里等着你去研究，你会对它做哪些检验？你能通过让宇宙中发生什么事情去判定暗物质究竟存在还是不存在？如果你够聪明，你可能会灵光一闪，让两团巨大的物质以很高的相对速度碰击在一起。我们可以将这两个巨大的物质团看作两个巨型的星系团——即在广阔的宇宙空间内集中了数百个乃至数千个星系的结构，它们将在自身引力作用下联系为一体。

当然，即便是巨型星系团内，真正被星系占据的空间也很少，星系团体积内的绝大部分都缺少恒星。在每个星系团中心，几乎都有一群大质量的椭圆星系，而螺旋星系则分布在周围，越靠近星系团的边缘就越稀少。星系团内部还会有巨量的中性气体——这些物质将形成未来的新一代恒星，不过它们非常稀薄，散布在各个成员星系的周边，在大部分情况下都可以称为星系际介质，即星系之间的物质。因此，如果假定有数量约为上述普通物质 5 倍的暗物质存在，那它们不但应该分布于各个成员星系旁边，还应该围绕着整个星系团形成一个晕轮。（见图 9.17）

现在继续来想象两个这样的星系团以高速撞击在一起。你将会看到什么？我们知道，即便不管暗物质，以中性气体形式存在的物质也大约是恒星物质的 6 倍，而如果暗物质存在，其数量又将是所有普通物质的大约 5 倍。于是，我们主要有下列三件事情要考虑。

1）恒星及其所存身的单个星系：恒星的体积很大，平均来说，其直径约有 1 000 万公里。每个星系中通常包括大约几千亿颗的恒星，而星系的直径就更大了，约有 10 万光年。星系在宇宙中的布局又是相当分散的，星系之间的典型距离约在 1 000 万光年。所以，即便让两个星系团撞在一起，并假设每个星系团都含有几千个星系，最后真正发生撞击的星系恐怕也不过十几对，远不到成员星系总数的百分之一，其余所有星系都只会在另一个星系团的星系际空间里穿越而过。这就好比让两支打飞碟用的霰弹枪同时击发，且使其发射路线交叉：诚然会有一些弹粒彼此碰撞，但绝大多数的弹粒将会错身而过。星系团中的星系及其恒星的情况，与此十分相似。

2）弥漫在星系周围以及整个星系团内部的气体：其情况与恒星的情况截然不同。恒星是物质密实的区域，星系在星系团内也是相对密实的区域，它们所占的体积在星系团内比例很小。当两个星系团相撞时，双方的绝大多数星系彼此不会撞上，双方恒星之间碰撞的机会就更是微乎其微。但是，极度稀薄且严重弥散、充斥星系团内部的气体之间就不会这样相安无事了。两个星系团的碰撞，必然导致双方所含气体物质的广泛相互作用。由于双方的相对运动速度很高，所以气体分子的动能很大，分子之间的撞击也很猛烈，而这就会导致分子的速度减缓、温度上升，并释放出 X 射线。因此，两个星系团相撞后，气体的运动会滞后于星系的运动，而我们也能通过 X 射线的特征识别出气体的运动情况。

3）弥漫在星系周围，并且也弥漫在星系团周围的暗物质：其情况与气体的情况类似，然而不同之处在于它比气体更加稀薄，不但弥漫在星系团的整个内部，也弥漫在星系团外部，其弥漫区的总体积比星系团内的气体弥漫区要大。但暗物质不具有像普通物质那样的相互作用性质（特别是电磁相互作用），所以不会与普通物质发生作用，也不会与其他暗物质发生作用。这就意味着它在星系团碰撞过程中不会升温、不会发光，不会减速——最后这一点是最为重要的。暗物质在这个过程中会像众多恒星和星系那样，彼此交错而过，相安无事地穿到对方的另一侧。（见图 9.18）

我们说上述的想象很重要，并不是因为我们能真正制造出这样一场碰撞（这超出了人类的能力范围），而是因为宇宙中有数以千万计的星系团，确保了在我们如今能看到的景象中，必然有发生过星系团碰撞的例子。我们知道绝大多数的普通物质都以气体形式存在，而暗物质如果存在，其总量必远超普通物质，故必能在这种情况下将其存在的确凿迹象呈现给我们！

如果可以找到一对不久前刚刚撞击过的星系团，应该可以观察到其 X 射线来源的分布区和其成员星系的分布区之间有所错位。也就是说，星系团中气体的运动轨迹不会相同于星系的运动轨迹，星系发出的光线与气体释放的 X 射线不会完全重合。同时，我们可以通过弱引力透镜的状况，重构出星系团的引力分布特征，如果暗物质确实存在，这个分布与 X 射线的分布之间也应出现错位。当然，假如发现引力分布与 X 射线分布是匹配的，且二者均不与星系所发的光匹配，那就说明暗物质并不存在！

2006 年，科学家对一个刚经历过这种高速碰撞的星系团 1E0657-558（它也被用白话称为"子弹星系团"）做了观测，并完成了它的弱引力透镜效果分布图。钱德拉

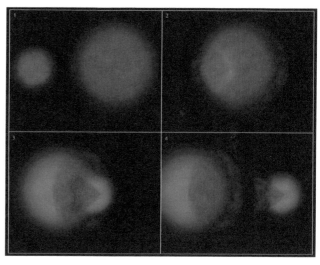

图 9.18　让我们假设有两个巨大的星系团发生了碰撞，并且设想这两个星系团都是由暗物质（以蓝色表示）和普通物质混合组成的，其普通物质的最常见形式为气体和等离子体（以红色表示）。碰撞过程中，一方的暗物质应该既不与对方暗物质作用，也不与对方的普通物质作用，所以会径直穿越对方，而普通物质则会因存在相互作用而升温、减速，并释放 X 射线。因此，观测以射线为标志的普通物质区和以引力为标志的暗物质区之间有没有分离，就是求证暗物质是否存在的一个绝好的天体物理学方法。（图片版权：NASA/CXCM/M. Weiss）

图 9.19 这里显示的"子弹星系团"其实是两个星系团，它们不久前以高速互相碰撞过。此图在光学照片的基础上叠加了颜色，以蓝色表示重建出来的引力透镜特征的分布情况（可见其质量已明显聚集在两个分开的区域），以粉色表示 X 射线分布情况（可见遭遇高速冲击的气体的运动情况已落后于引力来源的运动情况）。总之，其普通物质的物理位置，和（潜在的）造成引力的物质的物理位置之间有明显的差异。这样的星系团为暗物质的存在提供了最为清楚的证据。（图片版权：X 射线波段为 NASA/CXC/CfA/M. Markevitch 等，引力透镜信息为 NASA/STScI、ESO WFI、Magellan/U. Arizona/D. Clowe 等，光学波段为 NASA/STScI、Magellan/U.Arizona/D. Clowe 等）

X 射线望远镜对它的观察显示，其释放 X 射线的区域的分布（在图 9.19 中以粉色表示），明显偏移出了其可见光（即成员星系及其恒星的发光）分布区域。那么其引力透镜效果分布的情况如何呢？结果（在图 9.19 中以蓝色表示）显示，该星系团中的引力有聚集成两个团块的倾向，二者曾经彼此穿过，且造成这些引力的大部分质量都聚集在成员星系附近，与 X 射线分布（既气体或类似气体形态的普通物质分布）有明显的位置差别。这说明，普通物质的分布，并不是决定星系团引力作用分布的首要因素。这也是人类第一次在星系团这么大的尺度上直接获得关于这一观点的有力证据。（见图 9.19）

后来，科学家陆续发现了一些处于碰撞不同阶段的星系团的案例，它们的 X 射线源头分布（代表气体分布）和引力透镜强度分布（代表总体质量分布）之间都显示出与上例类似的错位。其中最著名的例子包括星系团 Abell 520、DLSCL J0916.2+2951（"火枪弹丸星系团"）、MACS J0717 和 MACS J0025.4-1222，它们距离地球都有几十亿光年。对修正引力理论来说，这些观测结果无疑是难以逾越的障碍。修正引力派的支持者不仅要构思出一种能解释引力分布与物质分布错位的机制，还要区分出万有引力在星系团碰撞之前、之中和之后的不同作用方式。时至今日，他们还没能对此给出像样的答复。（见图 9.20）

* * *

但是，这仍然只是一个可以去支持关于暗物质的猜想的证据，暗物质的存在本身并未坐实。暗物质理论在预言宇宙大尺度结构、解释微波背景辐射的波动，以及各种常规天文现象方面都很成功，不过我们还没有直接侦测到并提取到能代表暗物质的粒子！我们知道这种粒子不可能存在于标准模型之中，因为后者允许的粒子要么会相互发生电磁作用（如夸克和带电的轻子），要么不稳定（如重玻色子），要么因质量太小（如中微子）而无法填补那个巨大的总质量差值。所以，只要不能直接找到这一种（或许多种）新的粒子，对暗物质存在的各种合理怀疑就不能被确切地排除。

虽然人类的观测技术相当发达，但是对应于暗物质的粒子不具备任何一种易于观察的特征。例如，暗物质粒子在强相互作用和电磁力方面的参数都是零，不然它们的相互作用强度早就足以被我们直接检测到了。又如，暗物质必须足够"冷"，这就是说它的静质量必须大于电子质量的 2%，且其拥有在零动能条件下被创造出来的机制，不然我们在现实中观察到的小尺度宇宙结构就完全无法解释。暗物质粒子也不会像普通的原子核或原子那样"扎"向自己，这就是说，它的自相互作用截面上有着巨大的约束力。而且，暗物质粒子必须是有质量的，万有引力必然会对它发生作用，而且如果这种性质必须伴随着弱相互作用（弱相互作用是中微子相互作用和放射性衰变之源）的话，其作用强度也必须很弱，不能超过其他受弱相互作用的粒子的几十亿分之一。

由此，从理论上看去，所谓冷暗物质的候选粒子中，有两类是值得严肃对待（以及仔细寻找）的。第一类是某种在大爆炸时随着普通物质一起诞生的稳定粒子，当时有充裕的能量可以使用，各种相互作用都可以轻易地自然发生。然而宇宙很快就膨胀并冷却了，能生成这种新粒子的反应也就停止了，如果有其他一些不稳定粒子诞生的话，它们中的大多数也会衰变为这种新的、稳定的暗物质候选粒子。这种粒子的质量应该足够大，由此它们毫不意外地左右了宇宙小尺度结构的形成，并且通过万有引力发生相互作用，同时或许也在极弱的水平上受到诸如弱相互作用等因素的影响。我们通常称这种粒子为"大质量弱相互作用粒子"，简称为 WIMP。

根据理论推演，有很多种粒子都可能是 WIMP，它们分别来自超对称模型、额外维度模型，以及一些种类的包含重中微子的模型等。为了寻找这么多种暗物质，已经有许多科学实验项目正在进行，如 CDMS、XENON、Edelweiss、DAMA/LIBRA、LSND、Mini-BooNE、LUX 等，它们变着法儿地寻找可能标志着暗物质粒子存在的反作用示踪粒子、粒子对撞机中特定幅度

图 9.20　这里展示了四个星系团碰撞的案例，其光学信号与暗物质分布（以蓝色表示）和释放 X 射线的气体分布（以粉色表示）之间都有明显的分离。如果其引力都源于普通物质，那么其引力透镜效果和 X 射线特征应该具有相同的分布，但事实明显不是这样，这就为暗物质的存在给出了强有力的证明，即这是一种不同于已知物质粒子的物质。图的左上部为 Abell 520，右上部为 DLSCL J0916.2+2951（"火枪弹丸星系团"），左下部为 MACS J0025.4-1222，右下部为 MACS J0717。其中，J0025.4-1222 是已知的显示出这种效果的星系团中最小的一个。这几个碰撞案例的几何形态也各不相同，这是因为它们处在碰撞之后的不同阶段，有的在几亿年前刚刚碰撞过，有的则已处于撞击高潮之后的近二十亿年。（图片版权：左上 X 射线波段为 NASA/CXC/UVic./A. Mahdavi 等，光学波段和引力透镜信息为 CFHT/UVic./A. Mahdavi 等；右上 X 射线波段为 NASA/CXC/UCDavis/W.Dawson 等，光学波段为 NASA/STScI/UCDavis/ W.Dawson 等；左下为 ESA/XMM-Newton/ 意大利米兰 INAF 和 IASF 的 F. Gastaldello/CFHTLS；右下 X 射线波段为 NASA、ESA、CXC，加利福尼亚大学圣巴巴拉分校的 M. Bradac，以及斯坦福大学的 S. Allen）

图 9.21 有众多实验试图直接侦测到暗物质粒子的存在，这里展示的 LUX 侦测器（左）和 ADMX 侦测器（右）是其中的两个。虽然有这么多的独立研究团队一直在努力，但暗物质的决定性确凿证据迄今还没有被哪个实验得到过。我们猜想了暗物质的各种性质，可还没发现过它。（图片版权：左为 Wikimedia Commons 用户 Gigaparsec，右为 Wikimedia Commons 用户 Lamestlamer，二者皆为 CC 3.0 相同方式分享）

的"能量遗失"迹象，以及粒子相互作用时的各种新奇径迹。虽然上述的部分实验发现了一些疑似暗物质粒子的信号，但它们都没能确认哪种暗物质候选粒子的存在。目前，两个设备更为敏锐的实验 SuperCDMS（CDMS 的后续升级版）和 LZ（LUX 的后续升级版）将把寻找暗物质的技术极限进一步提升，有可能侦测到暗物质甚至对其进行测量，不过截至本书写作时也还没有发现暗物质粒子（或者说普遍意义上的 WIMP）。（见图 9.21）

至于第二类暗物质候选粒子，在许多方面与第一类是相似的，如静止质量不为零、很"冷"（指动能相对于质量而言很小）、通过万有引力发生相互作用且几乎不对其他类型的作用力有反应（即便有也极弱）。但它之所以被另归一类，是因为它并不是在大爆炸时期与其他粒子一起诞生的，而是在宇宙冷却过程中经过了特定的转化过程才出现的。要知道，有些种类的对称性只能在较高的能量水平上保持住——如电弱对称性，只有能量超过某个阈值，电磁力和弱相互作用力才能具有相同的性质，所以当能量水平降低后，这些对称性就会发生"破缺"。我们可以假设一种新的对称性，当它破缺时，就会自发地产生一种新的粒子。这种对称性就是"佩切伊—奎恩对称性"（Peccei-Quinn symmetry），它能产生一种很轻但仍有质量的粒子，称为"轴子"（axion）。轴子如果存在，将以极弱的程度（但有着极特别的、可侦测的方式）与光子作用，这就使得我们能通过具有特定属性的电磁力空洞来找到它。一项称为 ADMX（系"轴子暗物质实验"的缩写）的实验已经在为寻找这类信号而进行着，目前实验者正为提高灵敏度而不断努力。到目前为止，这类实验依然只是定义了轴子而没能侦测到其存在。

此外还有很多稀奇古怪的候选粒子，包括 WIMPzilla（"弱作用巨兽粒子"）、引力微子、Q-Ball（"Q 球"）等。除了实验室内的研究，还有一些团队正在从来自对撞机和天体物理观测的信号中探寻未知的新鲜粒子的任何存在迹象。可是，标准模型之外的新型基本粒子始终没有现身，于是暗物质的确切性质也还是一个谜。

* * *

说了这么多，我们要讲的无外乎：将宇宙中各种发光的物质（即组成恒星的物质）都加起来，不足以解释我们从星系、星系团以及更大尺度的宇宙结构中看到的引力效果，即便再算上其他各类普通物质（气体、尘埃、等离子体、黑洞、行星、小行星，等等），明显增加后的物质总量仍然远远达不到理论上所需的数值。此外，宇宙早期的轻元素合成过程，对应当能看到的普通物质的总量造成了很大的限制。所以宇宙看来确实需要一种新的成分：要么对引力理论进行修改，要么就引入一种新型的物质，其质量丰度必须远远超出我们原来所知的普通物质。

我们对待新的理论创意，一直使用着三个评判标准。在此继续使用这些标准，等于是要求以下陈述必须实现：

1）此前最成功的理论（即不含暗物质的广义相对论）能够解释的现象，新理论必须都能解释。

2）新理论要对现有理论不能解释的所有现象做出解释，如星系旋转的状况、星系团内单个星系的运动、微波背景辐射强度的波动，以及宇宙大尺度结构的形成。

3）新理论要提出一些预言，这些预言此前从未被尝试验证过，且可以尝试去验证。比如可以从物理上观察到的、普通物质的富集之处与引力效应分布方式之间的不一致。

暗物质理论可以满足上述全部三点，与之相比，试图对引力理论进行调整的做法至今未能满足上述任何一点。我们尽管还没有确定暗物质的真实物理性质，但对它的存在是可以充满信心的。而对星系团在最大尺度的宇宙空间中的分布方式的观察，更是坚定了这一信念。（见图9.22）

然而，寻找这些承载着宇宙中"丢失"的质量的粒子，依然是有待我们攀登的下一级科学台阶。所以，相关的对撞机实验和直接检测实验还会继续进行下去。如果大自然愿意善待我们，那么暗物质的真面目有可能在未来一代人的时间内就显露出来。但是，考虑到暗物质粒子的截面很有可能使其自我湮灭，通过对撞机中的粒子散射发现暗物质的概率也可能比理论上预期的水平低得多。在当下，我们不得不承认，对于占据着宇宙质量之大半江山的暗物质，我们的问号还是明显多于叹号。

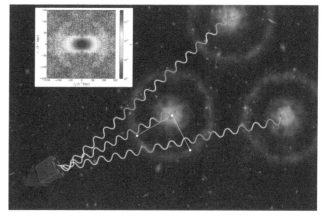

图9.22 假定宇宙的大部分质量属于暗物质的理论给出的另一个预言是：计算宇宙中任意两个星系之间的距离，会发现数值是5亿光年的概率略高于数值是4亿或6亿光年的概率。这个看似古怪的猜测，是由暗物质理论中的重子声学震荡学说推出的。观测结果（中插小图）显示，大尺度结构中存在这种很不明显的圆圈的可能性已经越来越大了。这也间接地支持了宇宙大约由85%的暗物质和15%的普通物质组成的说法。（图片版权：劳伦斯·伯克利国家实验室的Zosia Rostomian、伯克利实验室BOSS赖曼α团队的Andreu Font-Ribera。中插小图为L. Samushia等，载《皇家天文学会每月通报》即 Monthly Notices of the Royal Astronomical Society，2014年第439卷第4期，第3504页）

第十章

极致收场时：暗能量与
宇宙的生老病死

宇宙从何而来，无疑是个迷人的故事；而人类如何走到今天，拥有了对宇宙的这些认识，并且为了获得这些认识而进行了哪些努力，或许是个同样迷人的故事。但说起宇宙的命运，也就是宇宙在未来将如何演化，直到不久之前，我们还知之甚少。在前面，我们已经探讨过关于宇宙的三种命运的想法（参见第四章、第八章，还有图 4.2），其命运的不同取决于现有的物质和能量之间数量关系，以及宇宙的初始膨胀率。这三种命运如下。

1）大坍缩：尽管年轻的宇宙在初始期以巨大的膨胀率急速变大，但物质和能量的密度也同样大得不可思议，因此逐渐把膨胀速度降了下来。于是，引力的作用最终会压过膨胀的趋势，让膨胀完全停止，此时宇宙的尺度达到理论最大值。这是一个拐点，此后，来自宇宙中全体物质和能量的引力将令宇宙进入一个收缩阶段。宇宙从大爆炸起，到刚才所说的拐点所耗费的时间，与这个收缩阶段耗费的时间长度是相等的。这样宇宙最终会变回一个温度和密度都无限高的点状，"大坍缩"就是这个意思。一个以这种情况结束的宇宙，其空间曲率是正的，或者说闭合的。

2）大冻结：这种宇宙在诞生初期很难与上一种情况区别开来，其物质和能量的早期密度以及初始膨胀率看上去与大坍缩的宇宙差别不大。宇宙的膨胀一开始仍然很快，后来也会逐渐降到一个与开始相比非常慢的水平上。但是，这种情况下的引力终究不足以制衡宇宙的扩张趋势，无法使其停下来甚至逆转，于是宇宙的膨胀率相对其中的物质与能量一直会保持一种轻微的优势，也就是说，膨胀率始终是正数。由此，各个星系的距离整体上会越来越远，宇宙也无可避免地永远变大并冷却下去。一个走向这种结局的宇宙，其空间曲率是负的，或者说开放的。

3）"临界的宇宙"（Critical Universe）：我们也完全可以设想，宇宙诞生时的物质与能量密度，恰好能与空间的初始膨胀率形成一个极为精准的平衡（这要求双方的差异幅度必须小于整体的 $1/10^{25}$）。没人可以断言我们的宇宙不处于一种很微妙的边缘状态，哪怕再多一个质子就会走向大坍缩，而若再少一个质子就会趋于大冻结。这样的"临界宇宙"的膨胀率在下降过程中会无限接近于零，但绝不会翻转成负数。如果宇宙中的物质和能量密度真的处于这种奇准无比的临界水平，那么宇宙的空间曲率应该是零，或者说是平坦的。

　　对宇宙的微波背景辐射的观测（这一观测体现了人类观测技术精度的极限）告诉我们，宇宙的空间曲率数值非常接近零，至少我们分辨不出这个值与零之间的差别。在很长一段时间内，我们都能以这个临界的模型去准确描述我们的宇宙演化图景。（见图 10.1）

　　"事后诸葛"地看，"我们的宇宙是平坦的"这件事也不足为奇，因为暴胀理论已经做出了解释：宇宙学意义上的暴胀过程可以把任何形状的空间拉伸成近乎完美平坦的形状！宇宙的初始膨胀率与能量密度之间，之所以能有这种看似不可思议的平衡，是因为宇宙历史上有这样一个阶段——空间本身固有的巨量的能量决定了当时宇宙的膨胀率。当这种内蕴于空间的能量蜕变为物质和辐射之后，宇宙的膨胀率就开始随着物质和辐射密度的降低（即宇宙的膨胀）而下降。

　　所以说，我们理应发现自己所在的这个宇宙是个临界宇宙。但是，宇宙带给我们的惊讶绝不止于这里：即便知道了宇宙的空间是平坦的，我们也不足以完全推断宇宙的前途。

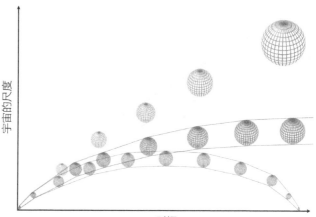

图 10.1　这幅图示意的是宇宙空间随时间流逝而演化的三种基本情况：闭合且将会坍缩着的宇宙（蓝）、开放且将永远膨胀的宇宙（绿）和"临界的宇宙"（红）。应该注意的是，沿着时间流逝的方向，无论哪一种情况，宇宙的膨胀率都是逐渐降低的。三种情况中的曲线都代表宇宙尺度随时间流逝而发生的变化。（图片版权：本书作者）

* * *

　　我们在谈论宇宙的膨胀率时，通常会把物质和辐射一起说，仿佛它们不但都很充沛，而且在理论上产生着同样的效果：随着宇宙的扩张，物质的密度和辐射的密度同步下降，进而让膨胀率也下降。但其实，作为能量的两种表现形式，物质和辐射到底哪个更重要一些，也会给宇宙的发展造成显著不同的影响。

　　物质的表现，如你所知，是很简单的：在宇宙膨胀过程中，由于物质粒子总数不变，而空间的体积在增加，所以能量的密度是不断下降的。确切地说，物质密度与宇宙尺度的立方成反比，如宇宙的体积是当前一半的时候，其物质密度是当前的 8 倍，又如宇宙的体积是今天的 1/10 时，物质密度是今天的 1 000 倍。这一分析对普通物质和暗物质都适用，也就是说，有质量的粒子不论发生了哪种类型的相互作用，对能量密度随宇宙膨胀的演化都没有实质上的影响。

　　但说到辐射的表现，情况就不同了：比起物质，辐射的密度降低得要快一些。除了

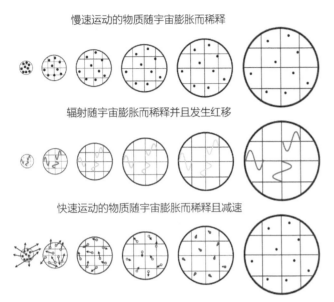

慢速运动的物质随宇宙膨胀而稀释

辐射随宇宙膨胀而稀释并且发生红移

快速运动的物质随宇宙膨胀而稀释且减速

图 10.2 物质的运动速度相对于光速而言很慢（或较慢）时，其能量密度随宇宙体积增加而下降。而辐射总是以光速运动，且其波长受空间膨胀的影响，所以其能量密度随宇宙尺度增加而下降的速率还要多乘一个因数。但对初始运动速度极高的物质来说，其早期迅速失去能量的状况是与辐射差不多的，待其速度放慢到不可与光速比肩之后，其失去能量的趋势也会减缓，失能速率变得与慢速运动物质相似。

像物质粒子密度那样随着空间的扩增而下降，辐射本身的波长也会被扩张中的空间不断拉大。这一特点使得辐射的能量密度与宇宙尺度成四次幂的反比关系，如宇宙的体积是当前一半的时候，其辐射能密度应是当前的 16 倍，而宇宙的体积是今天的 1/10 时，辐射能密度就是今天的一万倍了。辐射能密度的下降速度，明显大于物质密度的下降速度。非常有趣的是，当能量足够高的时候，如早期宇宙的物质以接近光速运动的时候，其巨大的动能也会使其具有类似于辐射的表现！（见图 10.2）

我们还可以通过"压力"的视角来检验这一点，即特定形式的能量会给推挤它的面状区域施加多大的力道。首先，绝对静止的物质完全不会对外施加压力。比如你在室温环境下把一个吹胀的气球浸入液氮，气球肯定会瘪下去，因为其中的气体分子本来是高速运动着的，而在低温下就变得很难移动，导致压力锐减。但只要把气球从液氮中取出来，其中的气体分子就又会逐渐获得热能，气球也会重新鼓起来。任何形式的物质，只要运动速度增加，其对外施加的压力也就越大。这种增压到达一个上限时，就会与辐射等效，其正向（向外的）压力是相当强烈的。在实际宇宙中，可以举质量很小的中微子为例，在高热的早期宇宙中，其行为类似于辐射，而等到宇宙变大并冷却之后，其行为就像物质了。至于暗物质，由于诞生时能量很低（如轴子）且质量巨大（如 WIMP），所以其压力表现被认为应该与慢速运动的普通物质非常一致。

可是，普通物质、暗物质、辐射、中微子，并不是宇宙中能量的全部表现形式。能量的表现形式还有很多种，它们相对而言奇特得多，其中大部分形式展现出的效应都是我们不熟悉的，例如宇宙弦、磁畴壁、宇宙学纹理，以及空间自身固有的能量等形式，它们随空间膨胀而稀释的速度都比物质和辐射要慢。另外，它们内蕴的是负向的压力，而非零压力或正压力。这些形式的能量哪怕在宇宙中只有一小点，也会最终主宰宇宙中的能量成分。这种成为主宰的过程与物质最终超过辐射而成为主宰的过程类似，但物质随宇宙膨胀而稀释的速度仍然快于这些奇特的形式，所以物质斗不过它们。

在观测宇宙时，考虑这些奇特的可能性，是十分重要的。我们很容易受成见所左右，从而只看得到那些我们预期会看到的东西。想象一下，如果科学界在 20 世纪 30 年代能够更加严肃、审慎地对待茨威基的观测结果和他关于暗物质的假说，那么这个领域的进展会加快多少：我们很可能提前四十年就解决了问题。所以当我们试图通过测量宇宙的历史膨胀率去重建出不同能量形式表现出的差异时，我们必须思考理论上所有的可能性，即便某种可能性显得离奇，或可能带来新的未解之谜，我们也不应无视。（见图 10.3）

这就要求我们在推算宇宙的"成分表"时必须考虑下列可能的成分：

• 辐射，带有强烈的正向压力，其能量密度的降低与宇宙尺度的四次幂成比例。

• 普通物质和暗物质，带有的压力极小，其能量密度的降低与宇宙尺度的三次幂成比例。

• 中微子，其性质在早期类似于辐射，后期转变为类似于物质。

• 宇宙弦，带有强烈的负向压力（辐射带有的正向压力有多强，宇宙弦的负向压力就有多强），其能量密度的降低与宇宙尺度的二次幂成比例。

• 磁畴壁，带有负向压力，且强度是宇宙弦的两倍，其能量密度的降低与宇宙尺度的一次幂成比例。

• 宇宙纹理，或空间本身的固有能量（一个宇宙学意义上的常数），带有负向压力，且强度是宇宙弦的 3 倍，其能量密度完全保持不变。

除了这些以外，我们要牢牢记得，宇宙还可能有其他某些尚未被认识到的成分。最终反映着宇宙的真实面貌的，很可能是一些令我们惊讶不已，甚至一时难以接受的想法和观念。

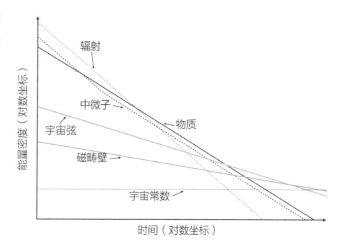

图10.3　这幅图采用对数坐标，展示了能量密度如何随时间流逝而演变，其假定的前提是宇宙由辐射、中微子、物质、宇宙弦、磁畴壁，以及空间自身固有的能量（一个宇宙常数）组成的。需要注意的是，上述的后三类对象都是具有负向压力的，它们中的任何一种哪怕只有很少的一点，最终都会主导宇宙的能量结构。另外，只要假以足够的时间，带有最多负向压力的成分必将是宇宙命运的第一主宰者。（图片版权：本书作者）

＊　＊　＊

熟悉了上述诸多可能性之后，就可以来看实际的数据了。当年，哈勃首次发现宇宙在膨胀时，他只有一种测量宇宙学距离的工具，即一种特定类型的单颗恒星——造父变星。造父变星属于高温、蓝色的恒星，光度很大且能变化，其性质和规律已被掌握，且不论是银河系内还是其他星系内的造父变星，性质和规律都相同。通过测量这种恒星的固有参数（比如其光度变化的周期），可以推算出其固有发光能力的强度，再将这个强度与我们实际看到的它的亮度相比，就可以推断出它与我们的距离了。再结合这种恒星所在的星系的红移数值（即退行速度），就能得到整个星系的距离和相对速度。在测量了足够多的含有这种天体的星系之后，自然就能估算出宇宙的膨胀率！

当然，与哈勃的时代相比，当前我们能用的工具已经丰富得多了。我们测算河外星系的距离时，已经不必再局限于寻找其中特定类型的恒星，而是有了一整套方法去确定"宇宙标准烛光"。本书第三章说过，"标准烛光"这个名字是以蜡烛为例进行的一种比喻：如果已知一个物体本身发光的能力，就可以通过测量它在你眼中的实际亮度去判断它与你的距离。距离与视觉亮度之间的这种关系，在天文学上也同样成立。除了哈勃的造父变星，还有许多其他种类的恒星具有类似特点。而即便不依靠单颗恒星，我们还可以运用螺旋星系的发射谱线宽度（图里—费舍尔关系），或者椭圆星系的半径、亮度、速度弥散度（基本平面关系），又或那些经过高温气体的遥远光线系统性地表现出的向高频上升的趋势（苏尼亚耶夫—泽尔多维奇效应），又或古老星系表面不同区域的亮度波动去作为标准烛光。上述这几种方式，利用的都是一些特定类型的星系——它们本身的固有亮度，都和它们的某些容易被我们观测得到的指标呈现着相关性。通过这些关系，我们可以借助对星系的某项属性的测量，获知其固有发光能力的水平，哪怕它们的距离远到让我们无法分辨出其任何单颗成员星。知道了固有光度，再结合其呈现给我们的亮度，也就得到了其距离数据。将距离数据与星系红移数据结合，就能摸清几亿甚至几十亿光年范围内的宇宙的膨胀史。（见图 10.4）

* * *

使用标准烛光的做法面临着一个最大的限制因素，那就是当距离太远时，观测难度会大幅增加。这让我们极难测定宇宙早期的膨胀史，除非我们能找到某些本身光度极高的目标来满足需求。好在除去上述所有对象，还有一种更好的对象，它能在极远的距离上为我们充当最为坚实的标准烛光，这就是 Ia 型超新星，一种特别的恒星爆发事件。我们知道宇宙中所有恒星的能量都来自它们核心区的核聚变反应，这类反应的过程能通过把较轻的原子核融合成较重的原子核而释放出能量。质子会融合成氘，氘又可以与其他质子和氘核继续融合，通过链式反应生成氦。对包括太阳在内的绝大多数恒星来讲，前述反应既是其核聚变的主要反应，也是其能量的源泉。恒星在这种燃烧过程中，其核心区的温度和密度都会增加，而聚变反应速率和聚变

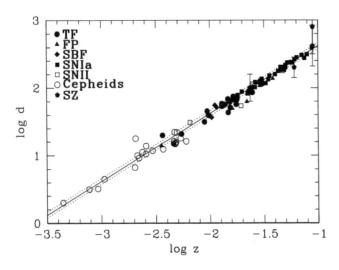

图 10.4 人们联合运用多种方法去研究红移（横轴）与距离（纵轴）的关系。哈勃太空望远镜对此做了决定性的工作，其最终结果是哈勃膨胀率的精确函数（实线），误差范围（点线）非常小。不过，这个结果在时间上回溯得并不够遥远，所以，如果你要问"不同的能量成分分别主导宇宙时，膨胀规律有何不同"，这一结果是无法回答你的。（图片版权：W. L. Freedman，载《天体物理学刊》即《Astrophysical Journal》2001 年，第 553 卷第 1 期，第 47 页。）

反应区的直径也都会增大。不过，依照自身质量的不同，恒星可能落入以下三种不同的结局：

1）质量很小的恒星，即那些质量不足太阳的 40% 的恒星，永远达不到足以将氢聚变为更重的元素的温度。这种恒星在耗尽其核心区的燃料后，会冷却并坍缩为一颗由氦组成的白矮星。这种过程在宇宙已经走过的历程中不会发生太多次。

2）中等质量的恒星，即那些质量在太阳的 40% ~ 400%（也或许高至 800%）之间的恒星，会经历第二阶段的核融合反应。其核心区的氢元素耗尽后，星体会坍缩并升温，且温度可以上升到足以启动氦核的融合，由此产生诸如碳、氧等更重的元素。在这个第二阶段的核聚变因耗尽燃料而结束后，成分（绝大多数）为碳和氧的星核也会坍缩，形成白矮星，其外层物质（主要成分为氢和氦）则会被抛散出去，成为行星状星云里的星际介质。

3）质量很大的恒星，即天生的 O 型星和那些质量偏大的 B 型星，其核心区不仅可以让氢与氦发生核聚变，还可以继而让碳核聚变持续一段时间，制造出更重的各种元素，上限可以达到铁、镍、钴之类。这些恒星寿命的最终阶段显得十分壮观，因为它们会变成 II 型超新星，然后留下壮丽的超新星遗迹，遗迹的中心则有一颗中子星或者一个黑洞。

宇宙中业已形成的小质量恒星们，即 M 型星们，目前还都处于燃烧氢元素的阶段。宇宙的年龄对它们来说还很小，不足以让它们把自己体内的氢耗尽，它们也无望爆发为超新星。质量很大的恒星们则对重元素的形成起着非比寻常的作用，它们的寿命虽然相对较短，但能给岩质行星和有机分子的形成打下基础。不过，大质量恒星"死亡"时变成的 II 型超新星可谓"千星千面"，缺乏一致的特点。其发光能力方面的"无标准"，很不利于我们的研究。

幸好，中等质量恒星寿终正寝后留下的白矮星相当有趣：首先，它们几乎是由清一色的碳和氧组成的；其次，它们都在相似的物理定律的保障下避免了进一步的坍缩——量子物理学规律不允许两个完全相同的粒子占据同一个量子状态，这叫作"泡利不相容原理"。由此，电子们得以守护住各自所属的原子核，使其不会在引力作用下继续彼此靠近。当然，如果没有下面这个特性，上述两点还算不上足够有趣：形成这种白矮星的恒星，其质量都低于一个特定的阈值，该值大约是太阳质量的 1.4 倍，名为"钱德拉塞卡极限"。事实表明，要想理解能在宇宙中作为重要的"标准烛光"的 Ia 型超新星是怎么诞生的，钱德拉塞卡极限是必备的知识。（见图 10.5）

白矮星是相当奇特的天体。这是一种与地球差不多大，成分也和地球一样是各种原子的星球，然而你能想象其密度是地球密度的几十万到数百万倍吗？如果人类到达这种

图 10.5 "螺旋星云"（Helix Nebula）是一个行星状星云，其前身是一颗质量与太阳相仿的恒星。该恒星在耗尽核燃料之后抛散了其外层物质，形成了这样的遗迹。在遗迹的正中心有一颗白矮星，这个遗骸星体的质量可不算小，它大约为前身恒星的 10% ~ 50%。这种白矮星的质量虽然最高可达太阳的 1.4 倍，但其直径仅与地球差不多。（图片版权：NASA，ESA，范德比尔特大学的 C. R. O'Dell，STScl 的 M. Meixner 和 P. McCullough）

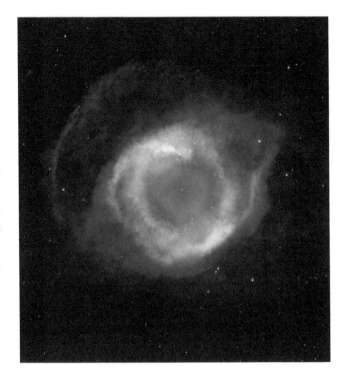

图 10.6 绝大多数白矮星的质量都明显低于钱德拉塞卡极限。它们的质量越大，直径就越小，核心区也越致密。当其质量超过 1.4 倍太阳质量这个阈值之后，其核心区的核融合就会被启动，然后失控，将白矮星炸毁成 Ia 型超新星。（图片版权：上为本书作者；中间为美国阿贡国家实验室 / 美国能源部；左下为 Wikimedia Common 用户 AllenMcC；右下为 NASA/ESA，哈勃关键项目团队和 High-Z SNe 搜寻团队）

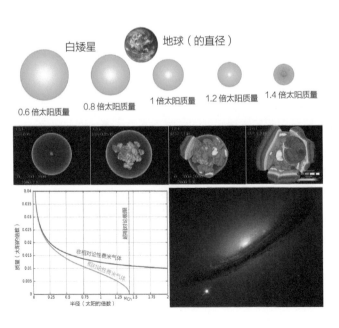

星球的表面，骨骼只消几秒钟工夫就会在巨大的重力作用下被完全压碎，肉体也会被自身的重量压扁，可谓死路一条。白矮星的表面尚且如此，更遑论其中心区域的力量了！给白矮星加上越多的质量，其直径就会越小，其额外的重力作用将以不可阻挡的万钧之势去压缩星体所占的空间。保证白矮星不会垮掉的，只有量子简并压力——它来自泡利不相容原理，即禁止两个全同的粒子（如两个电子）以相同的性质在同一个空间共存。若不是有这种压力，白矮星核心部分的核聚变反应肯定会在高温和高压下失控，白矮星本身也就只能灰飞烟灭了。

但即便有如此重要的量子机制特性保护着，如果白矮星实在太重，还是会有失控的核聚变反应发生。电子之间的压力虽能帮助原子抵抗引力的作用，但也有一个限度，这就是钱德拉塞卡极限（见图 10.6）。事实上，本来处于该极限之下的白矮星，主要有两种可以导致逾越这个极限的机制，这两种情况都可以启动后续的核融合反应，进而引发剧烈的爆炸，终结白矮星的存在，使之变成 Ia 型超新星。

1）白矮星可能从绕其运转的伴星那里吸取质量。虽然在我们的太阳系里，太阳是唯一的恒星，但是宇宙中更多的恒星都以两颗或更多颗为单位结成了恒星系统，即许多大质量的天体彼此离得很近。白矮星的密度极高，所以它如果有密度相对较低的伴星，就能时常从伴星的外层抽取（吸积）质量。在大部分情况下，吸积过程是渐进的，核融合也是间歇性地被诱发，造成白矮星的亮度多次增加又回落，这就是"新星"（nova）。但经过足够长的时间之后，白矮星的质量有可能终会逾越钱德拉塞卡极限，此后其核心区的原子们就要发生天翻地覆式的灾变了。

2）两颗白矮星如果偶然遭遇，就有可能融合为一体。如果二者是在直接碰撞中合体的，则情势会十分激烈；而若二者是在相互绕转中越来越近，最终才合体的，则情势就不那么剧烈。但不论是上述哪种情形，两星合并后，其引力作用的总和都会使新的星体超过钱德拉塞卡质量极限，然后走向溃散的结局。（见图 10.7）

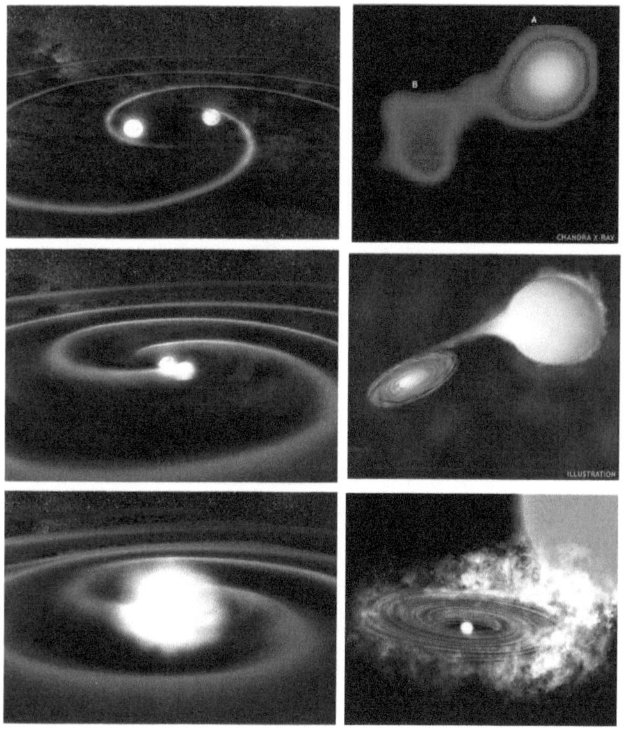

在这个"土崩瓦解"的阶段，天体核心区内的原子核会被挤压到很小的空间里（且经受极高的温度），这会使其量子的波函数发生重叠，由此，碳的聚变会在白矮星的中心开始。碳原子核会融合成更重的元素的核，并在这个过程中释放能量。但由于白矮星的密度太高，这些能量是无处散逸的，只能拥挤在粒子的周围，而这会大幅度提升粒子的温度。温度的升高，又会让周边的碳核聚变的反应速率上升，引发白矮星核心区内的更多原子参与融合反应，进一步给星体的内部环境加热。在狂飙突进的链式反应之下，温度与核反应速率都急剧提高，直到整个白矮星以超新星爆发而终结。

这类超新星就是所谓 Ia 型超新星，所有这类天体都具有彼此一致的一些专有性质。由于它们的前身天体类型相同（都是白矮星），且质量都是略高于特定阈限的（约 1.4

图 10.7 左列的三张图片展示的是两颗质量均低于钱德拉塞卡极限的白矮星组成一个双星系统，彼此绕转的过程。随着时间的流逝，绕转轨道的半径会越来越小，最终让二者合为一体。若二者的质量之和高于钱德拉塞卡极限，那么合体之后的星系内部就会启动一个失控的核聚变反应链，毁掉两颗星原来的爆发遗迹。右上图是真实的 X 射线波段影像，它反映的是一个双星系统中的那颗白矮星正在从它那体量比它大、密度又比它低的伴星身上吸取物质（右中图）。当足够多的质量被积聚到白矮星上后，白矮星就会突破钱德拉塞卡质量极限（右下图），成为一颗 Ia 型超新星。（图片版权：左侧三图均为 NASA/Dana Berry，Sky Works Digital；右上为 NASA/CXC/SAO/M. Karovska 等；右中为 CXC/M. Weiss，右下为 P. Marenfeld/NOAO/AURA/NSF）

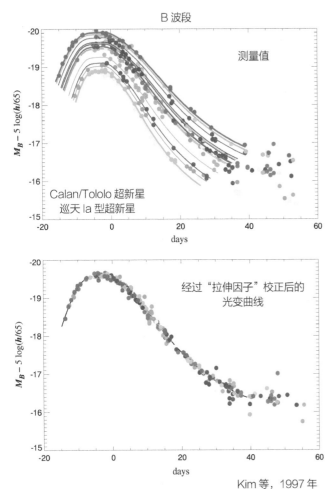

图中标注：

B 波段

测量值

$M_B - 5 \log(h/65)$

Calan/Tololo 超新星
巡天 Ia 型超新星

days

经过"拉伸因子"校正后的
光变曲线

$M_B - 5 \log(h/65)$

days

Kim 等，1997 年

图 10.8 诸多 Ia 型超新星本身固有的发光能力有着比较小的个体差异（上图），但它们的光变曲线的特点已经被我们研究得很透了。这些曲线都有一个快速升起的亮度峰，以及一个缓慢变暗的过程，表示这个过程的曲线在这类天体中是高度一致的（下图）。测出一颗遥远的超新星的光变曲线，并以其红移值（由此得到那里的膨胀度）加以校正后，即可知道其固有的发光强度，由此知道其距离。Ia 型超新星能成为理想的"标准烛光"，全靠它们普遍具有的这些性质。（图片版权：哈姆伊超新星拉伸校正图，"超新星宇宙学计划"的 Saul Perlmutter）

倍太阳质量），这些 Ia 型超新星展示出的光变曲线（发光能力随时间推移而变化的状况）也极为相似。它们都会在很短的时间内迅速增亮，达到亮度峰值后再缓缓地变暗。高度一致的光变曲线轮廓，与难分伯仲的最大发光能力，使得 Ia 型超新星事件成为一种极佳的"标准烛光"。只要测出 Ia 型超新星在地球上的观测亮度，以及它的亮度随时间而变化的曲线，再结合它所在的星系红移数值，就能算出这个刚刚有超新星爆发的星系离我们有多远了。（见图 10.8）

彼此一致的光变性质，是 Ia 型超新星成为超级易用的距离指示天体（即标准烛光）的重要条件，但并非唯一条件。这类超新星自身强大得超乎想象的发光能力也是不可或缺的。像太阳这样的恒星，输出能量的总功率是 4×10^{26} 瓦特（即每秒 4×10^{26} 焦耳），也就是每一年释放出大约 10^{34} 焦耳的能量。而 Ia 型超新星的每一次爆发就能释放出多达约 10^{44} 焦耳的能量，这与太阳从诞生到灭亡放出的总能量差不多了！在掌握 Ia 型超新星这一工具之前，人们的宇宙测距能量往往只有几亿光年，最多不过二三十亿光年；有了 Ia 型超新星的相关知识后，人类已经可以测量上百亿光年的距离。目前测距的最远纪录是 2013 年出现的，其得数已超过 160 亿光年。（见图 10.9）

* * *

有了在如此之远的距离上测量宇宙膨胀率的能力，我们不仅能更精确地掌握哈勃膨胀率，还拥有了一种监测膨胀率随着时间的变化情况的方法。考虑到膨胀率的变化率是由对能量密度有所贡献的各种成分共同决定的，可以说，这一测量对于研究宇宙的组成有着无以复加的重要性。出于关于膨胀和冷却的物理规律，在一个由辐射主导但也含有物质的宇宙中，辐射的密度终有一天会降至物质的密度以下。与此类似，在一个由物质主导但也包含着宇宙弦、磁畴壁、宇宙学常量等各种带有负向压力的能量的宇宙中，物质最终也会将主导地位让给后面几种成分。

就观测意义而言，所有这些问题只能在很远的距离上和很大的红移值水平上去探索：我们想知道，宇宙的主导权从能量的一种形式转交给另一种形式的过程是在哪里发生的。为了揭开宇宙成分的秘密，我们要尽力向历史与空间的深处去搜寻。被我们观察的天体离我们越远，我们在看它时就越是在回望遥远的过去。在有限的时间跨度之前，"大爆炸"发生，时间由此开始——所以，我们观察的星系离我们有多少亿光年，我们看到的就是它多少亿年之前的样子。因此应该说，这些星系所对应的，是宇宙比现在年轻得多，也热得多，而膨胀程度远不如现在的那个时代。其中，膨胀程度较低这一点尤为关键，因为我们见到的来自遥远天体的光线所受的影响，正是它从被发出时起直到当下这一刻的宇宙膨胀状况的影响。

为了深入理解这种关键性，请想象一个来自遥远星系的光子从刚被发出到径直进入我们眼睛的过程。在该过程中，这个光子始终在受到宇宙膨胀的作用。对我们的观测活动来说，宇宙始终在膨胀，意味着光子从诞生到被我们看到所耗费的年数，会少于它的源头天体目前距离我们的光年数。历经十亿年、直线到达地球的光子，必来自离地球已不只十亿光年的天体；而该光子被发出时，该天体的位置距离我们必不足十亿光年。这些都是宇宙膨胀产生的效果。如果在观察这个天体的基础上，再观察一束发射自二十亿年前的光，我们就可以了解宇宙空间在更早的阶段是以何种状况在延展的。（见图 10.10）

一旦弄清了 la 型超新星的性质，像哈勃太空望远镜或是夏威夷凯克大型望远镜这样的设备所提供的观测能力就可以进一步为科学家们服务了。理论上说，这些先进的望远镜不只能观测遥远的超新星，还可以取得这些超新星的宿主星系的光谱。（其他一些相对较小的地面望远镜也能发挥不小的作用，因为它们可以对 la 型超新星进行初步的研究。）从 20 世纪 90 年代中期起，有两支彼此独立的科研团队为了廓清宇宙的膨胀史而测量了大量的 la 型超新星："超新星宇宙学计划"团队和"高红移超新星研究"团队。虽然耗费数年，但两个团队都找到并测量了不少很远、很早期的 la 型超新星——它们爆发时，宇宙的年龄尚不足如今的一半。通过重构这些超新星的光变曲线，他们确定了这些目标

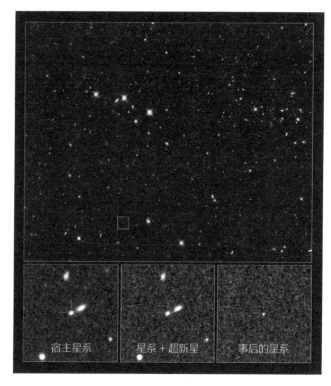

宿主星系　　　星系 + 超新星　　　事后的星系

图 10.9　2013 年，迄今已知的最远的 la 型超新星被发现，它的编号是 SN UDS10Wil，红移值为 1.914。该发现源于 2010 年 12 月进行的"宇宙汇编近红外波段深空河外星系传承巡天"项目（CANDELS）的星场数据。哈勃太空望远镜的 3 号宽视场相机上的分光计和欧洲南方天文台（ESO）的甚大望远镜（VLT）对其做了跟进观测，确认了该超新星的距离及其 la 型超新星的类属。（图片版权：NASA、ESA, STScI 兼约翰·霍普金斯大学的 A. Riess, 以及约翰·霍普金斯大学的 D. Jones 和 S. Rodney）

的固有发光能力。而只要有了这项信息，利用这些天体呈现给我们的亮度去得到其距离信息就易如反掌了。如前所述，再加上对其所在星系的红移值的考虑，就能描绘宇宙在过去这些时间点上的膨胀状况了。

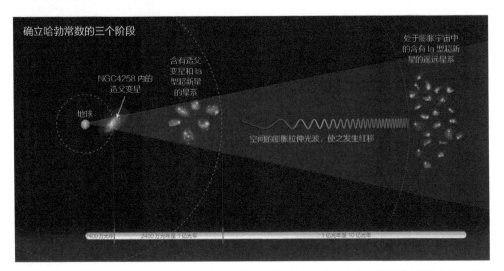

图10.10　一个天体（比如 Ia 型超新星）离我们越远，其光线就会在宇宙膨胀的作用之下发生越明显的红移。光子在到达地球之前，须经过极为漫长的旅途，显然，空间的扩张在这个旅途过程中从未停息。宇宙中的能量若以不同的形式呈现，光子也会表现出不同的特定红移值。通过测量诸多来自遥远光源的光线的红移量，可以重新构建出膨胀率随时间变化的实况，进而去理解各种不同的成分在宇宙的能量密度中所占的地位。（图片版权：NASA、ESA，以及 STScI 的 A. Felid）

　　关于宇宙膨胀过程，有件不可思议的事：辐射、物质，以及所有带有负向压力的成分，它们之间以任何一种特定的比例进行的组合，都将推导出一种特定的宇宙膨胀史。在物质、辐射、中微子、宇宙弦、宇宙学常量等成分之中，不论你如何去选择、组合、配比，都能得到一个与众不同的、仅属于这种组配方式的"距离—红移"关系，它可以普遍应用于这种宇宙模型之内。1998 年 1 月，上述两个团队都宣布，若仅靠物质与辐射，是不足以解释关于我们生活的这个宇宙的观测事实的，必须有其他某种成分对宇宙的能量密度做着突出的贡献才行。此后，各种带有负向压力的成分开始受到重视。同年 3 月，该领域第一个爆炸性事件发生：高红移超新星搜寻团队发表了一篇论文，将其观察过的众多超新星标绘在了坐标系中，并对这些数据做了最佳的图线拟合，其结论是，辐射和物质非但不是宇宙成分表的全部，而且并不是主宰宇宙的成分——宇宙应该是被具有显著负向压力的某种能量表现形式主导的，而只有空间自身内蕴的能量才可以最好地符合理论模型的这项需要！当年晚些时候（9 月），"超新星宇宙学计划"团队也发布了自己的成果。

两个团队的数据殊途同归，指向一个结论：主宰着宇宙的是能量的某个形式，它不是物质，但比物质更为主要，且具有强烈的负向压力，导致远方的星系以不断加速的态势退离我们。宇宙的膨胀趋势不是在减缓，而是在加快，这与一代代科学家的预期正好相反。（见图 10.11）

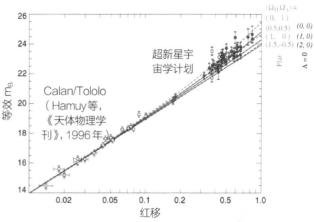

* * *

宇宙在加速膨胀，这又意味着什么？这里最容易产生的一个误解大概就是：“这说明哈勃膨胀率的数值正在上升……”为了更好地避免这种误会，请假想宇宙中只有两个星系的情况，即我们的银河系，以及很远处的另一个星系，后者在随空间的延展进程而远离我们。如果宇宙的成分只有物质和辐射，那么不论宇宙的结局是重新坍缩、永远扩展还是其他什么，另一个星系的行退速度都应该是越来越慢的。确实，它与我们的距离依然是随着时间流逝而越来越远的，但对宇宙万物一直起着作用的万有引力仍然会一直与空间膨胀的趋势相对抗，即便设定全宇宙只有两个星系，这一点也不会改变。在足够久之后，对闭合宇宙来讲，行退率会降到零，然后转为负值；对平坦宇宙来说，行退率会无限向零趋近，但永远不会真的到达零；对开放宇宙而言，它将走向一个特定的且非零的数值。不论上述哪种情况，哈勃比率本身都会下跌，因为它指的是“每个单位距离上的速度”，而星系距离是随时间推移而增加的。

所有这些情况都被看作“减速宇宙”：对我们来说，任何正在行退的远方的星系，其行退速度都将在未来变得更低。而所谓的“加速宇宙”则是说，星系的行退速度会随时间而升高，远处的星系看起来日益以更加“疯狂”的速度逃离我们。若如此，哈勃比率确实就不是必须以下降的姿态迎接未来了：考虑到它是一个以单位距离而论的速度数值，其中“速度”那部分的增速有可能抗衡乃至超过其中“距离”那部分的增速。可是，在加速宇宙中，哈勃比率也可能有上升、持恒或下降的情况，只是其下降率不能大到允许星系的行退速度趋近于常数的程度。处在加速宇宙里的星系、星系团或其他结构，只要在加速开始时未被引力牵制在一起，就永远也不会再被引力绑定起来，只能以四散而去的局面告终。最后，如果加速过程持续不断，天体之间相互行退的速度有可能升至超过光速，这等于说它们在越过某个临界点后就成为那种即便在理论上也不可能彼此到访的天体了。（见图 10.12）

由辐射、中微子、普通物质或暗物质主导的宇宙是不会加速的，因为能量的这些表

图 10.11 如果宇宙严格地如我们所愿是由物质主宰的，则它应该符合图中从下方数起的第二条黑色实线。然而，对高红移超新星数据的研究结果明显处于此线的上方。这说明宇宙中还有一种带有负向压力的成分。由此图得到的结论即是宇宙的膨胀将会越来越快。（图片版权：S. Perlmutter 等，载《天体物理学刊》即《Astrophysical Journal》，1999 年，第 517 期，第 565 页。）

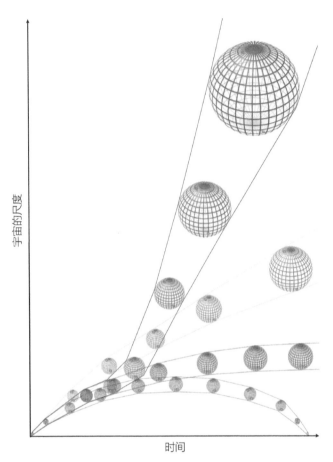

现形式所拥有的引力特性都只能导致减速，让众星系彼此远离的脚步慢下来。即使我们考虑宇宙弦，或者一个空间曲率足够大的宇宙，它也不够实现加速，最多只能成为一个让星系之间有着恒定退行速度的、永远扩张的宇宙，它位于加速宇宙与减速宇宙的分界线上。（一个无限扩张但空无一物的宇宙模型也会处于这种情况。）但若我们思考一个有着磁畴壁、宇宙纹理、宇宙常数（空间自身固有的能量）或含有其他具备充足负向压力的成分的宇宙，它们最终就必然能让宇宙加起速来。

当然，正如问这种加速的根本动因是什么一样，它将具有哪些确切的效果，同样是个重大问题。在不知道如何直接测量这种能量表现形式的情况下，我们只能测量另一些指标，如膨胀率随着时间的变化，又如这种成分的能量密度与它的压力之间的相关性参数（可称为 w）。理论上看，这个 w 的取值范围是从负无穷到正无穷，但就物理学而言，其中具有实际意义的只有很少的几个值。介绍如下：

- 辐射、快中微子、以近乎光速运动着的物质，其 w 都为 $+1/3$；
- 慢速运动或静止的物质（包括普通物质、暗物质和慢中微子）的 w 是 0；
- 宇宙弦或固有的负空间曲率的 w 为 $-1/3$；
- 磁畴壁的 w 为 $-2/3$；
- 宇宙常数（或说空间本身固有的能量）的 w 为 -1。

尽管 w 在这些最基本的模型中都以 1/3 作为增量单位，但不难想象 w 其实还可以取其他的值，甚至不必是一个常数，而是可以随时间变化。为了照顾到全部的这些可能性，我们给这种新形式的能量、这种可以对我们观察到的宇宙加速膨胀现象负责的能量起了个通用的名字——暗能量。如果我们准确地知道了我们的宇宙是怎样一路膨胀而来的，就能更加透彻地理解宇宙的加速膨胀现象，更好地认识这个由暗能量所主导的自然界的各种特性与可能性。

＊＊＊

目前，人们已经在离地球超过十亿光年的范围中精确测定过几千颗 Ia 型超新星的距离。随着测量精度越来越高，不同种类的暗能量之间的差异也越来越明显。"高红移超新星搜寻团队"和"超新星宇宙学计划"两支科学家团队所做的跟进性质的高端测量，发现了多项证据，它们组合在一起可以作为关于暗能量、加速宇宙存在的压倒性的证据，并且能够排除掉此前一直存疑的尘埃、消失掉的光子等备选因素。他们还在 30% 的不确定性水平上给出了 w 的推荐值 −1，这是个令人讶异的精彩成就！对加速宇宙的发现，也给团队中三位领军科学家施米特（Brian Schmidt）、伯尔马特（Saul Perlmutter）和里斯（Adam Riess）带来了 2011 年的诺贝尔物理学奖。（见图 10.13）

超新星的研究数据，在关于暗能量存在的证据中占据着支柱地位。但是，如果只有这个单方面的证据，那么不管它多么强有力，总还是不足以完全扭转人们关于宇宙成分的观念。毕竟人们会想，如果 Ia 型超新星的性质事实上不如我们认为的那样一致怎么办？过去几十亿年里 Ia 型超新星的性质会不会有所演化呢？即使这种超新星的性质没有变过，它爆发时的环境会不会有某种历史演化呢？我们所看到的空间扩展与宇宙加速二者之间的关系，也可能只是许多其他因素造成的效果而已。要想逐一排除这些备选的可能性，恐非易事，但我们可以找到一种比这更为强悍的路数：掌握多条彼此独立的、全都支持暗物质存在的新线索。

利用"标准烛光"去测量宇宙膨胀情况的发展史，虽然既是直觉上最为可行的办法，也是在这个课题上最为传统的办法，但并非唯一可以采用的办法。如"标准尺度"就是一种可行的替代方案：我们可以知道某种物体在特定距离上看起来有多大的角直径，然后去测量其他的这类物体实际呈现给我们的角直径。在关于宇宙膨胀的研究中，物理上的真实直径和视觉上的角直径之间的关系，与亮度和距离之间的关系同样为人熟知，且同样能够反映宇宙在往昔的膨胀情况。虽然研究对象距离遥远，但我们不必拘泥于单个星系的直径，而是使用我们关于宇宙结构形成史的知识，关注众多星系之间的距离。普

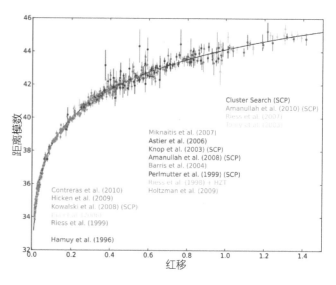

图 10.13 此图标绘了迄今已知的用于这个领域研究的所有 Ia 型超新星的数据，包括已测得的它们的亮度／距离信息。与这些数据点拟合得最好的曲线，对应的是物质（包括普通物质和暗物质）约占 28%、暗能量约占 72% 的宇宙模型。这些数字可能在正负双方向有 4% ~ 5% 的小误差，而 w 的最佳取值也有着较小（20% ~ 30%）的不确定性。不过，这个模型与 $w = −1$ 的情况在理论上有一致性，而与其他各种此前富有竞争力的假说（如宇宙弦、磁畴壁等）都不兼容。另外，此模型并未排除暗物质由多种成分构成或存在演化过程的可能性。（图片版权: N. Suzuki, 载《天体物理学刊》即《Astrophysical Journal》，2012 年，第 746 卷第 1 期，第 85 页）

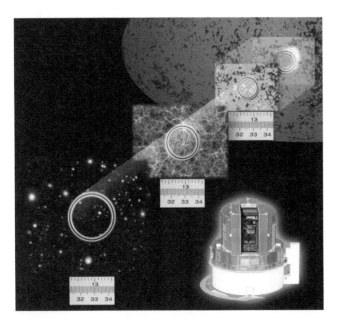

图 10.14 普通物质当初开始成团时最容易出现的团块尺度，是由处于中性原子形成之前、等离子体时期的宇宙决定的，这也离不开当时物质和辐射的相互作用。当中性原子形成之后，这种团块格局就保留下来了，由此体现在微波背景辐射中、大尺度宇宙结构中和后来星系成团时的格局中。通过观察当前宇宙和遥远宇宙中的星系成团分布，我们可以将这种成团现象的物理尺度作为一种测量宇宙膨胀历史的"标准尺度"，作为"标准烛光"的强有力的补充。（图片版权：SuMIRe 计划成员 Gen Chiaki 和 Atsushi Taruya）

通物质和暗物质之间的比率，不仅影响着微波背景辐射的波动图案中的尺度，也在星系之间的距离方面以特定的距离留下了自己的暗记。在对远距离天体进行的大尺度巡天活动的数据中，结合红移数据，我们可以找到这种特定的星系图案以及关于它演化的证据。（前文的图 9.22 可以作为例子）前文说过，这些大尺度的结构特征被称为 BAO 即"重子声学震荡"，它为我们开辟了测量宇宙膨胀历程的一条新路。（见图 10.14）

另外，微波背景辐射本身也给现存的暗物质的数量提供了一项约束。在各种尺度层次上，微波背景辐射中的波动的数量和相关性，不仅能够敏锐地反映现有的辐射、普通物质、暗物质的数量，同样能作为任何形式的能量的指标，包括暗能量。当然这种波动并不太能约束 w 值（对 w 值的影响范围很小），但它对测算暗能量的总量来说是一件利器。这里，最新的约束条件来自"普朗克"探测器的数据，我们认为宇宙中的暗能量占据了 68.6%，该数值仅有正负 2% 的不确定性。

把上述三条各自独立的主要证据链（超新星数据、重子声学震荡、微波背景辐射的波动）汇总在一起来看，它们全都指向这样一种宇宙图景：宇宙的能量密度中仅有 5% 由普通物质提供，另有 27% 由暗物质提供，剩下的 68% 则来自暗物质。（见图 10.15）

从 1998 年起，许多这方面的科研团队都大大提升了自己数据的精确性，其中不只有各个超新星研究团队，还有一些大型星系巡天团队，如两微米全天巡天（2MASS）、两度视场星系红移巡天（2dF GRS）、斯隆数字巡天（SDSS），以及许多测量微波背景辐射中的波动的项目，如 BOOMERANG、WMAP 和最近的"普朗克"。这些团队的数据精度都已经达到了 2% ~ 3% 的水平。此外，还有一些指向类似结论的单独证据：

- 对宇宙结构形成、星系对、引力透镜和大型星系团的测量显示，宇宙中只有 25% ~ 35% 的临界密度以普通物质和暗物质的形式存在。
- 对空间曲率的测量（通过诸如 BAO 和 CMB 来完成）显示，宇宙的空间是平坦的，这保证了宇宙中各种成分的能量密度占比之和一定是 100%。
- 其他一些可以作为测距工具的指标，如伽马射线暴、类星体 / 活动星系核、远距离的单个星系等，虽然不如 Ia 型超新星那么标准，但也颇有使用价值。来自这些指标的数据也支持宇宙的成分大约有七成是暗能量的看法。

到了这一步，即便没有超新星方面的数据，也有足够的来自其他多个方面的证据支持暗能量的存在了。这样，一个"加速宇宙"的结论已不可避免。

非常有趣的是，结合对重子声学震荡的最高灵敏度的测量结果，所有对暗能量的灵敏侦测数据也都喻示着："暗能量"与"一个宇宙学常数"高度一致。在目前最高水准的测量中，人们发现 $w = -1.00$ 且不随时间而改变。这个 -1.00 的误差空间只有大约 10%。这就几乎排除了关于暗物质来源的其他各种庸常的猜测，将那些斧凿之痕较重的学说的生存境况彻底边缘化了。基于证据的帮助，我们倾向于认为空间自身蕴含着一种固有的、虽然很小但不可忽视的正向能量！（见图 10.16）

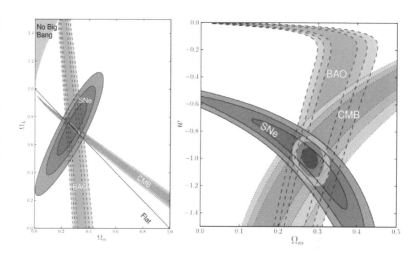

图 10.15　对超新星数据（记为 SNe）、微波背景辐射数据（记为 CMB）和星系成团状况数据（记为 BAO）的研究，全都指向同一幅图景：宇宙只有大约三成成分是物质，另外七成都是宇宙学常量。这里的左图把三种不同视角的数据（包括它们的等误差线）叠加在一起，展示了这种分野，其坐标轴 Ωm 和 Ω Λ 分别表示物质和暗能量所占的比重。三者的叠加，把宇宙中暗能量状态（w）和物质占比（Ωm）的方程约束在了特定的区域内。三种形式迥然不同的观测，一致地指向同一个结果，印证了暗能量——这种新发现的能量形式的存在及其在宇宙中的主导地位，堪称一项不可思议的进展。（图片版权：N. Suzuki，载《天体物理学刊》即《Astrophysical Journal》，2012 年，第 746 卷第 1 期，第 85 页）

* * *

这与我们原来想象的宇宙大相径庭！直到 20 世纪 70 年代，人们还普遍认为宇宙中的能量由普通物质和辐射组成（而且辐射所占的比例远小于当今所认识的比例），认为宇宙的膨胀会逐渐减慢。当时，仅有的一个开放性问题是关于宇宙命运的，我们认为可以通过测量宇宙膨胀的减速率来推断出宇宙究竟是会重新坍缩，还是会永远膨胀，或者是会最终趋近于一种绝大多数星系彼此远离且其退行速度接近于零的状态。而如今我们发现，宇宙确实有过一个呈现减速膨胀的时期，但在大约 60 亿年前，尚未在引力作用下重新集结的众天体的退行速度就突然不再降低了，而是在一定的时间内保持了恒定，继而开始加快，使其彼此距离开始加速拉大。

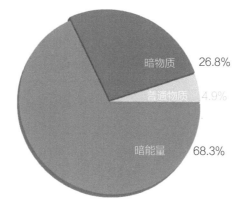

图 10.16　测量微波背景辐射的"普朗克"、测量重子声学震荡的斯隆数字巡天 -Ⅲ，以及多个超新星测量任务，给我们带来了大量数据，并合力为我们绘出了宇宙中的各种能量成分的占比图。宇宙中的能量仅有大约 4.9% 来自传统意义上的物质，另有 26.8% 来自暗物质，更有 68.3% 来自暗能量——这里的每项数据都仅有 2% ~ 3% 的误差范围。总体来看，宇宙内容物的 95% 都不是我们所熟悉的任何东西，这着实令人震惊。（图片版权：ESA 与"普朗克"团队）

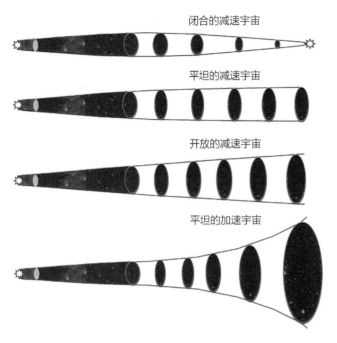

闭合的减速宇宙

平坦的减速宇宙

开放的减速宇宙

平坦的加速宇宙

图 10.17 不论宇宙的成分如何，我们都知道，它是在高温的"大爆炸"带来的暴胀结束之后开始成长的。随着它的冷却和扩张，轻元素的原子核、中性原子、恒星、星系依次形成，有了今天的样子。如果宇宙的主要成分只是物质和辐射，那么不论开放宇宙、平坦宇宙还是闭合宇宙，星系退行的速率都应该是逐渐降低的。但在加速膨胀的宇宙中，暗能量不仅是主要成分之一，还是逐渐起到主导作用的成分，它让所有的星系不会再在引力作用下聚集，而是不断加速地彼此飞散。（图片版权：本书作者）

到了大约 40 亿年前，暗能量的密度已经超过了物质的总密度（即普通物质和暗物质的密度之和），今天前者的密度则已经超过了后者的两倍，后者还在不断地降低。伴随着时间的脚步，天体的退行速度持续增长，而在宇宙最初的几十亿年里曾经趋向零的哈勃比率也开始趋近于一个非零的数值，当今这个数值的最佳表达为：大约每兆秒差距每秒 46 千米（46km/s/Mpc）。（见图 10.17）

对宇宙成分的深入了解，让我们得到了一个关于现实中的宇宙的重要数值：它从高温的大爆炸及其暴胀阶段结束之后，已经成长了 138 亿年。在最初的 78 亿年里，辐射和物质主导着宇宙，暗能量还只是宇宙的一种难以察觉的次要组分。在那段时间中，星系之间彼此远离的势头逐渐减缓，膨胀的宇宙中已经有很多区域出现了逆转的势头，众多星系在那里开始相互牵制，形成星系团。在离我们并不算很远的宇宙空间中，有一个规模巨大的星系团——室女座星系团；而我们所栖身的银河系则属于一个叫作"本星系团"的星系群体，银河系在此与仙女座大星系、三角座星系以及其他约 40 个小型的星系有着明显的引力联系。如果暗能量不存在，银河系终有一日会与本星系团的其他成员星系，乃至室女座星系团的成员融合到一起，而另外几千个大型星系也会跑来成为这个融合体的邻居。

但实际上，随着宇宙的物质密度持续下跌，宇宙空间自身固有的能量——暗能量就会成为主角。这样，所有还未来得及融合的星系就不会再融合了，它们彼此退行的速度又开始上升，呈现出我们如今看到的状况。以我们为参照，那些目前退行速度只有每秒几百千米的邻近星系，将来也会拥有每秒数千千米的退行速度，跟如今室女座星系团的成员退离我们的速度相似。更夸张的是，那些本来就很远（离我们上百亿光年）的星系，将会承担由加速宇宙带来的最为深重的后果。目前，可观测宇宙中的物质粒子和辐射，离我们最远的有 460 亿光年。但只要把宇宙的加速膨胀考虑进去，则所有离我们超过 145 亿光年的星系的"等效退行速度"都超过了光速！这里说到的"超光速"并没有推翻爱因斯坦的相对论的意思，因为它表达的并不是两个原本处于同一位置的物体的相对移动速度，而只是在我们和遥远星系之间新增出来的空间。而且，由于这种空间创生的步调实在太快，即便我们发明出可以无限接近光速的宇宙飞船，想乘着它去访问那些超过特定距离的星系也是绝对不可能的。一项令人震怖的数据是：在我们可观测的宇宙中，有 97% 的星系都属于这种绝对无法到达的星系。我们不得不承认，哪怕是从理论上讲，我们也最多只能访问在我们夜空中出现的星系中的 3%。平均每过三年，就又有一个星系永远地脱离了我们可能访问的最大范围。（见图 10.18）

* * *

对宇宙的命运来说，这一情况意味着什么？假如宇宙真的像我们所猜测的那样，其成分的 2/3 都是以宇宙常数的形式存在的暗能量（或者说，空间肌理自身固有的能量），那么其结局就应该是一派冰冷、空寂的景象，而且我们如今正在快速地滑向这个结局。在宇宙年龄只有如今的一半时，以地球位置为准的可观测宇宙中，尚有几千亿个星系是理

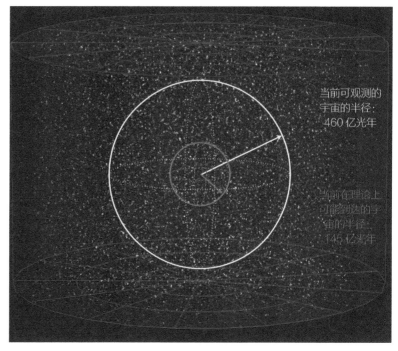

当前可观测的宇宙的半径：460 亿光年

当前在理论上可能到达的宇宙的半径：145 亿光年

论上可从地球出发而到达的；到了当前，这个数字已经下降到了几亿个。等宇宙年龄到了如今的大约十倍时，即便是当前离我们只有 5 000 万到 6 000 万光年的室女座星系团，都将被宇宙的膨胀推离到数百倍甚至数千倍于此的远方。以这种疯狂的退行幅度来看，或许那时候连从地球上发出的光线也追不上它了。

那么，还能剩下点啥？看来只有那些在宇宙加速膨胀之前已经被引力绑定在我们周围的东西了！那段时间其实挺短的，不足 80 亿年，当时暗能量还没有开始让宇宙的各个部分以越来越快的速度彼此分离，所以万有引力能够充分发挥其影响力，在宇宙中聚拢物质，使其形成许多物质密度足够高的区域。那样的一段时间形成小尺度的宇宙结构还是绰绰有余的，如形成海量的疏散星团、球状星团和星系。可是，形成大尺度的结构就要凭一点运气了。虽然尺度相对较小的物质密集区域可以尽快成形和稳定下来，但星系尺度的结构要想进一步彼此吸引成更大尺度的结构，如星系群乃至星系团，就必须有着非常高的初始区域密度。银河系所在的"本星系团"就是这样的一个成功案例，相距在两三百万光年之内的这些星系（包括银河系的姊妹星系——仙女座大星系）被引力牵制在了一起。在本星系团周围，与它规模差不多的星系团还有不少，如 M 81 星系团（它大概是会最晚离我们远去的星系团之一）以及狮子座的三重星系。不过，如果把视野再

图 10.18　在经历了为期 138 亿年的宇宙膨胀之后，当前我们可以观测到的众多星系已经散布到了半径为 460 亿光年的空间之中。假如我们此刻立即从地球出发，且以光速旅行，我们未来最远也只可能到达那些此刻离我们 145 亿光年的地方，而这个范围只包括了我们此刻可以看到的宇宙的 3%，其余的部分都只是可望而不可即的了。（图片版权：本书作者在 Wikimedia Common 用户 Azcolvin429 和 Frederic MICHEL 的图片基础上加工而成）

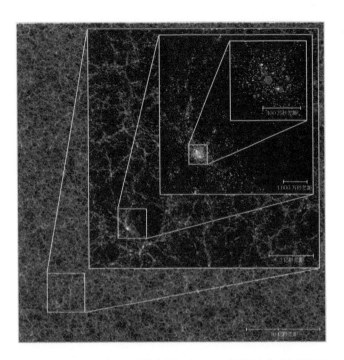

图 10.19 当前的宇宙虽然存在着各种不同尺度层次上的（包括极大尺度上的）结构，但只有那些相对小尺度的结构才有希望依靠引力作用一直保持下去。在暗能量的作用下，那些极为巨大的丝络状结构不断被扯碎，届时宇宙的直径会大到远超如今之想象，引力的作用必定无法挽回这一趋势。而像单个星系、星系群、星系团这些在相对较小的尺度上形成的结构，虽然会保持住各自内部的引力联结，但其彼此的距离难免会在暗能量的主导之下加速增大。宇宙确实显示出了像丝络、超星系团这类更大尺度上的结构，但这种结构中的绝大多数已经不再受引力的保障，因此其瓦解只是时间早晚的问题。（图片版权：千年 XXL 计划，马克斯－普朗克天体物理研究所的 R. Angulo 和 S. White）

放广大一些，这样的大尺度结构就比较少见了。狮子座第一星系团（也叫 M 96 星系团）的质量是本星系团的数倍，但像这样大于孤立星系和小型星系团的结构，在我们附近的宇宙空间中着实不多。更大尺度的结构（如室女座星系团、后发座星系团，以及双鱼—英仙超星系团）就更是凤毛麟角了。虽然每处这样的大尺度结构都含有上千个星系，但请不要忘了这种规模的结构的出现频率：平均每 10^{24} 立方光年的空间中还不足一个！至于我们已知的最大规模的星系结构——丝网状物质壁，在我们可以观测到的整个宇宙空间里也不过区区几十个。这一规律背后的道理也很简单：物质结构的质量和尺度越大，它生发和成形所需的时间就越长！（见图 10.19）

那些在暗能量接管宇宙的命运之前通过引力聚集在我们周围的最大结构，即是我们在未来的宇宙中所能隶属的结构尺度的上限。而那些在暗能量开始主导宇宙的膨胀之时离我们更近一些但并不属于同一个结构体的星系，将会在很长一段时间内仍然属于理论上可以到访的地方（前提是乘坐以光速飞行的宇宙飞船），不过我们所在的星系团也已不可能与之融合。随着时间的流动，离我们最远的那批星系就会消失在宇宙的"境界线"上，这个现象叫作"红移溢出"（redding-out），即它们的红移和退行速度在不断增加之后，最终完全超出了我们这里的信号侦测范围。再经过足够长的时间，还会有许多曾经可见的星系（甚至离我们比较近的星系）离开我们的视野。从今往后再过 2 000 亿年，宇宙将变得极其冰冷和寂寥。那时，今天的本星系团已经融合为一个孤独的大星系，我们的夜空中（译者注：这显然是假定，因为目前主流科学观点认为地球只能再存在 50 亿年左右）能观察到的也只有来自这个大星系的恒星、气体和尘埃。

所以，会有一个特别有意思的推论：宇宙在那个遥远未来的样子，看起来反而更接近一百年前的科学家们心目中的那种样子！当时，人们并不知道夜空中的众多螺旋星系和椭圆星系其实都是与银河系同一个级别的天体系统，不认为它们是远在银河系之外的一个个"宇宙岛"，而是认为望远镜从夜空中看到的一切全都属于银河系的组成部分。现在我们知道当时错了：我们所存身的这个宇宙有着物质、辐射和其他很多种成分，其可观测部分的边界如今在所有方向上都离我们大约 460 亿光年，而在这个边界之外，还有不可能观测的部分。这些空间在膨胀，其膨胀起点则是 138 亿年前的一次宇宙暴胀引发的高温"大爆炸"。而在足够遥远的未来，所有这些遥远星系的信号都会脱离我们的监测范围！在宇宙发展演化了很久很久以后，来自遥远星系的最后一束光也会消失在我们的视野之中，从那时起，我们永无再次观测它们的机会。如今的微波背景辐射，其能量和光子密度也会继续下降，最后会变成宇宙中的一种背景无线电波信号，而其强度也会大为减弱，届时必须用像一颗小型的行星那么大的天线才能接收得到。那个时候的智慧生命大概不可能找到这个了解宇宙起源的线索，除非他们出于某种原因也猜到了这种可能性，并且能够组织兴建起一架如此巨大的天线去搜寻关于这个问题的证据。如果他们办不到这一点，那么他们一定会认为自己所栖身的这个椭圆星系（这个星系应是银河系、仙女座大星系等的合体，目前被称为"银女星系"，即 Milkdromeda）就是宇宙中全部物质的集合体，它的物质成分与我们今日所知的本星系团并无不同。至于我们当今宇宙观中的其余部分，如膨胀、加速，以及大爆炸起源说之类的，恐怕是他们注定永远无法发现的了。（见图 10.20）

　　这种关于未来宇宙面貌的冷寂设想，建基于如下的假设：暗能量确实是由空间自身固有的能量所组成的，其性质必须精确地满足等式 $w = -1$。所以，如果暗能量并不是一个宇宙常数，而是会随时间变化的话，宇宙也就不一定要在这种冷寂中结束。暗能量有可能蜕变为其他的能量形式，尽管届时宇宙的温度会很低，但它或许能导致一次类似于当初暴胀阶段结束时的"大爆炸"的事件；暗能量也可能会逐渐减少，最终产生与它当前的性质相反的效果，导致宇宙重新开始整体收缩。有些物理学者主张宇宙的历史是循环的，认为宇宙的膨胀和收缩是一个交替往复的

银河系和仙女座大星系合并过程景观示意图
NASA、ESA、Z. Levay 和 R. van der Marel（STScI）, T. Hallas 和 A. Mellinger・STScI-PRC 12-20b

图 10.20　银河系和仙女座大星系合为一体的过程大约会在 40 亿年之后发生，而本星系团内的其他大约 40 个星系也会在那时或再晚一点的时候加入这个合并过程。这次大合并的产物是一个孤立的、巨大的椭圆星系——"银女星系"（Milkdromeda）。而在暗能量的主导作用之下，宇宙中的其他星系不会参与这一合并，而是继续退行远去，包括离我们相对较近的室女座超星系团的诸多成员。这些星系最终都会退出我们可以旅行到达的范围。（图片版权：NASA、ESA，Z. Levay 和 R. van der Marel（STScI）, T. Hallas 和 A. Mellinger）

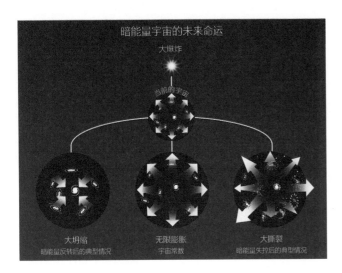

图 10.21　如果暗能量真的是一个宇宙常数，那么宇宙的膨胀就会永远持续下去，最终让宇宙变得冰冷、空寂。但如果暗能量的性质或强度会随着时间而改变（这只是理论上的可能，尚无观测证据支持），那么宇宙就会结束于"大坍缩"或"大撕裂"（Big Rip）。不过，我们已经掌握的证据是全面有利于"大冻结"结局的，也就是说宇宙的膨胀或许会永远以当前的这个加速率持续下去。（图片版权：NASA/ESA，以及 STScl 的 A. Riess）

无终止过程，无数次的"大爆炸"总会重新开始。但我们也完全可以猜测暗能量会持续增强，最终带来一场"大撕裂"，届时即便像星系这样的小尺度结构也会被扯得粉碎。在那样的宇宙结局中，不要说恒星、行星系统之间，就连最基本的原子与亚原子粒子之间都会相隔甚远。暗能量确实可能是一个宇宙学意义上的常数，但它同样可能不是。一旦真的不是，上述这些可能性就全都有了意义。（见图 10.21）

但到目前为止，还没有观测证据指向上面这些光怪陆离的备选结局。只要尊重手头已有的证据，就必须认为暗能量在宇宙学意义上确实是个常数，宇宙也因此会以目前的加速率永远膨胀下去。这样的话，位于本星系团之外的所有星系都将不可避免地继续远离我们，最终无法再被我们看到，而本星系团的各个成员星系会在遥远的将来融合为一个巨大的、孤单的椭圆星系，其中心位置就是当前本星系团的物理中心。"大冻结"就将这样成为我们宇宙的"完结篇"，而那一天到来的时间，将远远早于几十年之前人们对此的想象。

第十一章

古今与未来：我们所知的
关于这一切的一切

　　一百年，差不多只是长寿者的一生。而就在过去一百年里，人类对宇宙的观念却不可逆转地被改变了。人们曾经以为宇宙是不生不灭的，其直径只有几千光年，众星都在牛顿万有引力定律的统率下安分守己地运行，过去如此、现在如此、将来也会如此——这些看法在今天已经全面过时了。宇宙的体积不再是静态的，它会演化，正在膨胀并冷却。牛顿的引力法则也只是爱因斯坦的广义相对论的一种近似描述，后者给出了一整套可以用观测去验证的理论命题，而且这些命题也几乎已经全数被证实了。我们的银河系的直径被确定在了大约 10 万光年，而在可观测的宇宙中，已知的像银河系这样的星系共有数千亿个之多，它们散布在一个半径约为 460 亿光年的区域之内。（见图 11.1）

　　此外，我们的宇宙环境也不是一直都处于现在这种状态。目前的宇宙中充斥着大量物质和辐射，这种状态来自大约 138 亿年前。这种宇宙并非在无限遥远的过去就自然存在的，它有一个诞生的时刻，而在该时刻之前它处于暴胀的状态。宇宙的成分也远远多于我们最初所想象的，我们原本认为主导着宇宙的是普通物质和辐射，但现在我们知道这二者仅占宇宙所含的能量整体的大约 5%，另约有整体的 27% 是暗物质，整体的 68% 是暗能量，它是内在于空间本身的一种能量形式。最后，我们的宇宙也不会永远以现在的方式存在下去，目前的夜空中密布着的众多星系，除去其中几十个离我们最近的，其余都会加速远离我们，并最终飞出我们的可观测距离极限。我们所在的地方，注定在遥远的未来变得十分凄凉寂寞，只有本星系团中被引力牵扯起来的这一点物质能相伴我们左右。

*　*　*

我们的宇宙史瑰奇壮丽。以下这些情况，在一个世纪之前没有几人能够猜测得到：

- 我们的这个宇宙开始于一个暴胀阶段，它以指数式的速率膨胀，巨大的能量由此被蕴藏在空间本身之中。当时还没有出现物质和辐射，登场的只有能量密度的量子化波动和空间自身的引力场。暴胀彻底结束的时刻既可能是在其开始后 10^{-32}

图 11.1　这是"哈勃超深空摄影"。哈勃太空望远镜将它的镜头对准了天空中很小的一块深暗的区域，累计曝光了 200 万秒，得到了这幅图像。它所包括的天区面积仅为整个天球的三千二百万分之一，但已经显示出共计五千五百个星系。假定其他所有天区也都有这样的景象，那么就可以算出，在我们可以观测的宇宙内至少存在 1 760 亿的星系——这还没有考虑到许多接近我们可见宇宙范围边界的、更加暗弱的天体，就连哈勃太空望远镜也拍不出它们。（图片版权：NASA、ESA，加州大学圣克鲁兹分校的 G. Illingworth、D. Magee 和 P. Oesch；莱顿大学的 R. Bouwens，以及 HUDF09 团队）

秒，也可能永远不会到来（或者是在这两种极端情况之间的任何一个时刻）。

- 暴胀至少在空间中的某一个区域正在走向结束，空间自身蕴含的能量在那里转化为物质、反物质和辐射。（在那里，也会存在少量的暗物质，以及微量的、依然固结在空间本身之中的暗能量，它们暂时还未成为主导那里的力量，但将来会赢得那个地位。）暴胀结束时的这种转化过程被称为宇宙的"再加热"，它让人类第一次得以通过高温大爆炸来精确地描述自己观测到的这个宇宙。按照我们当前对暴胀的最佳理解，一定存在着暴胀尚未走向完结的其他空间区域。整个宇宙中的大部分，都位于我们可观测的空间范围之外，在那些地方，还将一直有暴胀持续。

- 在由物质、反物质和辐射构成的极为炽热的宇宙中，空间在快速膨胀的同时，也在其初始膨胀率和其所含能量的各种形式带来的引力之间保有着一种不可思议的平衡。这种膨胀既不会过于迅速，导致一个近乎空无的宇宙，也不会转而收缩，导致自身回到奇点的状态。在这个近乎临界的宇宙中，其引力正好与膨胀趋势分庭抗礼，使温度随着膨胀而逐渐降了下来，并发生了一系列重要的转变。

- 在宇宙高温的早期阶段的某个时刻，发生了一个使得物质的创生数量略多于反物质的进程，其产生的不对称性，大约等于在每十亿对物质和反物质粒子中多出一个物质粒子。在宇宙的冷却经过了临界阶段之后，"物质—反物质"粒子对的创生不再活跃，但二者彼此湮灭为一对光子的过程并未停止，结果，只过了不到一秒钟，绝大多数的物质粒子就都和反物质粒子完成了湮灭。宇宙此后还在继续膨胀和冷却，其内容物主要是辐射，但也包含了少量剩余的质子、中子和电子（这很关键）。另外，大量的暗物质也剩了下来，但一直不为人所重视，直到人们发现它在宇宙的能量密度中的地位——其数量大约是普通物质的 5 倍。

- 质子和中子一开始是被许多高能粒子环绕着的，这使得它们有可能稳定地结合在一起。不过，虽然环境温度和密度足够启动核融合反应的链条，但其第一个环节的反应——由一个质子和一个中子结合为一个氘核——的成果很容易被高能的光子重新打散。由于光子的数量是质子和中子的 10 亿倍以上，宇宙还需要继续冷却，才能让第一个稳定的氘核真正形成，这个必要阶段会持续三分多钟。当温度降到彻底允许核融合完成的水平之后，按质量算，宇宙中含有大约 75% 的质子、25% 的氦-4 核，以及仅约 0.01% 的氘核，还有同样约 0.01% 的氦-3 核，另外还有痕量的锂核。

- 此时的宇宙已经准备形成中性原子了，但温度还是太高，所以光子的能量还是足以立刻将刚刚结合的原子核和电子打散。要让电子能够稳定地与原子核结合，还要再等 38 万年，以便让辐射的波长有充足的时间被拉伸，使宇宙能量密度的主导地位交接到物质的手中——这里说的物质，包括大约 84% 的暗物质和 16% 的普通物质。当中性原子最终形成之后，在"大爆炸"中形成的光子就只能无所事事地沿着直线运动了，自由电子和其他离子化的粒子都不能再阻挡它。如今在我们看来，这些作为"大爆炸"的余晖的光线就是宇宙的微波背景辐射。

- 空间中有一些区域的物质密度略高于周围区域，在引力作用下，物质和暗物质都不断地向这些区域聚集。暗物质提供的引力在此起了主要作用。在物质聚集成团块后，引力的增速也会加快，这让物质团变得更为致密，普通物质相互拥挤着，沉向了物质团的中心。随着密度继续增长，物质最为富集的区域中会发生引力坍缩，让物质团的核心区域的温度升高到足以启动核融合反应的程度。就这样，第一颗恒星在宇宙年龄几千万年到几亿年的时候诞生了。

- 绝大多数初始质量较低的恒星都将持续存在数十亿年甚至上万亿年，而初始质量较大的恒星往往会快速耗尽自身的燃料，因而相当"短命"。只消几百万年，大质量恒星的核心区内，可用于燃烧的物质就几乎都用完了。这些恒星由此会以超新星爆发的剧烈形式宣告结束，并将其生成的重元素返还给宇宙，成为星际物质。这也就是当今自然界里的重元素的来源。

- 引力不但构建了可以形成恒星的独立物质团块，还让一层层更大的尺度上也形成了某些物质分布结构。相对较小的众多物质块合并聚拢起来，形成了第一批雏形的星系，在此基础上进一步合并产生了更大的星系。在更为宏大的尺度层次上（亦须在更晚近的时间点上），众多星系开始聚集成星系群、星系团，最后形成极其巨大的、有丝络特征的网状结构。在上述这些过程中，宇宙继续扩张并冷却。

- 在每个星系内部，重力也不断刺激着新的恒星的诞生，这一过程收纳掉了所有可用的星际游离物质。这些物质不仅包括从"大爆炸"时遗留下来的最早的一批气体氢与氦，还包括了在最初的若干代恒星的生生死死中创生，并辗转传递着的许多重元素。其中原子序数最大的一些元素来自质量最大的恒星，此外，像太阳这种质量水平的恒星也会在其晚年将外层物质抛散，形成行星状星云；而白矮星也可以吸积物质或合并，将自身变成超新星；至于中子星，它们也会合并，引发伽马射线暴，从而产生出元素周期表中已知的最重的几种天然元素。随着恒星的代际更替，越来越多的大质量天体在为宇宙贡献着各种重元素，因此，每一代新的恒星都会比前一代含有丰度更高的重原子。

- 在经过足够多代的恒星的积淀之后，恒星形成区中的重元素已经不只能组成新的恒星和气态巨行星，还能组成岩质的行星。岩质行星有着相当复杂的化学成分，能产生许多有机反应，假以足够好的运气，就能孕育出生命现象。

- 与此同时，物质密度一直在随着宇宙的持续膨胀而下跌，最终，它对宇宙膨胀率施加效果的地位将被暗能量所取代。在这个距离"大爆炸"已有 78 亿年的时间点上，众多还未被引力绑定的遥远星系和星系团结构都会开始加速解体。由此又过了几十亿年，暗能量的密度已经远高于物质的密度，这样，在最大的尺度上，天体结构的形成过程已被严重遏制，无法再出现新的极大尺度结构了。

- 其间，在"大爆炸"之后 92 亿年时，银河系的星际气体中诞生了一个不起眼的星团，组成它的那些星际气体中的分子，已经经历了许多代恒星的生与死，其物质成分当中仅有约 2% 是除了氢和氦之外的各种较重元素。但是，对这个新的星团中的绝大多数恒星而言，这一点较重的元素已经足够形成能围绕它们运转的岩质行星了。这里面有一颗新的恒星就是我们的太阳，在它的行星系统中，有一颗岩质行星的大气成分正巧合适，与太阳的距离也正巧合适，所以其表面上形成了并保有了液态的水。虽然我们尚未确切知道这些液态水出现的时间和过程，但能知道这一让生命得以繁衍的环境条件仅形成于距今大约几亿年前。到了宇宙年龄 138 亿年时，这颗行星上的生命已经演化到了查考和汇集宇宙留下的各种证据，并将其编写成一整部宇宙发展史的地步。

- 由此再往后，宇宙的膨胀率将继续听从暗能量的驱使，让"本星系团"之外的一切天体都加速离开"本星系团"而去。而"本星系团"内部的银河系、仙女座大星系、三角座星系以及其他四十来个矮星系最终将在几十亿年至一百亿年后融为一体，并与其他所有星系更加呈现"天各一方"的态势。那时，微波背景辐射已经红移进了无线电波段，除非使用大到超乎想象的天线，不然完全不可能侦测得到。几千亿年之后，从我们这里能见到的宇宙，将只包括这个融合出来的"银女星系"内部的天体，而它之外的宇宙将真正呈现为一片冷寂的虚空。（见图 11.2）

* * *

在过去的一个世纪中，我们关于宇宙的知识经历了革命性的变化，这确实令人惊讶和赞叹。但比记得这些知识更为重要的是，记得我们获得这些知识的过程。关于宇宙的问题，要向宇宙自身去发问，才能有所解答。当然，我们也为此审视了所有的相关数据，遍历了物理领域的各种可能性。而当理论值和实测值发生冲突时，我们就探求新的理论路径，去合理地解释计算和观测之间为何不符。我们不断寻找时机，去重温和修订那些已有的关于宇宙的绝妙想法，由此做出更为新颖且可供检测的新预言，以便取得进步。与这些"要怎么做"同样重要的，还有一些关于"不做什么"的经验：在进行具有实际意义的观测之前，我们不去臆测答案；在没有充足证据的情况下，我们不认定某个理论优于另一个；在与原有理论不一致的观测事实出现后，我们不执迷和怜惜原有的理论；在某种理论的发展势头不错时，一旦观察到有悖于它的确凿事实，我们也绝不忽视。

本书所讲的，其实不只是关于我们当前所领悟的宇宙的故事，还是关于一般意义上的科学如何取得进展的故事。科学本身就是这样一个不断发展着的故事，即便我们应用科学方法的对象是无边无际的宇宙，我们也可以从中不断得到新的信息，由此在更深的层次上了解更多精微的宇宙奥秘。科学探索是一个过程，一个自我纠错的过程。当我们有了更多的数据，当我们能够独立地进行检验，当实验和观测可以不断地重复实施，并接受我们尽最大努力组织起来的、最为严格的审视时，科学之花就能盛开。在理论预言与实测结果发生抵触时，新旧理论之间就会出现交替，这也常常是科学进步的征兆。科学结论不是永恒的；每当我们犯下错误，得到不正确的结论，解决问题的正道就是对新的结果予以关注，找出更多、更好的科学设想。固然，科学家们难免失误，但最让人欣慰的莫过于科学进程总是能让更加成功的新思路去排除那些历代积累下来的歧途和死胡同。只要规范地从事科学活动，重视证据，严谨地思考和判断，且都能拥有充足的可用数据的话，不论是谁，都应该能得到相同的结论。（见图 11.3）

图 11.2　我们宇宙的发展史，可以从暴胀阶段的完成和高温大爆炸的发生说起，经过其持续冷却并膨胀的阶段，讲到原子核、原子、在引力下形成的物质团块、恒星、星系的依次出现，再讲到重元素的诞生，以及围绕恒星运转的岩质行星，进而最终说到行星上的生命。当今的时代并非这个故事的真正终结，宇宙的发展还会持续，直到遥远的未来。在暗能量的主导下，星系和星系团大多将不断彼此远离下去。（图片版权：NASA/ 戈达德太空飞行中心）

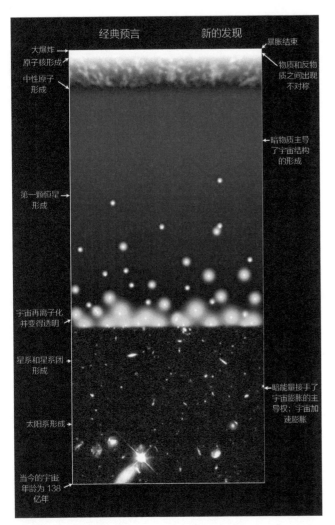

经典预言　新的发现

大爆炸
原子核形成
中性原子
形成

第一颗恒星
形成

宇宙再离子化
并变得透明

星系和星系团
形成

太阳系形成

当今的宇宙
年龄为138
亿年

暴胀结束

物质和反物
质之间出现
不对称

暗物质主导
了宇宙结构
的形成

暗能量接手了
宇宙膨胀的主
导权；宇宙加
速膨胀

图11.3 尽管伽莫夫的原版"大爆炸"理论提出过许多经典的预言，但我们掌握的关于宇宙发展的一些新证据已经给这套理论带来了不少调整和优化：如让宇宙事物万物最初开始的那个宇宙学暴胀阶段，又如创造"物质—反物质"之非对称性的那个重子生成机制，再如与各种普通物质共存着的暗物质和暗能量。（图片版权：本书作者，基于加州理工学院数字媒体中心的 S.G. Djorgovski 的图片修改而成）

如果足够幸运，我们就能在有生之年见证许多目前待解的科学问题找到答案。或许我们能找到由暴胀理论所预言的引力波，而它将带给我们关于宇宙缘起的更多情报；或许我们将明白为何是物质而非反物质组成了我们熟悉的日常世界，为何我们是由质子、中子和电子构成的，而非由反质子、反中子和正电子构成；或许我们将揭开暗物质的真面目，更准确地去理解宇宙质量与引力的这个主要担当者；或许我们还会发现其他有生命（甚至是智慧生命）存在的行星；或许我们会找到辨识暗能量之原貌的正确方法，深入领悟宇宙的加速膨胀；又或许（当然仅仅是理论上并不排除这种可能而已），我们将会发现什么真正让我们如同醍醐灌顶的情况，从而不得不完全改写我们的宇宙史观，进入一个我们从未认真考虑过的思想体系。

从来没有哪个时代像今天这样，让人类可以把宇宙透露出来的故事理解与掌握得如此详细。我们每天都有新的观测活动，都能取得新的科学数据，每天都有新的学术信息和经过学术同行评议的新文献，这让我们可以不断尝试推进研究前沿，回溯深远历史。尽管不可能让每个人都去当科学家，不可能让每个人都致力于揭开宇宙的真相，但宇宙发展史的故事是客观存在的，它就像一张运用自然法则编织而成的精美挂毯，一直等待着我们每个人去发现，去分享。而我们这本书所分享的故事，也仅仅是在过往的一代代人竭尽所能去揭示这个故事的面貌之后，我们如今所掌握的一个相对来说最好的版本而已。

这个故事不会完结，它只会暂时受限于人类在这个追寻终极答案的过程中已经拥有的线索和证据。我们的这本书，也只是人类在通往科学真理的旅途中的一份进度报告。更为浩瀚的时空、更加广阔的视野，依然存在于发现之路的前方。